普通高等教育“十一五”国家级规划教材

21世纪计算机科学与技术实践型教程

丛书主编　陈明

陈娟　张长海　编著

大学计算机程序设计基础

（第2版）

清华大学出版社

北　京

内容简介

本书以C语言为载体，阐述基本的程序设计方法。全书共分13章，主要内容包括：算法、程序设计方法、函数、数据的组织、程序开发。每章都包含大量例题和习题。

本书最大的特点是以程序设计为主线、以案例为驱动。全书自始至终在讲"程序设计"，而不是讲"语言"，摒弃了目前各种程序设计书中流行的主要"解释程序设计语言"的作法。本书的目的是教会读者怎样编写程序，提高读者的程序设计能力，改变学生"学了程序设计而不会编程序"的现状。

本书整体结构清晰，图文并茂，力求体现"结构化程序设计"思想，注重培养和训练读者良好的程序设计风格。

本书可以作为面向应用的高等院校计算机类各个专业程序设计课程或一般高等院校理工科各专业公共计算机基础课程"高级语言程序设计"、"程序设计基础"、"C程序设计"、"C语言"等的教材和参考书；还可供从事计算机工作的有关人员参考。

图书在版编目（CIP）数据

大学计算机程序设计基础/陈娟，张长海编著．—2版．—北京：清华大学出版社，2014
21世纪计算机科学与技术实践型教程
ISBN 978-7-302-37520-3

Ⅰ．①大…　Ⅱ．①陈…　②张…　Ⅲ．C语言—程序设计—高等学校—教材　Ⅳ．①TP312

中国版本图书馆CIP数据核字(2014)第170895号

责任编辑：谢　琛
封面设计：何凤霞
责任校对：焦丽丽
责任印制：何　芊

出版发行：清华大学出版社
网　　址：http://www.tup.com.cn，http://www.wqbook.com
地　　址：北京清华大学学研大厦A座　　**邮　　编**：100084
社 总 机：010-62770175　　**邮　　购**：010-62786544
投稿与读者服务：010-62776969，c-service@tup.tsinghua.edu.cn
质量反馈：010-62772015，zhiliang@tup.tsinghua.edu.cn
课件下载：http://www.tup.com.cn，010-62795954
印 刷 者：北京富博印刷有限公司
装 订 者：北京市密云县京文制本装订厂
经　　销：全国新华书店
开　　本：185mm×260mm　　**印　　张**：19.5　　**字　　数**：449千字
版　　次：2009年5月第1版　2014年10月第2版　　**印　　次**：2014年10月第1次印刷
印　　数：1～2500
定　　价：39.00元

产品编号：060900-01

第 2 版前言

本书第 1 版自 2009 年出版至今，已经历了 5 个年头。5 年来我国高等教育发生了很大变化，各高校的程序设计教学也发生了深刻变化。“以程序设计为主”的教学思想已经被广泛接受，并正逐步深入到程序设计课程教师心中。5 年来，“计算思维”的思想得到广泛的关注和认可，程序设计课程要培养学生的“计算思维”能力被广泛接受。“计算思维”不是狭义的计算机编程；而是运用计算机科学的基本概念进行问题求解、系统设计以及人类行为理解等涵盖计算机科学之广度的一系列思维活动；就如同读、写、算能力一样，是所有人必须具备的思维能力。正如 Edsger W. Dijkstra 所说：“我们所使用的工具深刻地影响着我们的思维方式和思维习惯，进而也将深刻地影响着我们的思维能力。”计算机技术的普及已经深刻地影响了现代人类生活的各个方面。本教材作为普通高等教育“十一五”国家级规划教材，经过多年的使用，在“以程序设计为主”和“培养学生计算思维能力”方面起到了积极作用，但也发现了部分问题。在这种形势下，有必要对第 1 版进行修订。本版继续保持了第 1 版的特色，更加明确了“以程序设计为主”和“培养学生计算思维能力”的教学宗旨；进一步提出以“计算思维”主导程序设计的教学思想。

本书以实际应用为背景，面向编程实践和求解问题能力的培养，以“案例驱动”不断引入相关知识点，随着案例的不断深入，将程序设计各相关知识点展现在读者面前，形成一条完整的知识链条。案例选取以学生接触最多的“成绩信息管理”为线索进行组织，且与实际应用紧密相连。在任务驱动式的叙述过程中，由浅及深、循序渐进地启发读者编写规模逐渐增大的程序，并将程序设计的思想和方法在不知不觉中融入程序的编写过程中，达到培养“计算思维”能力的目的。

本书注重对学生逻辑思维的训练，强调对思维过程的描述。书中所配大量例题都使用 PAD 图描述程序逻辑结构，而非直接使用代码讲解，使本书图文并茂。相比传统的流程图和 NS 图等，PAD 图具有可见性好、结构唯一、易于编制、易于检查和易于修改等优点，更适合讲述程序设计，同时也避免了直接使用代码讲解算法的呆板和枯燥。使用 PAD 图帮助读者理解程序设计的逻辑思维方式、培养计算思维能力，最终达到举一反三、融会贯通地掌握程序设计的思想和方法。

本书以 C 语言作为工具，介绍计算思维方法和程序设计基本思想，但并不拘泥于 C 语言本身的语法，对 C 语言本身采取了“有所取、有所不取”的策略。对于那些常用的语言成分，直接与讲述程序设计方法有关的语言成分，穿插在程序设计过程中详细、准确地介绍。对于那些与程序设计方法联系不太紧要，但是还常用的部分，放在最后简单介绍。

对于那些与讲述程序设计方法关系不太大，也不常用的部分则根本不涉及。这样做的目的是使读者在学习程序设计之后，不受编程语言限制，灵活应用这些思想和方法。

本书在内容编排上注重教材的易用性和普遍性，增加了对计算机、操作系统、开发环境等基础知识的介绍，使初学者能够在零基础的情况下尽快入门，并进行实际操作。同时书中增加了对关键点和注意事项的提示信息，方便快速查找，便于读者建立对全书知识点的列表，能够宏观掌握全书内容。每章之后都配有相关习题，全部为程序设计题目，供读者做练习和进一步提高使用。

本书程序采用统一的代码规范书写，并注重程序的健壮性，其目的是使读者从开始学习程序设计时就养成良好的程序设计习惯和风格，避免因程序书写不规范需要二次返工的尴尬情况，为日后实际应用打下坚实基础。

使用本书时一定要把握"以培养学生计算思维能力为宗旨"、"以培养学生程序设计能力为目标"这一原则，一定要以"程序设计为主线"，不要再回到"解释语言"的老套路上。

本书第1、2、4、7、8、10、12、13章由陈娟执笔，第3、5、6、9、11章由张长海执笔，最后由陈娟统稿。

限于作者水平，书中难免有疏漏和不妥之处，敬请广大读者批评指正。

作　者

2014年4月于长春

第 1 版前言

随着计算机技术的不断发展，计算机应用的逐步普及，人们对于大学程序设计课的认识也在不断更新。

最早在 20 世纪 70 年代及其以前，计算机应用十分狭窄，所谓“搞计算机”的人也很少。那时的计算机专业是在研究计算机本身，相应的第一个程序设计课称为“算法语言”。学习该课程的目的是学习程序设计语言本身(绝大部分学校都选讲 ALGOL 60)，而对于怎么用这个语言不太关心。因为那时的教学目的是让学生研究计算机本身，是要制造计算机，是要研究透程序设计语言本身的语法和语义，并实现它。

目前已经进入 21 世纪，计算机已经渗透到各个领域，甚至已经普及到家庭，它像电视、冰箱一样，是家用电器之一。计算机专业的规模与 30 年前大不一样，据 2005 年统计，全国办“计算机科学与技术”专业的院校有 741 所，“计算机科学与技术”专业在校生人数超过 45 万；目前保守估计，全国办“计算机科学与技术”专业的院校超过 800 所，“计算机科学与技术”专业在校生人数超过 50 万。若再加上软件工程、计算机网络、信息技术等计算机类的专业，全国的计算机专业数和在校生数还将比 800 和 50 万多得多。

面对如此庞大的队伍，我们的毕业生不可能都去研究计算机本身，社会也不需要这么多人从事计算机研究。所以，现在计算机专业的含义已经完全与 30 年前的计算机专业不同了，现在绝大部分计算机专业人员主要是从事“计算机应用”，甚至是在“应用计算机”，而不是在研究计算机本身了。

再进一步，由于计算机的普及，高等院校各专业都在使用计算机解决本领域的问题，各专业的学生都需要学习“程序设计”，显然这些非计算机专业人员学习的目的更是在“应用计算机”。

在这种形式下，程序设计课怎么讲？摆在每个组织计算机教学的人面前，更摆在教授程序设计课的教师面前。目前学习程序设计的人大致可以分成三类：

- 从事计算机研究的人员，这类人员极其少量；
- 计算机应用和应用计算机的人员，这类人员是绝大多数；
- 程序编码人员，这类人员是高职高专培养的目标，社会需求极大，但学校培养的人数有限。

本书针对计算机应用人员和非计算机专业人员(应用计算机人员)。在面向应用的大背景下，程序设计课不应该再去讲程序设计语言本身了，而应该讲程序设计语言的应用。应该把授课重点从讲授语言的符号、语句等语言成分上，转移到讲授程序设计上。教学的目的是教会学生“怎么编程序”，而不是背几个语言符号、说明、语句等。应该把该课程的名字从“×××语言”改为“高级语言程序设计”、“程序设计基础”或“程序设计”。尤其一些非计算机专业开设该课程，更应该跳出讲授“语言”的误区。因为他们更是在“应用计算机”，是用计算机解决本专业领域的问题，更没有必要背那些死的语言符号、语法概念，更应该是学会怎么编程序。

本书秉承面向应用的主导思想，依托C语言讲述“程序设计”，重点在于程序设计。在这种思想指导下，对C语言本身采取“有所取、有所不取”的策略。对于那些常用的语言成分，直接讲述与程序设计方法有关的语言成分，穿插在程序设计过程中详细、准确的介绍；对于那些与程序设计方法联系不太紧要，但是还使用的部分，放在最后简单介绍；而对于那些与讲述程序设计方法关系不太大，也不常用的部分则根本不涉及。

本书秉承“授之以渔”而非“授之以鱼”的理念组织教学内容。“以案例为驱动”，使用大量例题讲解程序设计思想和方法。“案例”不是为了解释语言概念，而是从构造算法出发，以训练学生的实际编程能力为目标。彻底改变过去那种单纯解释语法、语义等语言成分的做法。改变那种提出一个很小的问题，然后给定相应的不太大的程序，最后解释程序中各个语句、说明的作法。让程序设计始终贯穿于整个教学过程，使教学内容更贴近应用。针对程序设计的每个知识模块都采取如下模式讲授：

提出有意义的问题→设计算法→分析算法特点→编出程序

→介绍使用的C语言成分→配合讲述大量例题→课后习题与实践

在上述过程中，把重点放在设计算法和讲述算法特点上。例如，全书开篇从有趣的“鸡兔同笼”问题开始，引进算法、程序、程序设计等概念，既讲授了抽象的概念又调动起了学生的学习兴趣。

作为大学本科计算机基础课教材，本书具有如下特点：

(1) 最大的特点是“以程序设计为主线”、“以案例为驱动”。按程序设计的思路组织全书内容，真正地在讲授程序设计，而不是讲语言，摒弃了目前各种程序设计书中流行的主要“解释程序设计语言”的作法。

(2) 整体结构好，章节安排合理，由浅入深地介绍程序设计知识。比如有关函数的知识，由浅入深地分散到四章中介绍；有关指针的知识也分散到五章中介绍，以免集中在一章，使读者学起来枯燥乏味，接受困难。

(3) 全书自始至终贯穿结构化程序设计思想，所有例题都具有良好的结构和程序设计风格。目的是给读者一个示范，使读者从开始学习程序设计就养成一个良好的程序设计习惯和风格。

(4) 图文并茂，引进PAD图表示程序逻辑。PAD图的结构比传统的流程图、NS图等都好，同时也比直接用程序表示算法更直观，易于理解。

(5) 配备大量例题和习题，并且全部为程序设计题目。例题讲解从构造算法出发，以训练读者的编程能力为目标；概念、语言成分的介绍穿插在程序设计之中。本书全部例题都在Microsoft Visual C++ 6.0的环境下调试通过。大量的习题供读者做练习和进一步提高使用。

全书共13章，大致分为4部分。

第 1 部分基础知识，为第 1 章，介绍计算、算法和程序设计基本概念。

第 2 部分程序设计，包括第 2、3、4、5、9、11 章。第 2 章为简单的程序设计，介绍顺序程序设计、数据及其类型、表达式、赋值、输入输出等；第 3 章介绍分支程序设计；第 4 章介绍循环程序设计；第 5 章简单介绍模块化程序设计思想，引进子程序和函数概念；第 9 章进一步介绍函数，讲述参数、作用域、递归程序设计；第 11 章介绍程序开发和结构化程序设计，包括结构化程序设计原则、程序风格、自顶向下逐步求精的程序设计技术。

第 3 部分数据组织，包括第 6、7、8、10、12 章。第 6 章介绍批量数据组织——数组；第 7 章介绍指针；第 8 章介绍对复杂的表单数据的描述，引进结构体和共用体；第 10 章介绍外部数据组织——文件及其操作；第 12 章介绍动态数据组织及其在程序设计中的应用。

第 4 部分为第 13 章，若干深入的问题。进一步介绍函数，讲述函数作参数、函数值、函数副作用、递归等；以及存储类别、位操作、位段、goto 语句、编译预处理等。

本书第 1、2、3、4 章由张长海执笔，第 5、6、7、8、9、10、11、12、13 章由陈娟执笔。最后由张长海统稿。

在本书的编写过程中，作者参阅并引用了国内外诸多同行的文章、著作，在此作者向他们致意，并恕不一一列举、标明。在本书的成书和出版过程中得到清华大学出版社的帮助和大力支持，作者在此向他们表示由衷的感谢。

限于作者学术水平有限，错误和不足在所难免，敬请各位读者批评指正。作者十分感谢。

作　者

2009 年 1 月于长春

目　　录

第 1 章　绪　　论

1946 年世界首台计算机在美国宾夕法尼亚大学的莫尔电机学院诞生。从当初重达 30 吨，占地 170 平方米的庞然大物，到现在几公斤重的手提电脑和几百克重的手机，现代计算机技术的发展速度是任何一种新技术都不可比拟的。这不仅包含硬件制造技术的发展，如计算机重量、体积的不断降低，运算速度的不断提高；也包含软件开发技术的不断发展，如各种开发语言、应用软件、游戏的问世等等。可以说金属和砂子给了计算机身体和大脑，程序给了计算机灵魂和个性。

本书将以 C 语言为载体向读者揭示如何编制计算机程序，即如何使用计算机解决科技、生产、事务处理等方面的问题。介绍程序设计的基本方法、技术和技巧，而非 C 语言的语言规范。本书的目标是使读者掌握程序设计的基本方法，举一反三编写所需程序。

1.1 计 算 机

计算机(computer)是一种能够按照事先存储的程序，自动、高速地进行大量数值计算和各种信息处理的现代化智能电子设备。计算机通常由硬件和软件组成，两者密不可分：硬件构成计算机可见的物理结构，软件则提供不可见的指令，控制硬件完成特定任务。掌握计算机硬件构成原理不是学习程序设计必备知识，但对于理解程序如何在计算机内运行大有帮助。

通常，计算机硬件包含如下六个重要组成部分：**中央处理器**(central processing unit, CPU)、**内存**(memory)、**外部存储设备**(如硬盘、光盘、磁带等)、**输入设备**(如鼠标、键盘等)、**输出设备**(如显示器、打印机等)、**通信设备**(如调制解调器、网卡等)，如图 1.1 所示。

计算机的各功能部件之间通过总线(bus)传送信息。在个人计算机中(personal computer)，总线通常嵌入在主板(motherboard)上，主板是将计算机各功能部件连接在一起的电子线路板，如图 1.2 所示。

1.1.1 中央处理器

中央处理器是一块或多块超大规模集成电路，是一台计算机的运算核心和控制核心。CPU 主要包含**控制器**(control unit)、**算术逻辑单元**(arithmetic/logic unit)和**寄存器**(register)等部件。控制器负责控制和协调其他各部件的动作。算术逻辑单元负责处理数学运算（加、减、乘、除）和逻辑运算（比较）。寄存器是位于 CPU 内部有限存储容量的高速存储部件，它们可用来暂存指令、数据和地址。

最早，CPU 只包含一个**内核**（core）。CPU 的所有计算、接收和存储命令、处理数据都由内核执行。为了提高 CPU 执行速度，许多生产厂商都设计生产了包含多个互相独立内核的 CPU，称为多核处理器。

每台计算机都有一个内部时钟，CPU 内核是在时钟信号控制下，按节拍有序地执行指令序列，这个节拍就是 CPU 主频，全称是 **CPU 时钟频率**（CPU clock speed），简单地说是 CPU 运算时的工作频率。一般说来，主频越高，一个时钟周期里面完成的指令数也越多，当然 CPU 速度就越快。不过由于各种各样的 CPU 内部结构不尽相同，所以并非所有主频相同的 CPU 性能都一样。目前，个人电脑的 CPU 主频是以 GHz（吉赫，10^9 Hz）为单位来计量。

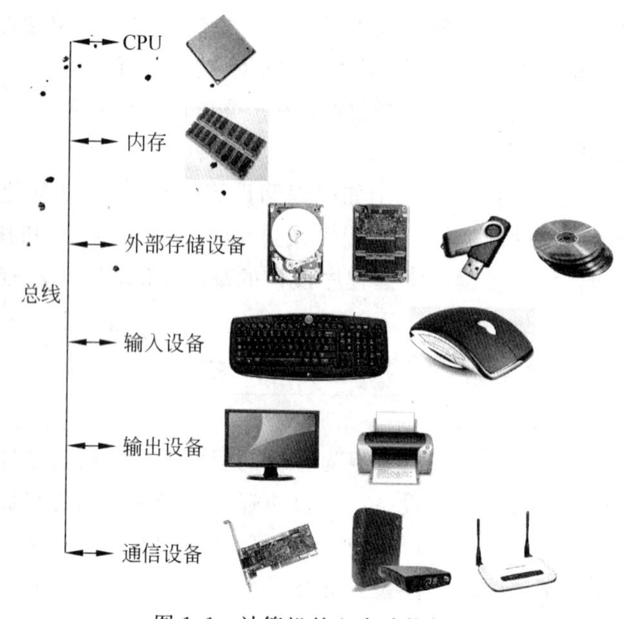

图 1.1　计算机的六大功能部件

图 1.2　计算机主板

1.1.2 内存

内存(memory)也被称为内存储器,其作用是用于暂时存放CPU中的运算数据以及与硬盘等外部存储器交换的数据。只要计算机在运行中,CPU就会把需要运算的数据调到内存中进行运算,当运算完成后CPU再将结果传送出来,内存的运行决定了计算机的稳定运行。

内存一般采用半导体存储单元,包括**只读存储器**(ROM)、**随机存储器**(RAM)以及**高速缓冲存储器**(cache)。一般提起内存指的是RAM。

在制造**只读存储器**(read only memory,ROM)时,信息(数据或程序)就被存入并永久保存。这些信息只能读出,一般不能写入,即使机器停电,这些数据也不会丢失。ROM一般用于存放计算机的基本程序和数据,如**BIOS**(basic input output system,基本输入输出系统)。BIOS是一组固化到计算机内主板上一个ROM芯片上的程序,它保存着计算机最重要的基本输入输出程序、系统设置信息、开机上电自检程序和系统启动自举程序;其主要功能是为计算机提供最底层的、最直接的硬件设置和控制。

随机存储器(random access memory,RAM)表示既可以从中读取数据,也可以写入数据。当机器电源关闭时,存于其中的数据就会丢失。通常购买或升级的内存条就是用作电脑的RAM。内存容量指内存条的存储容量,是内存条的关键参数。内存容量以GB(吉字节)为单位,目前市场上常见的内存条有1GB/条,2GB/条,4GB/条等。通常情况下,计算机内存越大,越利于计算机的运行。

高速缓冲存储器(cache)位于CPU与RAM之间,是一个读写速度比RAM更快的存储器。当CPU向RAM中写入或读出数据时,这个数据也被存储进高速缓冲存储器中。当CPU再次需要这些数据时,CPU就从高速缓冲存储器读取数据,而不是访问较慢的RAM。当然,如需要的数据在高速缓冲存储器中没有,CPU会再去读取RAM中的数据。

系统对内存的识别是以**字节**(byte)为单位,每个字节由8位二进制数组成,即8**比特**(bit,也称“位”)。按计算机二进制方式,1byte=8bits;1KB = 1024bytes; 1MB = 1024KB; 1GB = 1024MB;1TB=1024GB。

如果将内存的每个字节看作是一个盒子,内存可以看成这些盒子一个连一个构成的线性表,如图1.3所示。为了存放和寻找方便,要给每个盒子一个唯一的编号,这就是内存地址,通常以十六进制数字表示。

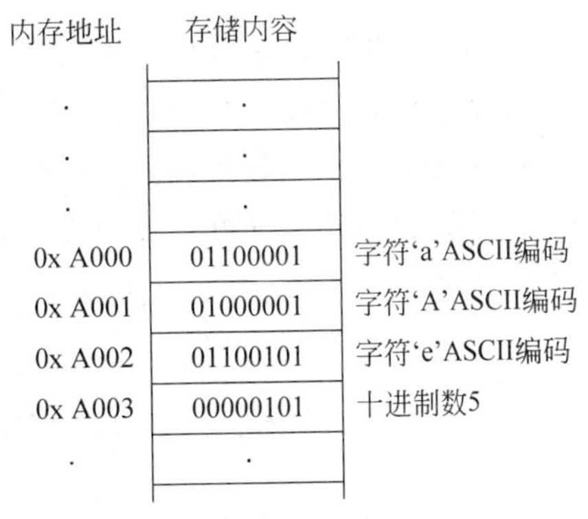

图1.3 内存地址和内存存储内容

1.1.3 外部存储设备

计算机内存在系统断电时,其中的所有数据就会丢失;为永久保存程序、文本等信息,这些数据必须存储在永久保存数据的**存储设备**(storage device)上，即计算机断电后数据不会丢失。这些外部存储设备的运行速度要远远低于计算机内存。目前主流的外部存储器有硬盘、闪盘、光盘等，如图 1.1 所示。

硬盘有机械硬盘和固态硬盘之分。**机械硬盘**(hard disk drive)即传统的普通硬盘，主要由磁盘片、磁头、磁盘片转轴及控制电机、磁头控制器、数据转换器、接口和缓存等几个部分组成。**固态硬盘**(solid state disk)是由控制单元和存储单元(闪存芯片)组成，简单地说就是用固态电子存储芯片阵列而制成的硬盘。相比机械硬盘，固态硬盘没有磁盘、磁头等组件，使得固态硬盘具有快速、轻量、耐震、省电等优点；但由于固态硬盘采用闪存芯片作为存储单元，使得固态硬盘存在写入寿命有限、易受外界因素影响、数据损坏后难以恢复等缺点。

闪盘也称 U 盘、优盘等，是一种使用 USB 接口连接计算机，通过闪存芯片来进行数据存储的小型便携存储设备。

光盘以光信息作为存储物的载体，用来存储数据的一种物品。光盘分为不可擦写光盘(如 CD-ROM、DVD-ROM 等)和可擦写光盘(如 CD-RW、DVD-RAM 等)两种。

1.1.4 输入和输出设备

输入设备(input device)是向计算机输入数据和信息的设备，是计算机与用户或其他设备通信的桥梁，如键盘，鼠标，摄像头，扫描仪，光笔，手写输入板，游戏杆，麦克风等。输入设备可以把原始数据和处理这些数据的程序输入到计算机中。

输出设备(output device)是人与计算机交互的一种部件，用于数据的输出。它把各种计算结果数据或信息以数字、字符、图像、声音等形式表示出来。常见的有显示器、打印机、绘图仪、影像输出系统、语音输出系统、磁记录设备等。触摸屏既是输入设备也是输出设备。

1.1.5 通信设备

多台计算机可以通过如网卡、调制解调器、路由等**通信设备**(communication device)和线路连接起来构成一个网络，使得多台计算机间能够共享资源、相互通信、协同完成工作。如根据传输介质分类，现有的网络可以分为：通过双绞线(网线、电话线)、同轴电缆(有线电视线)和光纤等可见介质传输的有线网络以及蓝牙、WiFi 和无线电话网络等传输的无线网络。

1.2 操作系统

只有硬件部分还未安装任何软件系统的电脑叫做**裸机**(bare computer)，这时计算机不能完成任何任务，需要一个程序来管理和控制计算机硬件与软件资源，这个程序就是**操作系统**(operating system，OS)。

操作系统是直接运行在“裸机”上的最基本的系统软件，其他任何软件都必须在操作系统的支持下才能运行；同时操作系统也提供了同用户交互的操作界面，如图 1.4 所示。

操作系统的功能包括管理计算机系统的硬件、软件及数据资源，控制程序运行，改善人机界面，为其他应用软件提供支持等，使计算机系统所有资源最大限度地发挥作用。

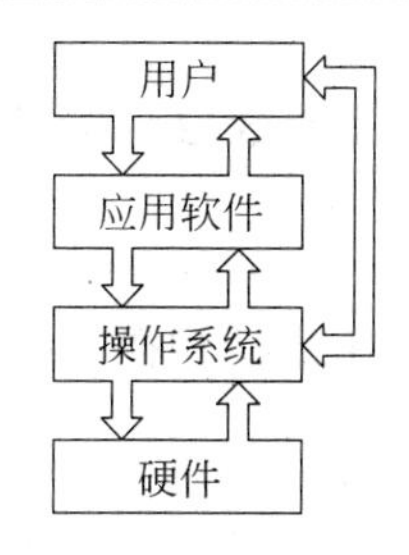

图 1.4 用户和应用软件都通过操作系统和硬件交互

操作系统种类非常多，不同机器安装的操作系统可以从简单到复杂，可从手机的嵌入式系统到大型机的操作系统。操作系统供应商对其所涵盖内容定义也不尽相同，例如目前许多操作系统都整合了**图形用户界面**（graphic user interface，GUI），如谷歌的 Android、微软的 Windows、苹果的 Mac OS 和界面化的类 UNIX/Linux 操作系统；而有些仅使用**命令行界面**（command line interface，CLI），如 DOS(disk operating system)、Windows PowerShell 等。

1.3 程序设计语言

计算机需要指令才能够运行，但是它并不懂得人类语言，所以程序必须用计算机懂得的语言书写。自 20 世纪 60 年代以来，世界上公布的**程序设计语言**（programming language）已有上千种之多，这些语言的目标是使人类能更容易地编写程序，然而所有这些语言编写的程序最终都必须转换成计算机懂得的语言，才能够被计算机执行。

1.3.1 机器语言

机器语言（machine language）是计算机的母语，它是计算机 CPU 可以直接解读的数据，是一系列二进制代码构成的集合。由于现代电子计算机硬件是基于二进制电子电路制造的，所以如果想让计算机进行运算，就必须使用机器语言书写代码，例如，计算分段函数：

$$Y = \begin{cases} X + 15 & \text{若 } X < Y \\ X - 15 & \text{若 } X \geqslant Y \end{cases}$$

其用 Pentium 机器语言可编出如下程序片段：

```
1010 1001 0001 0110 0000 0001
0011 1100 0001 1000 0000 0001
0111 1100 0000 0101
0010 1101 0001 0101 0000 0000
1110 1010 0000 0011
0000 0101 0001 0101 0000 0000
010 0011 0001 1000 0000 0001
    ⋮
0000 0000 0000 0000
0000 0000 0000 0000
```

用机器语言编程序显然十分困难，编出的程序不但容易出错、调试极为困难，而且程序本身也极不好读。基于上述原因，人们引进了汇编语言。

1.3.2 汇编语言

汇编语言(assembly language)是符号化的机器语言，即引进一些助记符表示机器指令中的操作码，地址等。完成上述分段函数计算的 Pentium 汇编语言程序代码如下。

```
    MOV    AX, X
    CMP    AX, Y
    JL     S1
    SUB    AX, 15
    JMP    S2
S1: ADD    AX, 15
S2: MOV    Y, AX
    X   DW   ?
    Y   DW   ?
```

汇编语言程序显然比机器语言程序前进了一步，它比较好读、好懂，写起来也显然比二进制代码程序方便得多，其原因在于用符号助记符代替了单调的二进制代码。但是计算机并不懂得这些助记符号，要使其运行需要另一个程序——**汇编程序**(assembler)，将汇编代码翻译成机器代码，才能够执行，如图 1.5 所示。

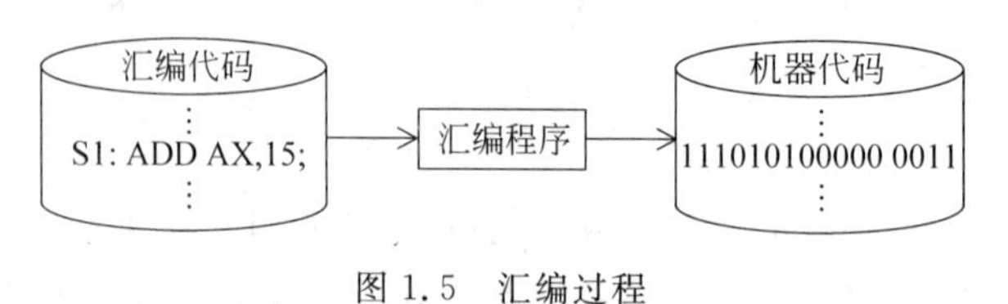

图 1.5 汇编过程

汇编语言里的每一条指令一般都和一条机器指令相对应，编写汇编程序一般需要了解 CPU 的工作原理，因此汇编语言也被称为**低级语言**(low-level language)。汇编语言是最接近机器语言，并且依赖于机器语言的程序设计语言。

虽然汇编语言比机器语言前进了一步，但是它仍然十分烦琐，并且仍然依赖于具体的计算机，程序不便于**移植**(transplanting，程序从一台计算机转置到其他计算机上)。因此人们又进一步引进了**高级语言**(high-level language)。

1.3.3 高级语言

高级语言以较接近于自然语言或专业语言的方式描述操作，由它所编写的程序不依赖于具体计算机。高级语言并不是特指某一种具体语言，而是包括很多编程语言，如目前流行的 Java、C、C++ 、C# 、Python、Lisp、Prolog 等，这些语言的语法、命令格式都各不相同。

例如，使用 C 语言完成计算同样的分段函数，可用如下语句：

```
if(X<Y)
    Y=X+15;
else
    Y=X-15;
```

显然这种程序十分好读，它几乎就类似于英语句子。这种程序编起来也很自然轻松，而且它还具有通用性，可以在不同机器上运行，十分便于移植。由高级语言编写的程序称为**源程序**(source program)或者**源代码**(source code)。程序中的每条指令称为一条**语句**(statement)。这些源程序需要经过翻译后变为机器代码才能够**执行**(execution)，整个翻译过程是由另一个程序——**编译器**(compiler)或**解释器**(interpreter)来完成的。

编译器是将整个源代码翻译成机器代码后再执行，如图 1.6(a)所示。

解释器是从源代码中取一条语句，将其翻译成机器代码或者虚拟机器代码，然后直接执行，如图 1.6(b)所示，需要注意的是一条语句可能会被翻译成若干条机器指令。

C 语言程序是通过编译器来执行的。

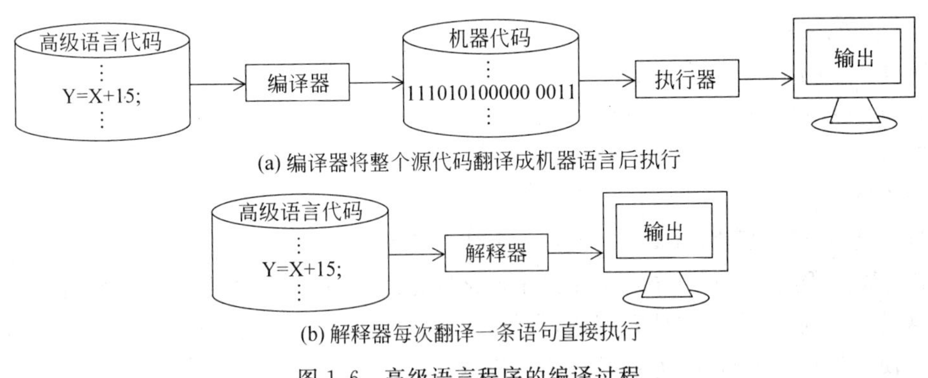

(a) 编译器将整个源代码翻译成机器语言后执行

(b) 解释器每次翻译一条语句直接执行

图 1.6　高级语言程序的编译过程

1.4　程序设计

程序设计(programming)是给出解决特定问题程序的过程，是软件开发活动中的重要组成部分。程序设计往往以某种程序设计语言为工具，给出此种语言下的程序。下面以实例讲解程序设计相关概念。

1.4.1　“鸡兔同笼”——计算

【例 1.1】　我国古代数学著作《孙子算经》中所载“鸡兔同笼”问题如下：“今有鸡兔同笼，上有三十五头，下有九十四足，问鸡兔各几何？”

解：怎样解决该问题？分析如下：

第一步，解决该问题应该首先把问题数学化。根据题目条件，设有 x 只鸡，y 只兔，可以列出二元一次方程组：

$$x + y = 35 \tag{1}$$
$$2x + 4y = 94 \tag{2}$$

第二步，解该方程组。解二元一次方程组有多种方法，现在选择消元法，

第三步，使用消元法解上述二元一次方程组，按如下步骤进行：

1. 把方程(1)乘以2：计算 1×2；35×2；得到方程：

$$2x + 2y = 70 \tag{3}$$

2. 把方程(2)减去方程(3)：计算 2－2；4－2；94－70；得到方程：

$$2y = 24 \tag{4}$$

3. 解该一元一次方程：计算 $24/2 \to y$，得到未知数 y 的值。

4. 把 y 值代入方程(1)得一元一次方程(5)

$$x + 12 = 35 \tag{5}$$

5. 解该一元一次方程：计算 $35-12 \to x$ 得到未知数 x 的值。

如上已经把解决该问题的各个步骤分析清楚。实际计算过程应该是：

1. $1\times 2 \to a$；
2. $35\times 2 \to b$
3. $4-a \to a$
4. $94-b \to b$
5. $b/a \to y$
6. $35-y \to x$

这就是“程序”，**程序**(program)就是一个计算过程、计算步骤。选择一种程序设计语言，把上述计算过程用程序设计语言表示出来就是计算机程序。这个过程就是“**程序设计**”。

这是一个简单、实际的计算问题，也是一个简单的程序设计过程。一般地，一个现实问题要使用计算机来解决，大致经过如下步骤：

- 建立数学模型——把实际问题转化为数学问题；
- 找出计算方法——为数学问题的求解找出方法；
- 进行算法分析——为实现计算方法给出具体算法；
- 选择一种程序设计语言，编出计算机程序——写程序；
- 调试程序——保证程序的正确性；
- 上机运行，测试程序的正确性——组装测试、确认测试；
- 最后交付使用并维护。

在上述例1.1简单问题的解决过程中，

- 第一步分析是建立数学模型，列出了二元一次方程组；
- 第二步分析是找出计算方法，选择“消元法”解二元一次方程组；
- 第三步分析是算法分析，得到了解二元一次方程组的具体计算步骤；
- 以下写程序、调试程序、测试程序本例没有给出过程；
- 最后是交付使用并维护。

1.4.2 算法——程序设计精髓

上节中最后给出的计算步骤1～6是解决例1.1问题的**算法**(algorithm)。程序设计的任务就是找出算法(算法分析)、编出计算机程序、调试测试程序和运行程序。现实世界是五花八门、十分复杂的，要解决算法问题需要靠长期的学习、积累和悟性。选择一种语言，要根据具体问题来决定，本书以C语言为背景讲授程序设计，也就是说选择了C语言编写程序。还需注意的是程序设计时千万不要忽略上机调试阶段，因为一方面任何程序不经过调试是不能保证其正确性，另一方面程序设计是实践性很强的课程。

算法由某些基本的成分组成，这些基本成分是一些基本的操作及控制结构。构成算法的基本操作包括：

- 表达式以及变量赋值；
- 读(输入)；
- 写(输出)。

基本的控制结构包括：

- 顺序控制结构；
- 分支控制结构；
- 循环控制结构；
- 函数调用和返回。

算法是一个计算过程，具体指明应该进行的操作，描述了解决问题的方法和途径，它是程序设计的基础和精髓。一个有效算法具有如下特点。

1. 有穷性(finiteness)

一般情况下一个算法应该在有限的时间内终止，不应该是无限的。进一步，有穷性指在合理的时间范围内，比如后文讲述的"Hanoi 塔"问题的循环迭代算法，若 1 秒钟计算一次，大约需要 5849 亿年。虽然是有穷的，但显然是无意义的。

2. 确定性(definiteness)

算法中的每一个步骤都应该是确定的，含义是唯一的，不应该是模糊的、模棱两可的。例如求解一元二次方程，如果算法直接写成

$$x = \frac{-b \pm \sqrt{b^2 - 4ac}}{2a}$$

显然是不确定的，不能构成确定的算法步骤。比如当 a 等于 0 时怎么办？当 $b^2 - 4ac$ 小于 0 时怎么操作？都没有确定的描述。

3. 有效性(effectiveness)

算法中的每一个步骤都应该是有效的，都能够被有效的执行并得到确定的结果，不应该存在无效的操作。比如在一个算法中存在操作"$x \rightarrow x$"，显然无意义，也是无效的；又比如操作"$a \div 0$"也是不能有效执行的。

4. 若干输入(input)

算法应有 0 个或多个输入，以给定运算的初始条件。若算法有 0 个输入，则应该在算法内部设定初始条件(如例 1.1)。

5. 若干输出(output)

算法应有一个或多个输出，以给出对输入数据处理后的结果，如例 1.1，最终输出鸡、兔的只数。没有输出的算法没有任何意义。

1.4.3 算法描述——PAD

描述算法有多种多样的方法。例如，流程图、NS 图、程序等等。本书采用**问题分析图**(problem analysis diagram，PAD)来描述算法。

PAD 使用两维的树形结构描述程序的逻辑，因此它比直接用程序(可以说程序的表现形式是一维的)表示算法更清晰直观；PAD 使用了结构化的、概括的抽象记号系统，所以它比用流程图表示算法更清晰、简练、紧凑、层次分明；PAD 是开放的，所以它比封闭式的 NS 图更清晰、分明、也更便于修改。

为简单明了起见及印刷上的原因，也为了适应 C 的一些特点，我们将标准 PAD 的记号系统作了一定的修正。这里先给出 PAD 记号系统的基本格式，再给出例 1.1 算法的 PAD 描述。更复杂控制结构的 PAD 表示将在下文涉及的地方逐步给出。

- PAD 把基本操作序列用方框括起来，表示成图 1.7 的形式。
- PAD 把顺序执行的操作用一条竖线顺序连接起来表示成图 1.8 的形式。竖线从上向下表示程序执行顺序，竖线连接起来的是一个个操作成分。

图 1.7 基本操作　　图 1.8 顺序控制结构

【例 1.2】 例 1.1 算法(计算步骤 1～6)的 PAD 描述，如图 1.9 所示。

1.4.4 程序

一个庞大的计算机系统是怎样有条不紊的工作呢？答案是：计算机系统的工作是由事先设计好的程序来控制的。人们首先按自己的需要，把让计算机做的工作编排成计算机程序，并把程序送入计算机，然后启动计算机执行程序。计算机的控制器从程序的第一条指令开始，顺序逐条按指令的规定和要求指挥整个计算机系统工作，从而完成人们要计算机完成的工作。

程序是一个指令序列，也就是用指令排成的一个工作顺序、工作步骤。平常我们也使用程序这个名词，如运动会程序。计算机程序是用计算机指令为计算机排定的工作顺序、工作步骤。为计算机编排程序的过程称为程序设计。

按图 1.9 写出例 1.1 的 C 程序，如例 1.3 所示。

1×2→a;
35×2→b;
4−a→a;
94−b→b;
b/a→y;
35−y→x;
打印输出

图 1.9 例 1.1 算法的 PAD 描述

【例 1.3】 例 1.1 的 C 程序。

```
#include<stdio.h>                    //括入标准输入输出函数库头文件
int main(void){                       //主函数
```

```
    int a,b,x,y;                    //声明 5 个变量,分别表示计算用的中间结果和最后结果
    a=1 * 2;                        //方程 (1)乘以 2
    b=35 * 2;
    a=4-a;                          //方程 (2)减方程 (3)
    b=94-b;
    y=b/a;                          //求 y
    x=35-y;                                             //求 x
    printf("鸡: %3d  兔: %3d\n",x,y);                    //打印输出
    return 0;                     //0 是正常返回,非零是异常返回,交由操作系统处理
}
```

这是一个完整的 C 程序,该程序全部在一个文件中。在该程序中第 2～12 行是主函数,称为一个顶层声明。该行之前的每一行均为一个顶层声明,如文件引入等。

实际应用问题都比较复杂;首先,需要将其分解为更小、更好管理的部分进行处理,这些部分被称为模块;每个模块完成一个特定的功能,模块之间相互独立或者近似独立;然后按某种方法将所有模块组装起来,形成为一个整体,解决实际应用问题。

如图 1.10 所示,模块可以继续往下分,分解成更小的子模块,直到问题小到可以直接解决;当所有模块都找到解决方法时,整个问题也随之解决,这被称为自顶向下、逐步求精的程序设计方法。

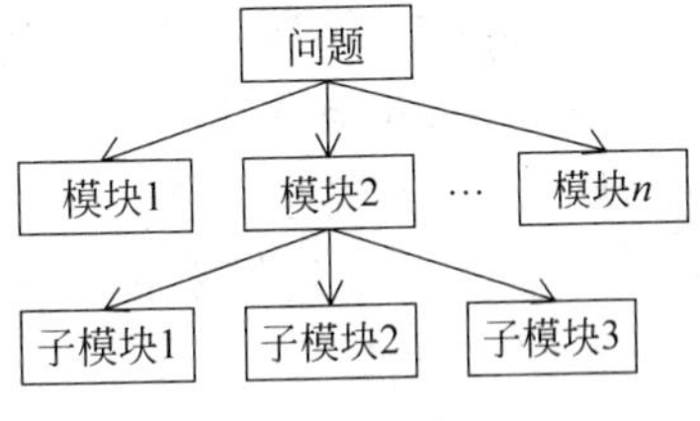

图 1.10 模块分解示意图

1.4.5 运行

在编写实际应用程序时,程序规模往往很大,需要多人协同工作才可能完成,若将程序代码放在一个文件中,是非常不现实的;通常是将一个程序分别存放在不同的文件,其中的每个程序文件称为一个"编译单元"。概括起来,

- 一个 C 程序由一个或若干个编译单元组成,每个编译单元是一个源程序文件;
- 一个编译单元由若干顶层声明组成,每个顶层声明是一个声明或函数定义,其中主要为函数定义;
- 声明包括类型定义、变量声明、外部声明、宏等;
- 任何 C 程序必须包含且仅包含一个主函数 main,在 C99 标准里规定 main 函数的返回值必须是整型,这也就是为什么本书后面所有例题程序中 main 函数的返回类型都是 int 类型的原因。

简单 C 程序一般仅有一个编译单元(即全部程序在一个文件中)。

图 1.11 是由两个编译单元组成的一个完整的 C 程序,每个编译单元保存在一个源程序文件中。执行该程序将打印字符串"Hello!"。

图 1.11 程序由两个源程序文件 hello. c、startup. c 组成,每个源程序文件称为一个编译单元。其中文件 hello. c 第 1 行、第 2 行、第 3～5 行分别是三个顶层声明：第 1 行括入一个头文件 stdio. h,该头文件中包含所有**输入输出**(Input/Output,I/O)函数的定义;第 2 行声明 int 类型变量 m;第 3～5 行定义函数 hello 用于打印字符串"Hello!"。

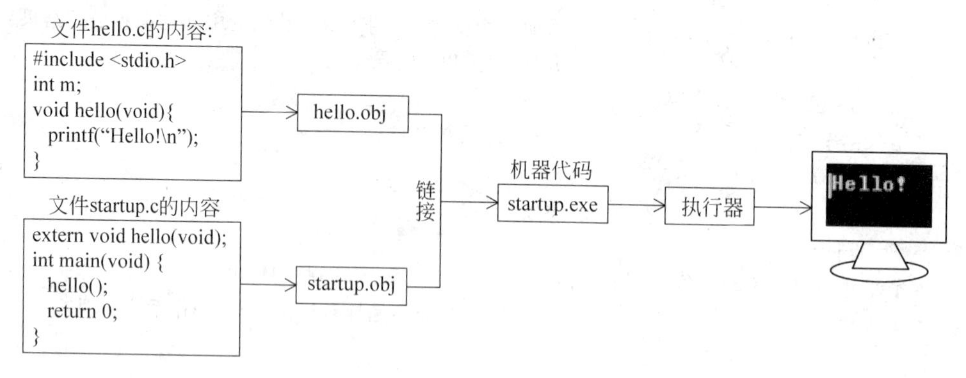

图 1.11　由两个编译单元组成的一个完整的 C 程序

文件 startup. c 的第 1 行、第 2～5 行分别是两个顶层声明：第 1 行 extern 指明 main 函数所调用的 hello 函数声明不在本文件中，而在另一个文件 hello. c 中；第 2～5 行定义函数 main，这是必须的，任何 C 程序必须包含且仅包含一个以 main 命名的函数，该函数称该 C 程序的主函数，C 程序从这个函数开始执行。图 1. 11 程序首先由 main 函数开始执行，然后 main 函数调用 hello 函数，最终 hello 函数中的打印语句打印字符串“Hello!”。

从高级语言程序**执行**（execution）角度来看，图 1. 11 程序执行过程是：

（1）使用文本编辑器编辑程序，分别录入两段源程序，分别保存在文件 hello. c 和 startup. c 中；

（2）使用 C 编译程序分别编译两个 C 源程序文件 hello. c 和 startup. c，生成两个目标代码程序文件 hello. obj 和 startup. obj；

（3）使用链接程序进行**链接**（link），把 hello. obj 和 startup. obj 以及需要的库函数连接到一起，生成可执行的机器语言程序 startup. exe；

（4）执行 startup. exe，得到的运行结果是在屏幕上显示字符串“Hello!”。

上述各个步骤不可避免，可能出现各种错误。一旦在某步出现错误，就应该返回到前面某步骤，查找并修正错误，然后再重新继续修改后的各个步骤，图 1. 12 给出使用高级语言编写程序解决实际问题的完整过程。

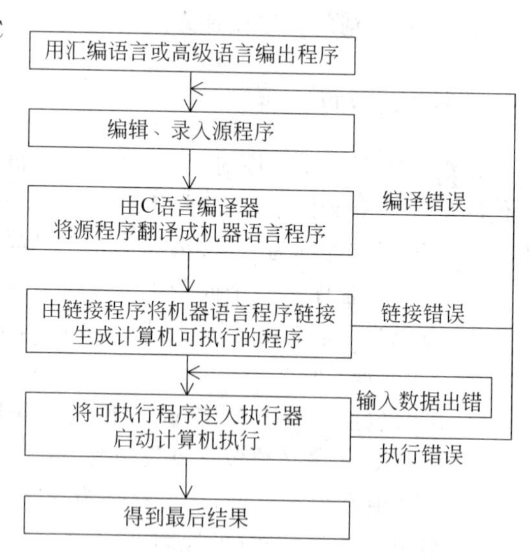

图 1. 12　完整的 C 语言解题过程

1.5　C 语 言

本书依托 C 语言讲述程序设计，因此有必要简单介绍一下 C 语言历史及现状、优缺点以及为什么选择它作为讲述程序设计的载体语言。

1.5.1 C语言的历史与现状

20世纪70年代初,C语言在美国贝尔实验室诞生。它的前身可以追溯到ALGOL 60、CPL、BCPL及B语言。

1960年公布的ALGOL 60语言称为算法语言,是一种面向算法的高级程序设计语言,在程序设计语言理论、编译理论、形式语言理论方面起到里程碑的作用,它的优点是语法严谨且形式化,并完全脱离具体计算机硬件,缺点是不适于编写计算机系统程序。1963年英国剑桥大学设计了CPL语言,与ALGOL 60相比,它更接近硬件,但是规模较大。1967年Martin Richard对CPL进行了简化,推出了BCPL,可以称其为基本CPL语言。1970年美国贝尔实验室的Ken Thompson又对BCPL作了进一步的简化,设计出简单且很接近计算机硬件的B语言(取BCPL的第一个字母),并用B语言编写了UNIX操作系统,但是B语言又过于简单。

1972年,贝尔实验室的Dennis Ritchie在B语言的基础上设计并实现了C语言(取BCPL的第二个字母),C语言既保持了B语言的优点又克服了B语言的缺点。1973年,Ken Thompson和Dennis Ritchie用C语言改写了UNIX,从此C语言和UNIX紧密地联系到一起。C语言和UNIX的突出优点引起计算机界广泛重视,UNIX日益广泛地被使用,C语言也得到迅速推广并成为编写操作系统的主要语言。

C语言的标准化工作从1982年开始,当时美国国家标准协会(ANSI)认识到标准化将有助于C语言在商业化编程中普及,因此成立了以Jim Brodie为主席的一个委员会(X3J11),该委员会工作的结果是制定了一个C语言标准,并在1989年被正式采用(即美国国家标准X3.159-1989)称这个标准为ANSI C。

国际标准化组织ISO考虑到,编程工作是国际化的,C语言的标准化工作应该列为ISO的工作日程,因此成立了一个以P. J. Plauger为组长的工作小组:ISO/IEC JTC1/SC22/WG14。该小组只作了少量的编辑性修改,即把ANSI C变成了国际标准:ISO/IEC 9899:1990,此后ISO/IEC标准又被ANSI采用。人们把这个公共标准称为"标准C语言"简称C89。

到1995年,WG14小组对C89作了两处技术修改和一个补充,称这个版本为C95。

从1995年开始,WG14开始对C语言进行更大的修订,最终于1999年完成并获得批准,新标准的标准号为ISO/IEC 9899:1999,称该新标准为C99。

我国于1994年12月4日公布了"中华人民共和国国家标准GB/T 15272—94程序设计语言C"。该标准实际上是C89的翻版。

C语言是当代最优秀的程序设计语言之一。Tiboe开发语言排行榜每月更新一次,依据的指数是由世界范围内的资深软件工程师和第三方供应商提供,其结果作为当前业内程序开发语言的流行使用程度的有效指标。如图1.13所示,自2004年以来,C语言始终处于排行榜的前两名的位置,2013年年底重新夺冠。可见未来C语言仍然会是一种流行的编程语言。

C语言影响范围巨大,从图1.13中就可见一斑,其中除了Visual Basic和Python的语法里面找不到C语言的影子,其他七种语言都直接或间接地借鉴了C语言的语法。C语言的用途也很广泛,如我们熟悉的Windows和UNIX操作系统都是用C语言编写的;目前许多的硬件和底层代码都还是用C语言编写。

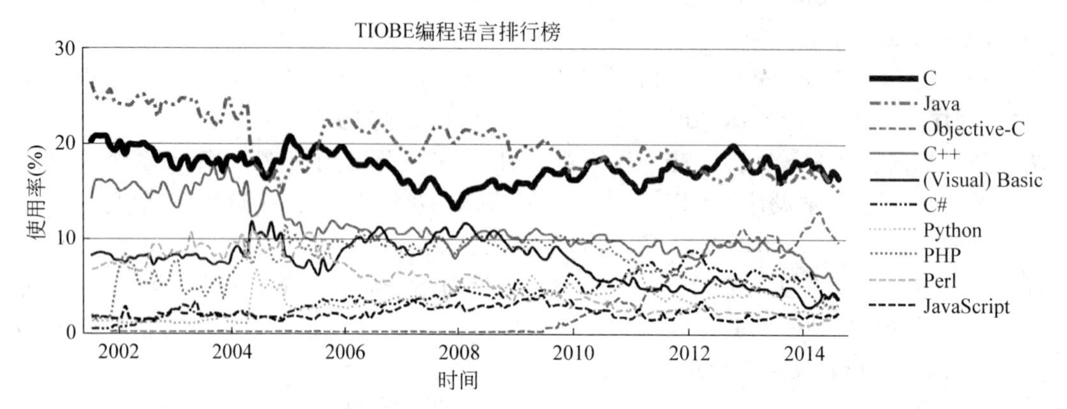

图 1.13 2014年2月 Tiboe 发布的十大流行语言的流行趋势图

图片来源:http://www.tiobe.com/index.php/content/paperinfo/tpci/index.html

1.5.2 C语言的优缺点

正因为C语言本身的优点,才会使它成为最受欢迎的编程语言,影响如此巨大。下面介绍C语言的优秀之处:

- 语言简洁,使用方便灵活。C语言的关键字很少,ANSI C标准一共只有32个关键字,9种控制语句。C语言的书写形式比较自由,表达方法简洁,使用简单方法就可以构造出相当复杂的数据类型和程序结构。
- 可移植性好。用C语言编写的程序是通过编译来得到其可执行代码的。统计资料表明,不同机器上的C语言编译程序80%的代码是公共的,C语言的编译程序便于移植。
- 表达能力强。C语言具有丰富的数据结构类型,可以根据需要采用整型、实型、字符型、数组类型、指针类型、结构类型、联合类型、枚举类型等多种数据类型来实现各种复杂数据结构的运算。C语言还具有多种运算符,灵活使用各种运算符可以实现其他高级语言难以实现的运算。
- 表达方式灵活。利用C语言提供的多种运算符,可以组成各种表达式,还可采用多种方法来获得表达式的值,从而使用户在程序设计中具有更大的灵活性。
- 可进行结构化程序设计。C语言是以函数作为程序设计的基本单位的,事实上C语言程序就是由许多个函数组成的,一个函数即相当于一个程序模块,因此C语言可以很容易地进行结构化程序设计。各种C语言编译器都会提供一个函数库,其中包含有许多标准函数,如各种数学函数、标准输入输出函数等。此外,C语言还具有自定义函数的功能,用户可以按需编写完成特定功能的自定义函数。
- 可直接操作计算机硬件。C语言具有直接访问单片机物理地址的能力,可以直接访问片内或片外存储器,还可以进行各种位操作。

- 目标代码质量高。众所周知，汇编语言程序目标代码的效率是最高的，统计表明，对于同一个问题，用C语言编写的程序生成代码的效率仅比用汇编语言编写的程序低10%～20%。

尽管C语言具有很多的优点，但和其他任何一种程序设计语言一样也有其自身的缺点：语法不严格，如不能自动检查数组的边界，各种运算符的优先级别太多，某些运算符具有多种用途等；类型机制不严密，比如字符类型与整数类型没有区别、不检查下标超界；程序设计自由度太大，不利于保证程序的正确性；若程序与计算机硬件联系太密切，则可移植性不好；有些语言成分太复杂，比如运算符；语言本身不能保证程序设计的结构化。

1.5.3 程序设计的载体语言

C语言优点远远超过了它的缺点。经验表明，程序设计人员一旦学会使用C语言之后，就会对它爱不释手，尤其是单片机应用系统的程序设计人员更是如此。而且很多语言都是在它的基础上发展起来的，掌握C语言以后，学起其他语言来就很容易上手了。C语言影响力如此巨大，熟悉C语言语法风格的人数众多；所以C语言当之无愧地成为思想交流的首选载体语言。

本书以C语言为载体，讲述程序设计的思想和方法，因此对C语言本身采取了“有所取、有所不取”的策略。

- 对于那些常用的语言成分，直接讲述与程序设计方法有关的语言成分，将穿插在程序设计过程中详细准确地介绍。比如各种控制结构、数据组织、函数等。
- 对于那些与程序设计方法联系不太紧要，但是还常用的部分，放在最后简单介绍。比如函数副作用、赋值运算符、顺序表达式、条件表达式、位运算、goto和标号、位段、编译预处理等等。
- 对于那些与讲述程序设计方法关系不太大，也不常用的部分则根本不涉及。比如行指针、可变长度数组、const指针、volatile、restrict、通用指针、数据长度、内联函数等等。

1.6 Visual C++ 集成开发环境

Visual C++ 6.0，简称VC或者VC6.0。自1993年Microsoft公司推出Visual C++ 1.0后，其新版本不断问世，VC6.0是目前使用较为广泛的版本。VC6.0不仅是一个C++编译器，而且是一个基于Windows操作系统的可视化**集成开发环境**(integrated development environment，IDE)，它包括编辑器、调试器以及程序向导AppWizard、类向导Class Wizard等开发组件，这些组件通过一个名为Developer Studio的组件集成为和谐的开发环境。

由于C++是在C语言基础上发展起来的一个“面向对象”的程序设计语言，所以VC6.0也支持C语言。VC6.0界面友好，使用简单、方便，特别适合初学者。使用该系统进行程序设计课程实验十分方便。下面简单介绍VC6.0的使用，更复杂的应用请参见VC6.0自带的帮助文档或其他文献资料。

1.6.1 启动

有两种方法启动 VC6.0。

(1) 双击桌面上 VC6.0 的图标。

(2) 选择“开始”→“程序”→Microsoft Visual studio 6.0→Microsoft Visual C++ 6.0 菜单项。

启动 VC6.0 后，它的主界面如图 1.14 所示。在该界面中包括菜单命令部分、环境窗口、源程序编辑窗口、信息窗口等。

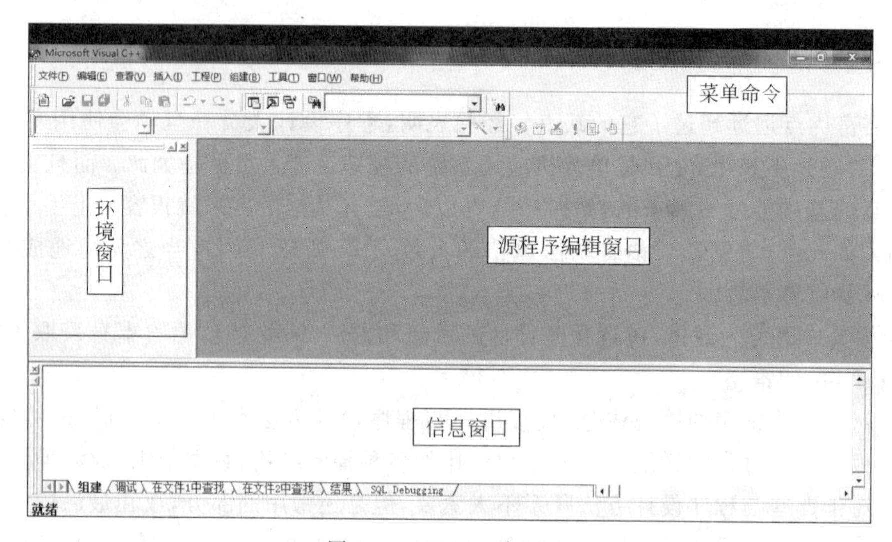

图 1.14 VC6.0 主界面

1.6.2 独立文件模式

当程序较小，只需要一个源程序文件(编译单位)时，一般使用独立文件模式，操作快捷且简便。

1. 建立环境

VC6.0 启动后，用户应建立自己的工作环境。这里以例 1.1 的程序为例，讲述如何在独立文件模式下建立工作环境。

(1) 选择“文件”菜单中的“新建”命令，如图 1.15 所示。

(2) 单击“新建”命令，然后选择“文件”标签，这时屏幕将出现如图 1.16 所示的对话框。在“文件”标签下选中 C++ Source File，在右侧的“文件名”输入框内输入新文件名“ch01-01”(默认的扩展名为.cpp)，“位置”输入框内所显示的路径就是新建文件所要存储的位置。

(3) 如果需要更改文件存储路径，则需要单击图右侧的...按钮，这时会出现“选择目录”对话框。

(4) 假设新建文件“ch01-01.cpp”存储在“F:\演示”文件夹下，单击“确定”按钮，如图 1.17 所示。

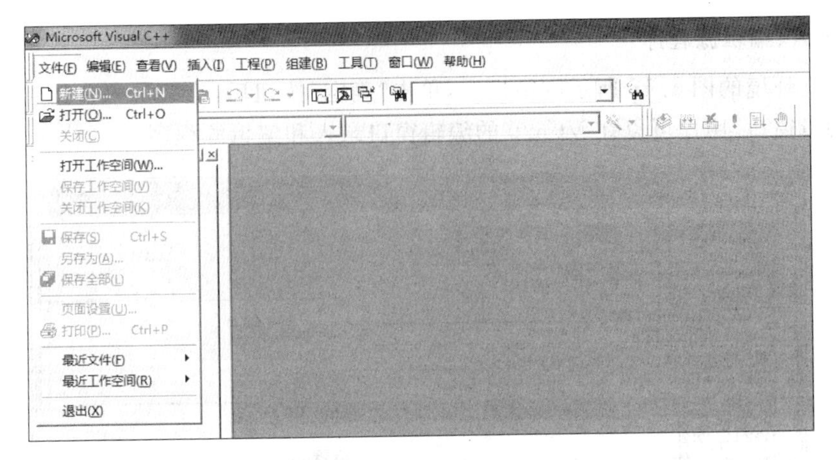

图 1.15 “新建”菜单选项

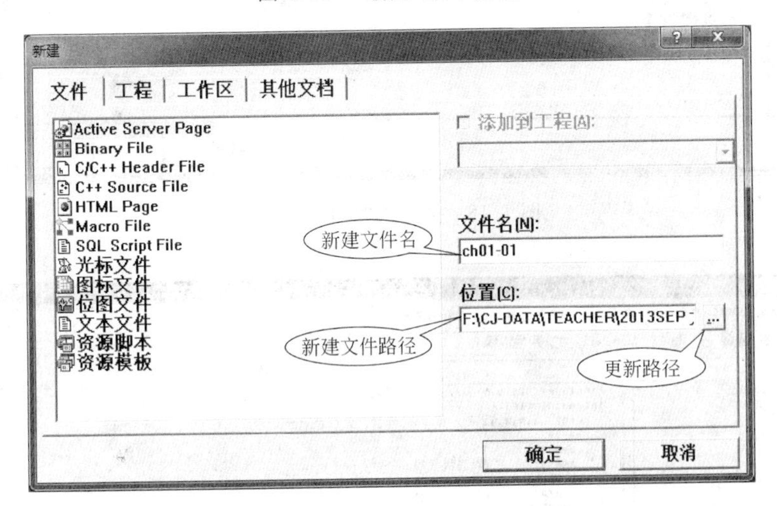

图 1.16 “新建”对话框的“文件”选项卡

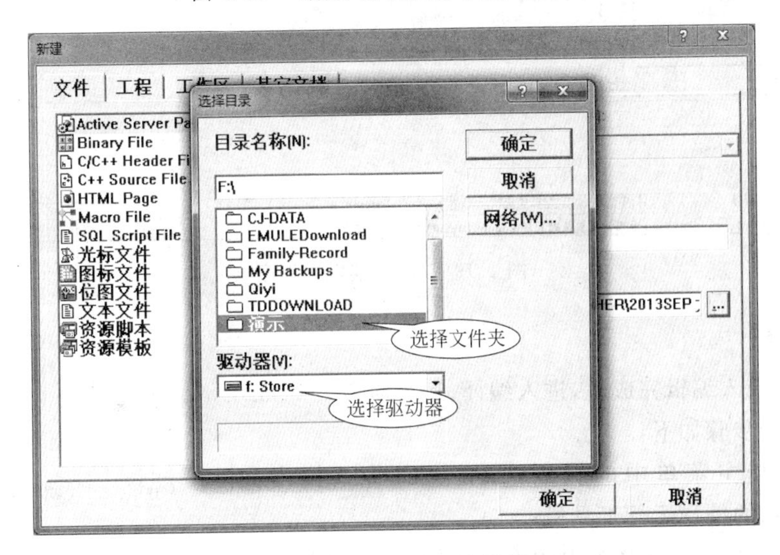

图 1.17 “选择目录”对话框

2. 录入、编辑源程序

在建立环境的图 1.18 所示的窗口中，单击“确定”按钮后，这时屏幕将出现如图 1.19 所示的编辑窗口，用户可以在 VC6.0 的编辑窗口录入和编辑源程序。

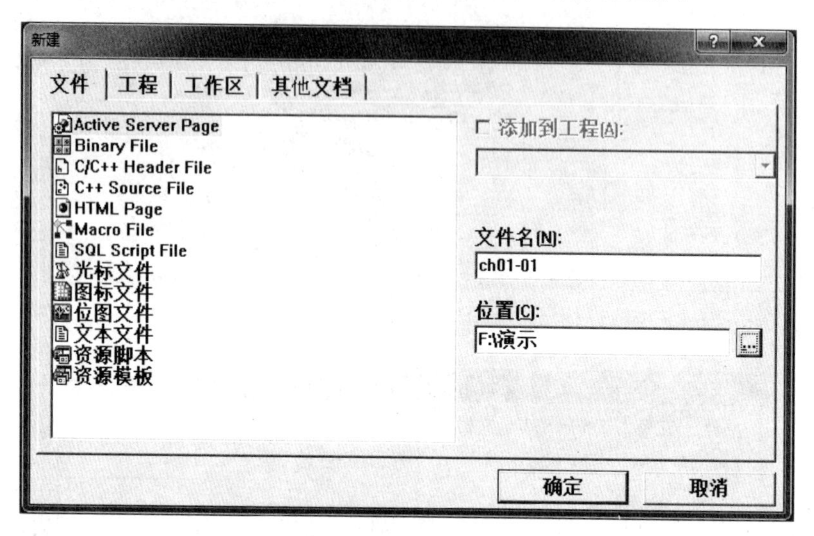

图 1.18 最终的“文件”选项卡

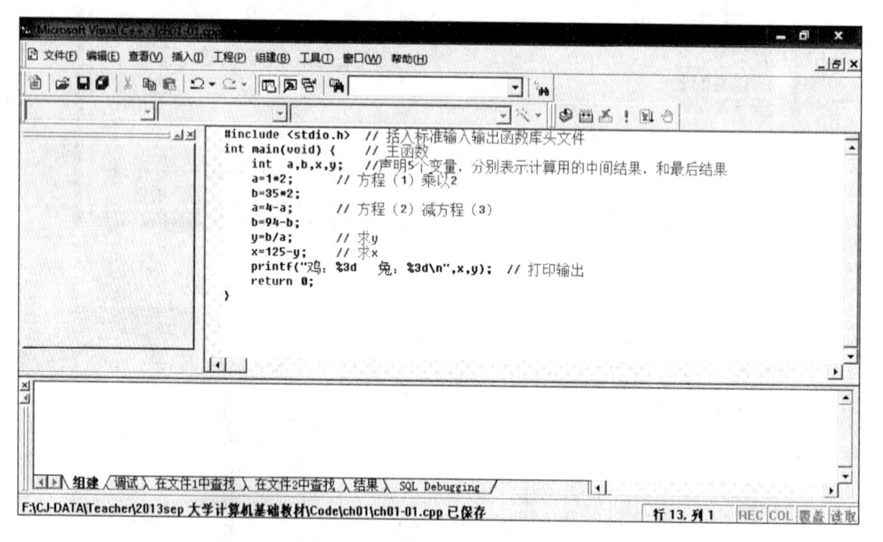

图 1.19 录入、编辑源程序

3. 编译

源程序录入编辑完成后，进入编译、运行阶段。VC6.0 的编译、运行步骤如下：

(1) 选择主菜单中的编译选项，这时将下拉出如图 1.20 所示的编译运行工具栏；

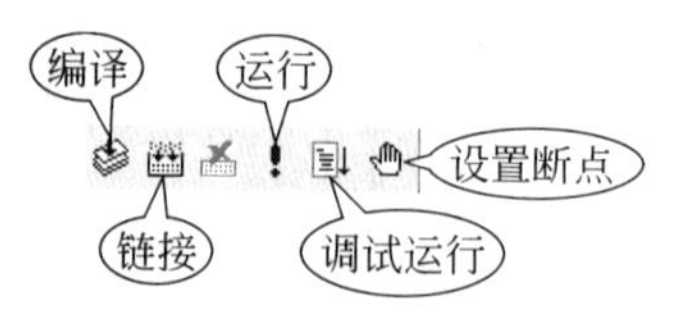

图 1.20 编译运行工具栏

(2) 选择编译工具菜单中的编译按钮，这时会弹出如

图 1.21(a)所示的窗口;单击“是”按钮,VC6.0 将建立一个缺省项目,来包含当前的.cpp 文件。如果这时.cpp 文件没有保存,将会出现如图 1.21(b)所示的提示,单击“是”按钮。

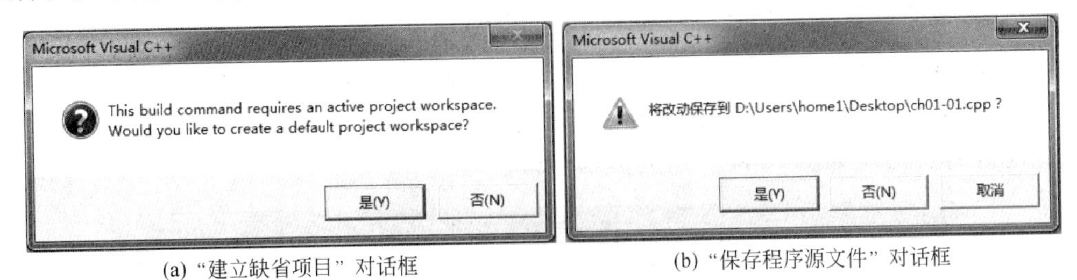

(a) “建立缺省项目” 对话框　　(b) “保存程序源文件” 对话框

图 1.21　编译对话框

(3) VC6.0 将对编辑区内的 C++ 源程序进行编译,编译结束后,将自动生成工程文件(.obj 文件),如图 1.22 所示。信息窗口显示.cpp 文件没有错误,生成了同名的.obj 文件。

```
--------------------Configuration: ch01-01 - Win32 Debug--------------------
Compiling...
ch01-01.cpp

ch01-01.obj - 0 error(s), 0 warning(s)
```

组建 调试 在文件1中查找 在文件2中查找 结果 SQL Debugging　行 6,列 1　REC COL 覆盖 读取

图 1.22　编译成功的信息窗口

4. 链接和运行

C 程序经过编译后,需要链接,以把用户程序与各种库函数连在一起,生成可执行的目标程序。单击如图 1.20 所示的编译工具菜单中的“链接”按钮,这时将会自动生成一系列相关文件。

经过编译、链接后,如果各个步骤都不出错,便可以运行程序了。单击如图 1.20 所示的编译工具菜单中的“运行”按钮,将执行已经编译链接好的 VC6.0 程序。运行结果将自动显示在如图 1.23 所示的运行结果窗口。

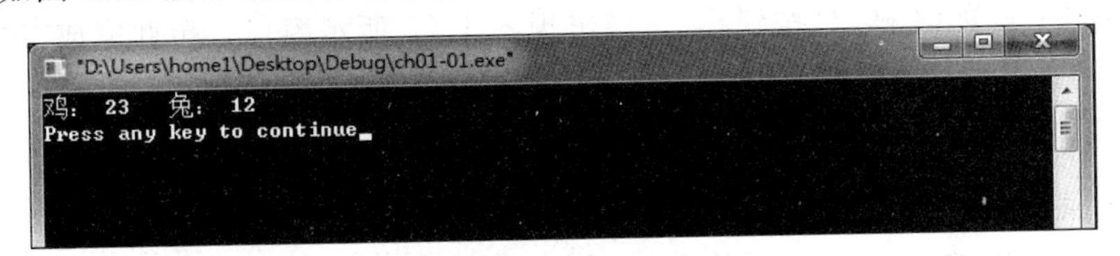

图 1.23　运行结果窗口

1.6.3　项目管理模式

当程序比较大,一个程序需要由多个源程序文件(编译单位)组成时,使用“项目管理模式”,这时所有源程序文件合在一起共同构成一个程序,在 VC6.0 中称为一个“项目(Project)”。

在“项目管理模式”下使用VC6.0时，“编译”、“链接”、“运行”都与独立文件模式时相同。不同的是“建立运行环境”、“录入、编辑源程序”。下面以图1.11中的程序为例讲述如何在项目管理模式下编写程序。

1. 建立运行环境

(1) 在主界面，选择“文件”标签中的“新建”命令，并选择“新建”命令中的“工程”标签，这时屏幕将出现如图1.24所示的提示窗口。

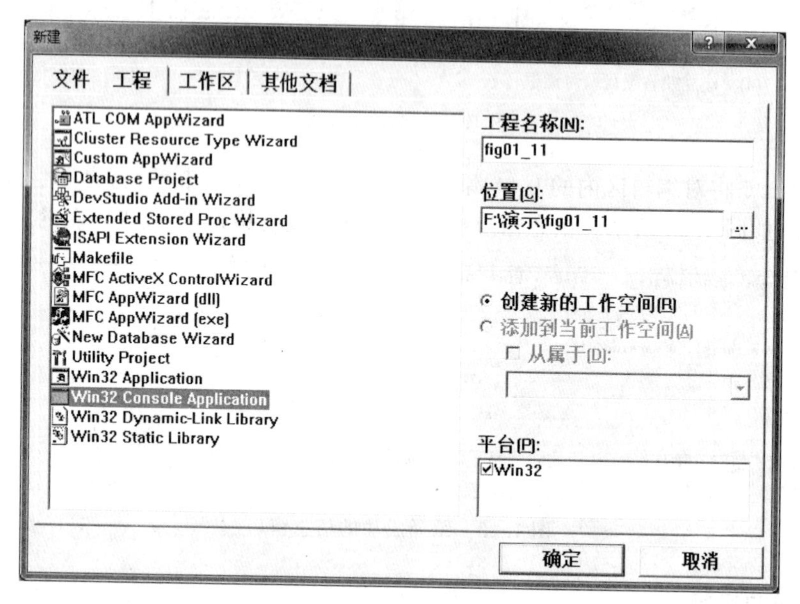

图1.24　“新建”对话框的“工程”选项卡

(2) 在图1.24所示的提示窗口中，选择Win32 Console Application项，并在屏幕右侧的提示窗口选择(填写)“工程名称”和“位置”；然后单击“确定”按钮。“位置”是存放用户程序的“文件夹”；“工程名称”是用户为本程序起的总“名字”。本程序的所有源程序文件将保存在“位置文件夹”下的相应工程名称的“名字子文件夹”下。

(3) 单击“确定”按钮后，将出现如图1.25所示窗口。这时应该默认为“空工程”，单击“完成”按钮；再单击“确定”按钮，之后将出现图1.26所示窗口。至此完成“项目管理模式”的环境建立过程。

2. 录入、编辑源程序

选择主菜单中的“文件”子菜单中的“新建”选项，屏幕将出现图1.27所示窗口；选择左侧“文件”标签中的C++ Source File项；在右侧“文件”名处填好本次建立(或使用的)文件的名字；然后单击“确定”按钮；其他内容不用动，都是刚才建立工程时填写好的。

这时将出现如图1.28的窗口。用户可以在右上程序窗口键入、编辑源程序，也可以通过打开文件来装入以前的程序。

重复上述步骤，可以建立下一个源程序文件，如图1.29所示。

图1.28界面的左上窗口为“工程位置”信息窗口。可以选择该窗口的File View标签，并单击文件夹结构图中的加号“+”，显示本次工程的文件结构信息。

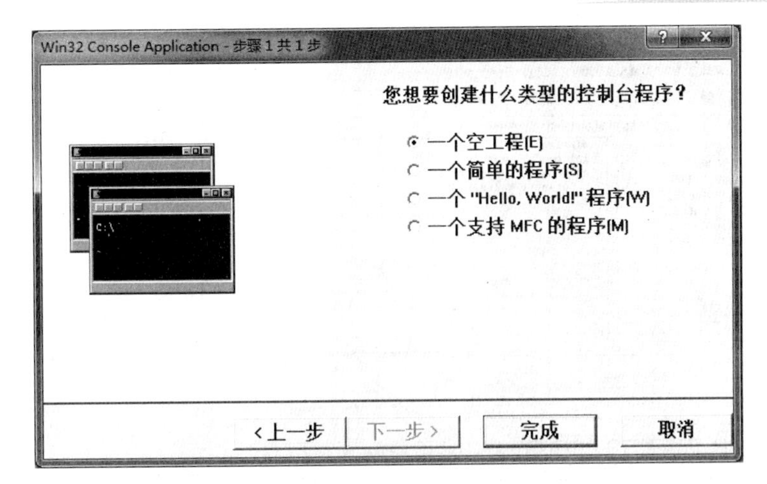

Win32 Console Application - 步骤 1 共 1 步
您想要创建什么类型的控制台程序？
一个空工程(E)
一个简单的程序(S)
一个 "Hello, World!" 程序(W)
一个支持 MFC 的程序(M)
< 上一步
下一步 >
完成
取消

图 1.25　新建工程提示窗口

fig01_11 - Microsoft Visual C++
文件(F) 编辑(E) 查看(V) 插入(I) 工程(P) 组建(B) 工具(T) 窗口(W) 帮助(H)
[Globals]
[All global members
[No members - Create New Class...]
工作区 'fig01_11': 1 工程
fig01_11 files
Source Files
Header Files
Resource Files
ClassView
FileView
组建
调试
在文件1中查找
在文件2中查找
结果
SQL Debugging
就绪

图 1.26　新建工程结束

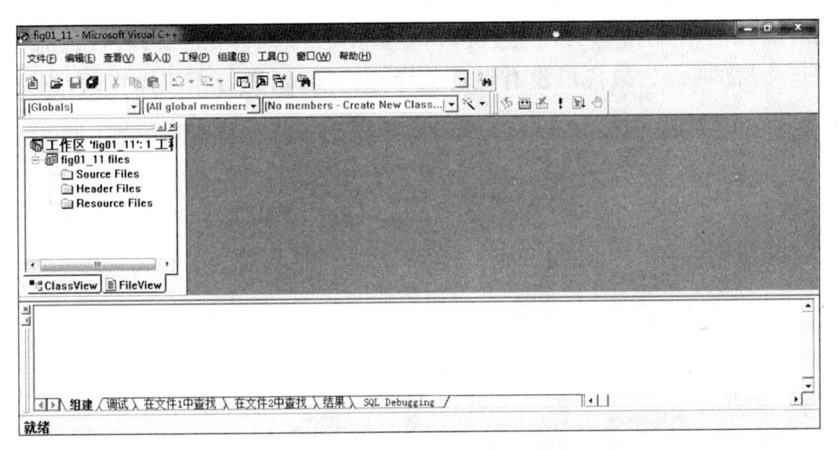

新建
文件
工程
工作区
其他文档
Active Server Page
Binary File
C/C++ Header File
C++ Source File
HTML Page
Macro File
SQL Script File
光标文件
图标文件
位图文件
文本文件
资源脚本
资源模板
添加到工程(A):
fig01_11
文件名(N):
hello
位置(C):
F:\演示\fig01_11
确定
取消

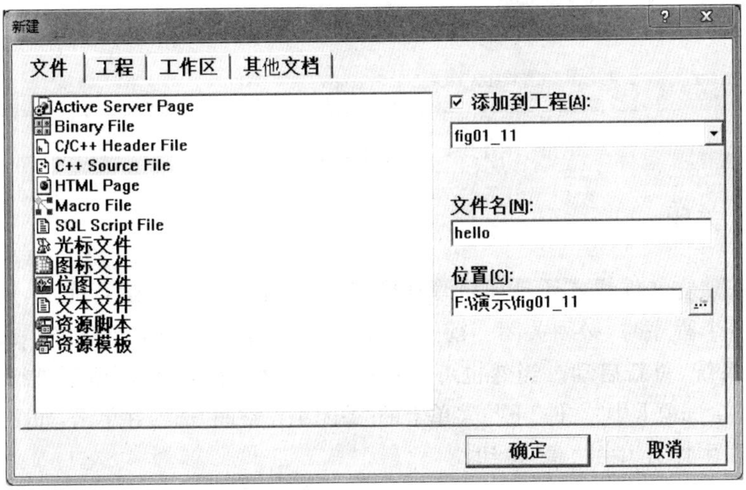

图 1.27　新建程序源文件

图 1.28 编辑、录入源文件窗口

图 1.28 界面的下端窗口为“信息窗口”。显示程序编译、链接、运行过程中的信息。单击图中“运行”图标。如果代码没有经过编译和链接,则进行相应操作;否则直接运行。

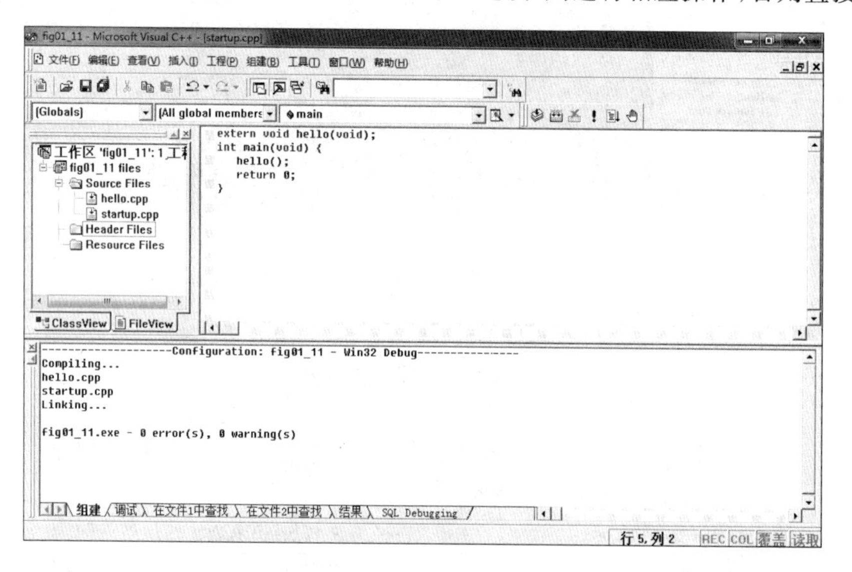

图 1.29 程序编译、链接成功

1.6.4 关闭

不论是在独立文件模式还是项目管理模式,当一个程序调试运行完成,用户可能想调试运行另外一个程序时,必须关闭当前运行环境,重新建立新的运行环境。最简单的方法是退出 C++ 系统,重新启动。当然也可以不退出,而直接在 C++ 环境下进行,过程如下。

(1) 选择主选项卡中“文件”下拉菜单上的“关闭工作空间”选项并单击,如图 1.30 所示。

(2) 单击图 1.31 中的“是”按钮。

(3) 第(2)步操作后,当前工作空间、环境被关闭,计算机将出现如图 1.14 所示界面。

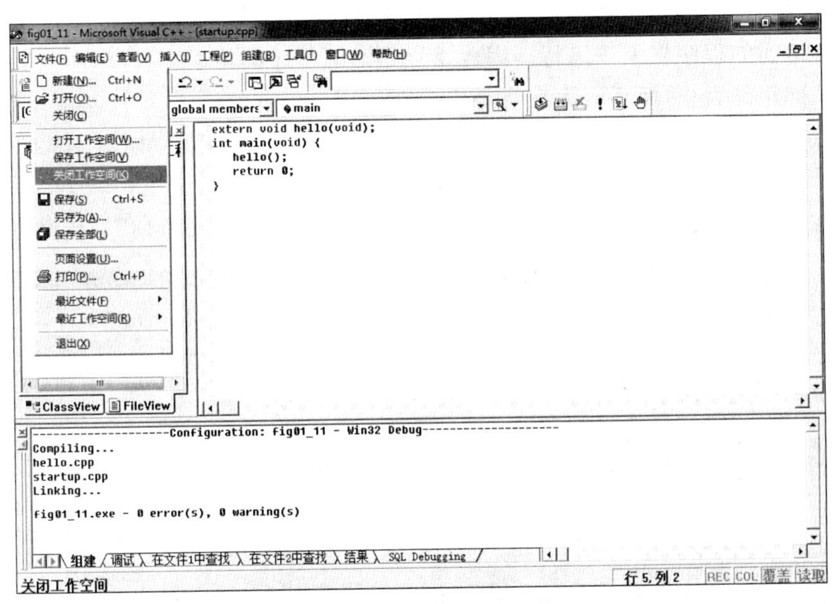

图 1.30 “关闭工作空间”窗口

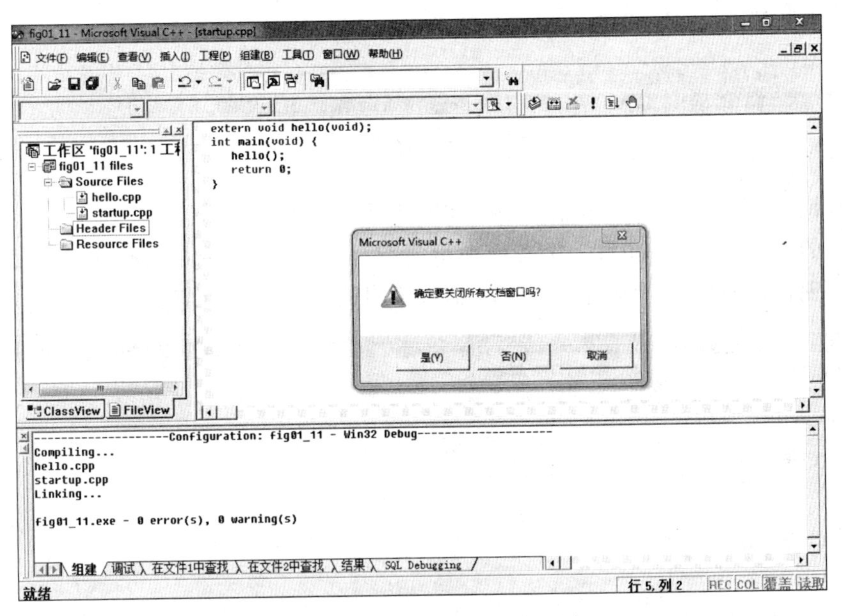

图 1.31 “关闭所有文档”提示框

这时就如同 C++ 系统刚刚启动一样，用户应该从建立运行环境开始进入下一个程序的工作。

1.6.5 警告和错误

编写程序过程中难免会出现一些错误，根据编译过程的不同阶段可以分为：编译错误、链接错误和运行错误。集成开发环境也会提示一些警告，有警告的程序仍然可以执行，但是有错误的程序将无法运行。因此重点是对源程序的错误进行修改，然后再重新编译，直至全部正确为止，而不必太在意警告。

编译错误(compiling error)指程序在编译过程中出现的错误。如图 1.32 所示，双击错误信息行，光标将自动定位到出错的程序行。在 printf("Hello! \n")语句后少了一个分号，C 语言规定每条语句都要以分号结束，所以会出错，其中"C2143"是错误编号。

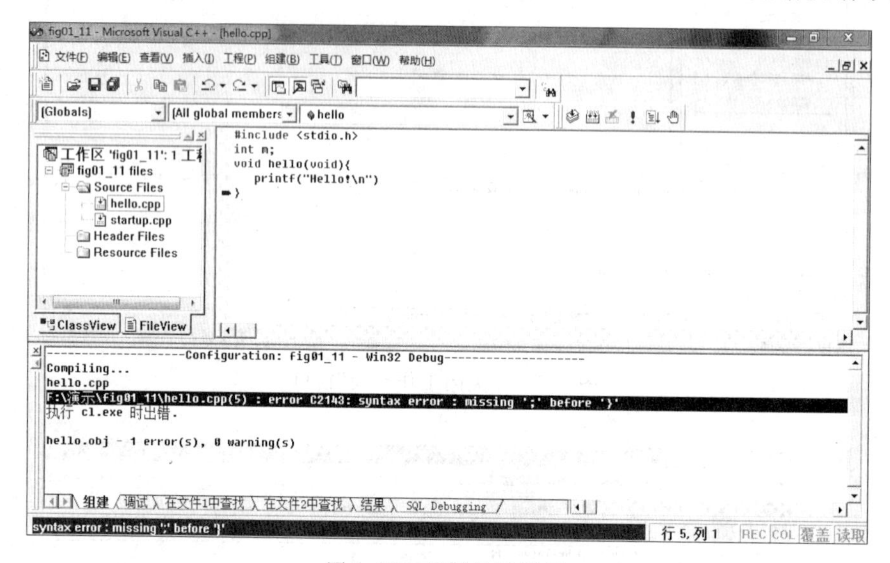

图 1.32　编译错误图例

链接错误(linking error)指在链接过程中出现的错误。如图 1.33 所示，由于 main 函数中调用的 hello 函数是在另一个文件中声明，当前项目中并不包含这个文件，所以链接过程会出现错误；这时需要将包含 hello 函数声明的文件放在当前项目中。

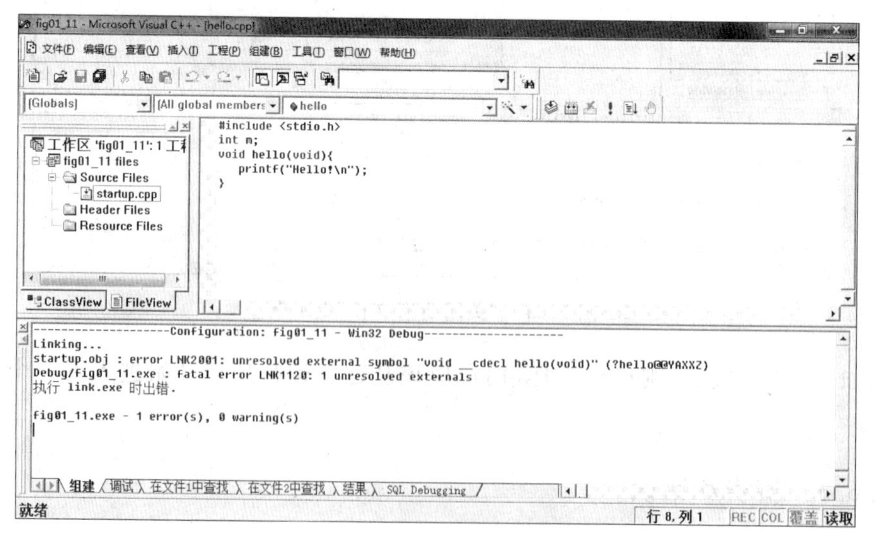

图 1.33　链接错误图例

执行错误(execution error)指在程序执行过程中出现的错误。如图 1.34 所示,信息窗口中显示程序编译和链接没有错误,而在程序执行过程中出现错误,导致程序被迫停止。需要修改程序,查找其中错误。

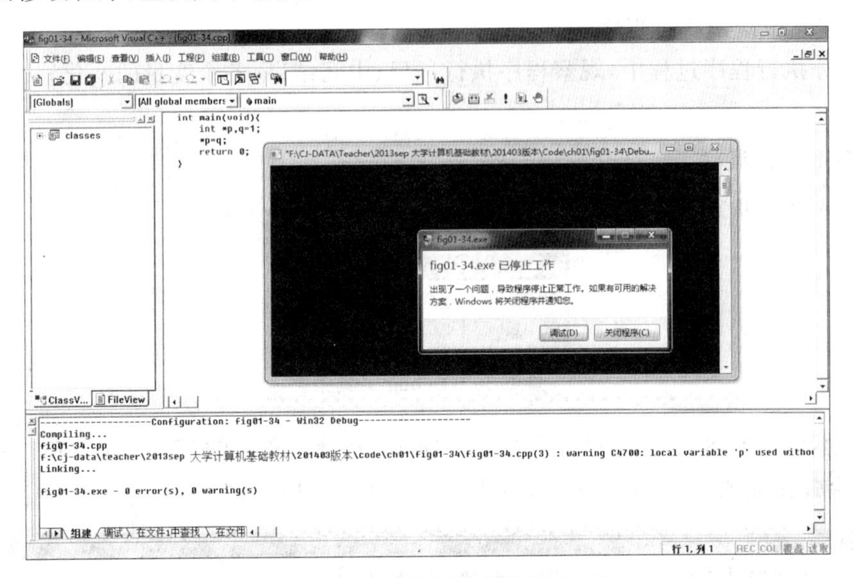

图 1.34 执行错误图例

警告(warning)指程序编译过程中出现的提示信息,一般不影响程序运行。如图 1.35信息窗口所示,第 1 行警告提示将浮点型转为整型,可能会出现数据丢失;第 2 行警告提示变量 q 没有初始化。

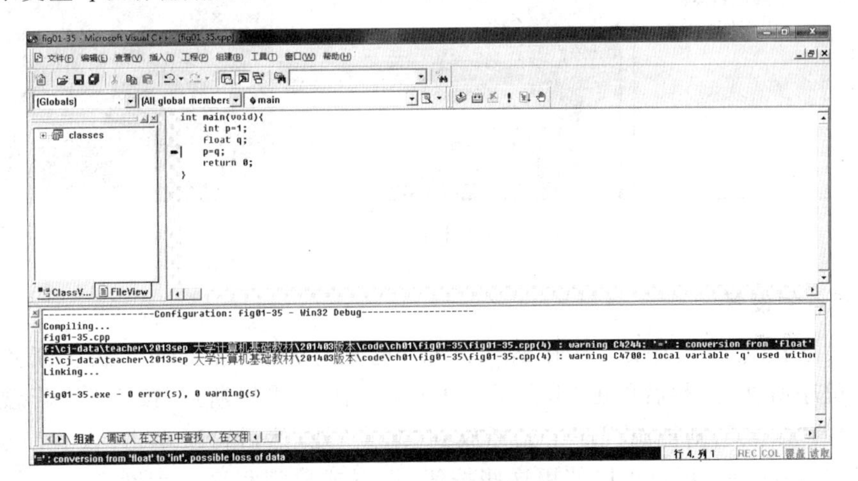

图 1.35 警告图例

1.6.6 调试

程序**调试**(debugging)是学习程序设计的必修课,许多程序问题是可以通过调试解决。

VC6.0 提供程序调试功能。简单的程序调试方法是：在编译、链接完源程序，运行之前，按如下步骤进行：

(1) 设置程序运行断点；

(2) 单步或跳步执行程序。

在部分执行程序过程中，观察程序执行过程、中间结果、各个变量的变化，从中找出程序问题。

1. Debug 工具栏

当进入调试状态时，工具栏上会出现如图 1.36 所示的工具条。

图 1.36 Debug 工具条

如果不出现上述工具条，可以进行如下操作：选择菜单栏的“工具”菜单项，如图 1.37 所示，则会弹出如图 1.38 所示窗口；勾选“调试”前面选择框。

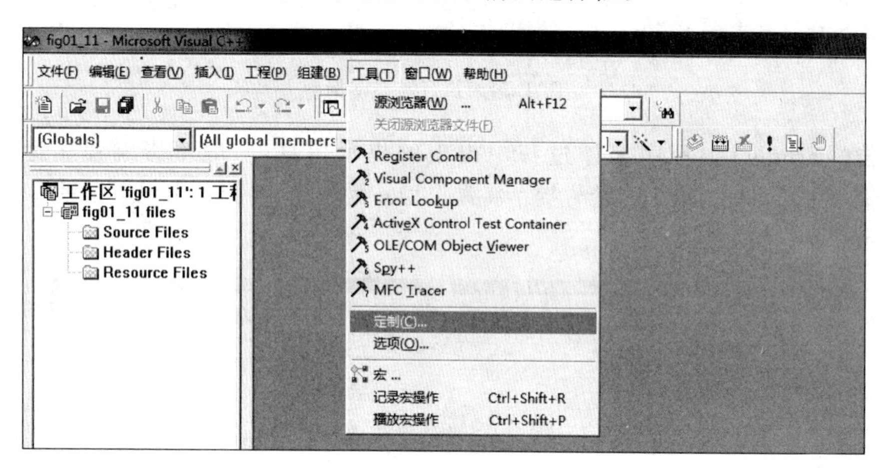

图 1.37 菜单栏的“工具”菜单项

2. 断点的设置

编译、链接完源程序之后，在运行之前，把光标放到源程序中欲设**断点**(break point)的程序所在行，然后单击“编译运行工具栏”中的“设置断点”按钮。若想取消某已经设置的“断点”，则把源程序中光标放到“断点”处，然后再次单击“设置断点”按钮。如图 1.39 所示，用户可以使用这些按钮，设置或取消程序运行断点。如果在工具栏没有看到；则需要注意图 1.38 所示“工具栏”选项卡中“编译微型条”前的复选框是否勾选。

3. 开始和停止调试

设置断点后单击“编译运行工具栏”中的“调试运行”按钮，开始进行调试。调试过程中若需要终止调试则需单击“调试工具栏”中的“停止调试”按钮即可。

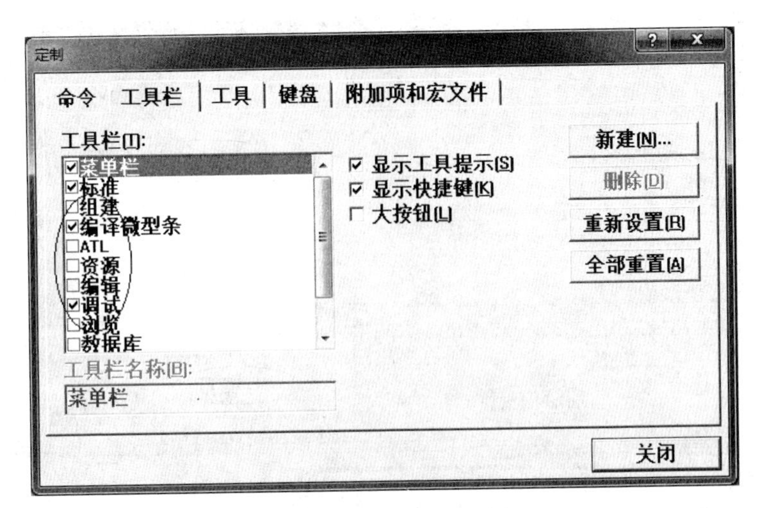

图 1.38 “工具栏”选项卡

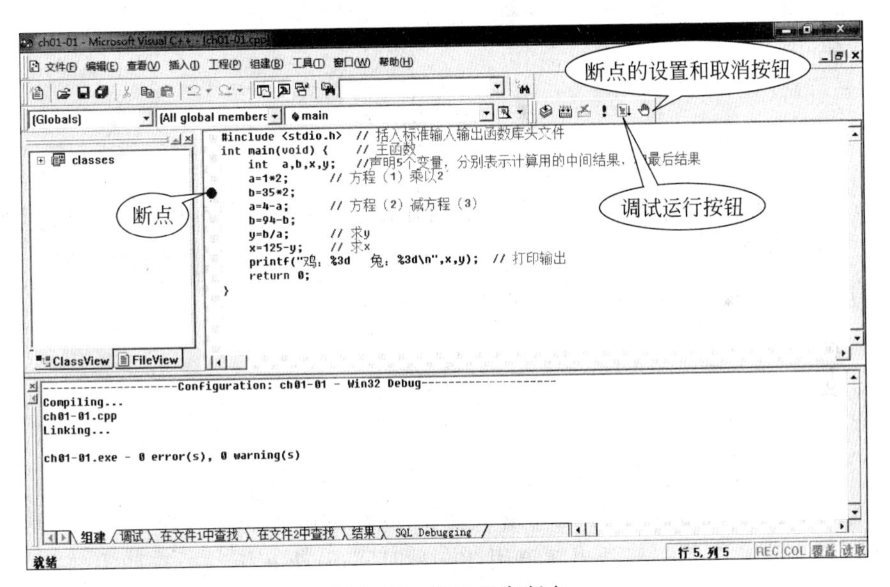

图 1.39 设置程序断点

4. 单步或跳步执行程序方法

开始调试后，“调试运行工具栏”被激活，其中包括“步进进入函数”、“步进跳过函数”、“步进到函数外”、“运行到下一个断点”等按钮，如图 1.36 所示。用户可以使用这些按钮，单步或多步运行程序。

5. 观察中间结果、各个变量的变化方法

开始调试后，“调试观察工具栏”也被激活，其中包括“书写表达式”，显示“表达式”、“变量”、“寄存器”、“内存”、“栈”等按钮，如图 1.40 所示。用户可以使用这些按钮，观察程序运行中间结果、各种状态等。

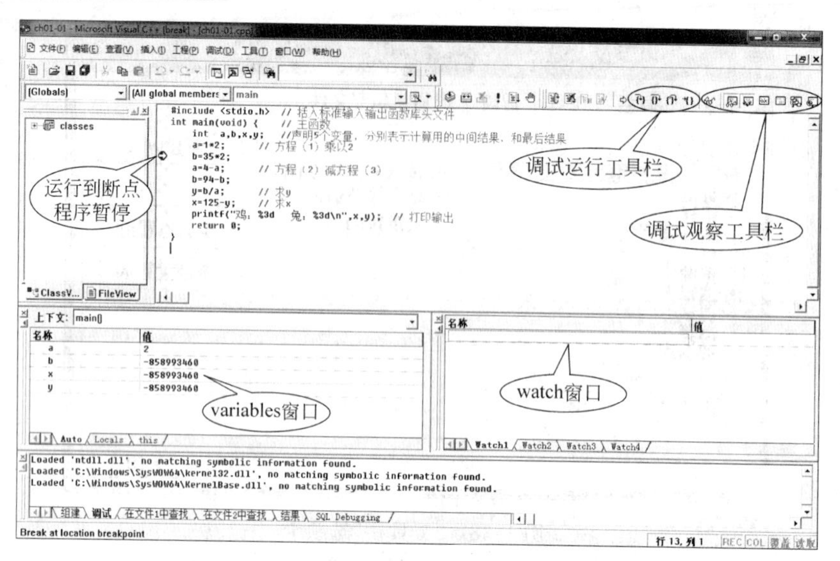

图 1.40　调试运行工具栏和调试观察工具栏

本章小结

本章讲述了程序设计以及 C 语言的基础知识，包括现代计算机基本结构、C 语言简况、C 语言程序结构、算法、PAD、高级语言程序的执行过程、VC6.0 的运行环境。重点掌握 C 语言程序结构以及高级语言程序的执行过程。

习　题　1

1.1　有三个数 A、B、C，设计算法，求三个数中最大的数并输出。

1.2　已知一列火车匀速行驶，经过一条长度 3000 米的隧道。从火车第一节车厢头部进入隧道到该节车厢头部驶出隧道用 200 秒时间；从火车第一节车厢头部进入隧道到最后一节车厢尾部进入隧道共用 100 秒时间；每节车厢长度 25 米。设计算法，求该列火车共有多少节车厢。

1.3　设计算法，当输入数字 0、1、…、9 时，显示相应英文数字。例如当输入 1 时输出 one，当输入 5 时输出 five，等等。

1.4　设计算法，求 N 个整数的平均值。

1.5　设计算法，求正整数 M、N 的最大公约数。

1.6　设 $x1$ 和 $x2$ 分别是 n 维空间的两个点，设计求 $x1$ 和 $x2$ 距离的算法。矩阵 $\mathbf{A}_{m\times n}$ 的元素全部为整数，设计算法调整 $\mathbf{A}$，使所有正数全放在 $\mathbf{A}$ 的左侧，所有负数全放在 $\mathbf{A}$ 的右侧。

1.7　上机运行例 1.1 的程序。

1.8　上机运行图 1.11 的程序。

第 2 章　顺序程序设计

2.1　行程问题——顺序程序设计

【例 2.1】 这是一道初等数学题目。如图 2.1 所示，一辆汽车匀速行驶，途经王家庄、青山、翠湖、秀水。青山、翠湖间距离 50 千米，翠湖、秀水间距离 70 千米。汽车经过王家庄时间为 10:00，经过青山时间为 13:00，经过秀水时间为 15:00。求王家庄、翠湖之间距离。

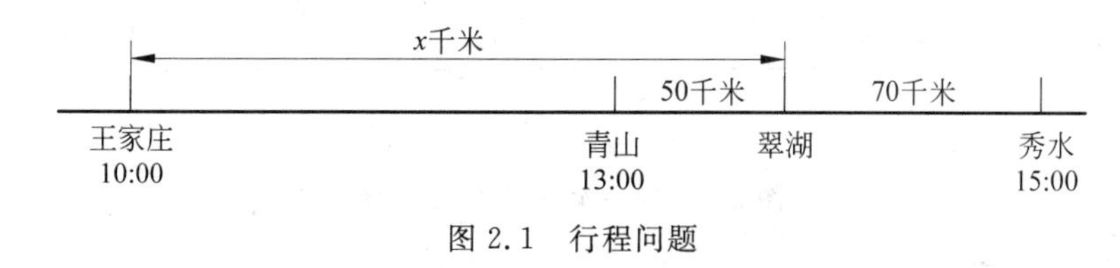

图 2.1　行程问题

解：第一步，把问题数学化。如图 2.1 所示，设王家庄、翠湖之间距离为 x 千米，并且设青山、翠湖间距离 length1 千米，翠湖、秀水间距离 length2 千米，汽车经过王家庄时间为 time1，经过青山时间为 time2，经过秀水时间为 time3，可以列出方程：

$$\frac{x-\text{length1}}{\text{time2}-\text{time1}}=\frac{x+\text{length2}}{\text{time3}-\text{time1}}$$

整理后得：

$$((\text{time3}-\text{time1})-(\text{time2}-\text{time1}))\times x-(\text{length1}\times(\text{time3}-\text{time1})$$
$$-\text{length2}\times(\text{time2}-\text{time1}))=0$$

这是一元一次方程。

第二步，找出算法。该方程求解步骤可用如图 2.2 所示的 PAD 图描述。

第三步，用 C 语言写出程序如下：

```
#include <stdio.h>
#define  length1  50                                    //青山、翠湖间距离
#define  length2  70                                    //翠湖、秀水间距离
#define  time1  10                                      //汽车经过王家庄时间
#define  time2  13                                      //汽车经过青山时间
#define  time3  15                                      //汽车经过秀水时间
```

```
int main(void){
    float x, b, a;
    a=(time3-time1)-(time2-time1) ;                          //计算 a
    b=length1*(time3-time1)+length2*(time2-time1);           //计算 b
    x=b/a;                                                   //求根
    printf("x=%.2f\n",x);                                    //输出
    return 0;
}
```

该程序运行结果将输出：

```
x=230.00
```

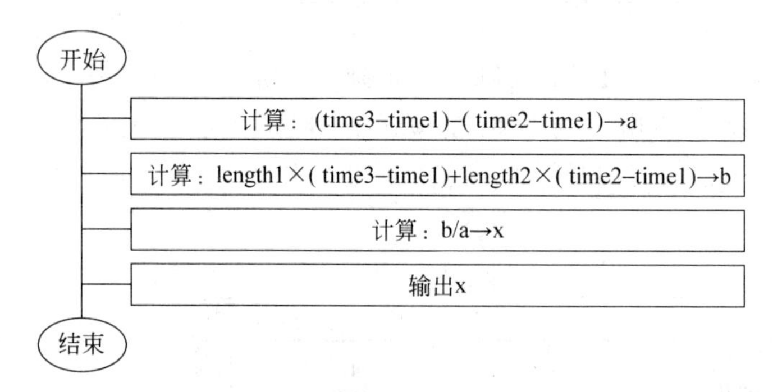

图 2.2 解一次方程的 PAD 图

2.2 基本符号

在开始正式讲解程序前，首先要介绍编写程序中各类基本符号，如关键字、标识符、间隔符、注释等。

2.2.1 关键字

回顾例 1.3、例 2.1 的程序，程序中出现一些符号，如：void、(、)、{、}、float、+、-、*、/、=等等，在程序中起关键作用，它们定义程序的意义及操作。这些符号统称关键字。

C 语言**关键字**(keywords)包括保留字、分隔符和运算符。关键字是一些有特殊意义的记号，在 C 程序中定义程序各部分及整个程序的意义。例如：

- “/”是除法，“7/2”表示整数 7 除以 2，结果为 3；7.0/2 表示浮点数 7.0 浮点除以 2，结果为 3.5；
- “%”是整数求余数，“7%2”表示求 7 整除 2 后的余数，结果为 1；
- for 表示循环语句的开始；
- float 是浮点类型说明符；
- 而“{”、“}”分别表示复合语句的开始和结束等。

保留字共有37个，其拼写是固定的，并且具有特殊的独立的含义及作用。C语言保留字包括：

auto　bool　break　case　char　_Complex　const　continue　default
restrict　do　double　else　enum　extern　float　for　goto　if
_Imaginary　inline　int　long　register　return　short　signed　sizeof
static　struct　switch　typedef　union　unsigned　void　volatile　while

分隔符是由一个字符组成的特殊符号，C语言分隔符包括：

#　(　)　[　]　'　;　:　"　{　}　,　\

运算符是由一个或多个字符组成的特殊符号，由两个以上字符组成的运算符中间不允许夹有任何其他符号（包括空格）。C语言运算符包括：

!　%　^　&　*　-　+　=　~　|　.　<　>　/　?:　+=　-=　*=
/=　%=　<<=　>>=　&=　^=　|=　->　++　--　<<　>>　<=
>=　==　!=　&&　||

可参见2.5.1小节中的表2.3。

2.2.2　标识符

回顾例1.3程序，表示鸡、兔个数的符号x、y等，表示中间运算结果的符号a、b等；例2.1程序中表示方程系数的符号a、b以及主函数名main等都是给相应对象起的名字。

在程序中出现的任何对象，例如类型、变量、函数、……必须有个名字。在程序设计语言中，名字用**标识符**(identifier)表示。

C语言标识符的构成规则：以字母开头的字母、数字序列。其中下划线"_"被作为字母看待。下述符号串是合法的标识符：

r　　_x　　ex3page29　　Inquire_Work_station_Transformation
r1　　WG4　　eps　　readinteger

下述符号串不是标识符：

2forthemoney　　（不是字母开头）
case on hand　　（内部有空格）
over&under　　（包含非字母、数字符号）

一个标识符在未声明它之前没有固定的意义，具体用它表记什么对象要由程序员在程序中加以声明。例2.1中的

```
#define length1 50          //青山、翠湖间距离
#define time2  13           //汽车经过青山时间
float x,b,a;
```

是对标识符的声明，分别定义length1表示50；time2表示13；声明x、b、a为浮点类型(float)变量。

C语言不允许出现无定义的标识符，因此程序中出现的一切标识符都必须声明，以指出

该标识符的具体意义。

⚠ 使用标识符的注意事项

- 不能与保留字和系统给定的标准标识符重名，例如：for、if、sin 等。
- 任何标识符都必须声明且必须先声明后使用。
- 不允许重复声明，在同一使用范围内，任何标识符都不能声明两次或两次以上。
- 字母是区分大小写的，所以 identifier 与 Identifier 是完全不同的两个标识符。
- 为了使程序清晰，易读，应尽量使每个标识符的拼写与它所代表对象的含义相符。

2.2.3 间隔符

再回顾例 2.1 程序，

```
#define length1 50
```

为什么不写成

```
#definelength150
```

以及

```
float x,b,a;
```

为什么不写成

```
floatx,b,a;
```

而

```
int main(void) {
```

为什么不写成

```
intmain(void){
```

等等。我们都在关键的地方加上空格。显然，不加空格就会引起混淆。在 C 程序中，有些词法单位若相邻可能发生混淆。例如：保留字 float 和标识符 x 相邻，若写成

```
floatx
```

则会被理解成一个标识符，而不是一个保留字 float 后跟一个标识符 x。这种混淆经常发生在两个相邻的标识符、保留字、常量之间。为了分隔这些易混淆的词法单位，C 程序引进了间隔符。并且规定：任何由标识符、保留字、字面常量组成的两个相邻词法单位之间至少应有一个间隔符，C 程序的间隔符包括空格、行结束符、水平制表符、垂直制表符、换页符等。

间隔符(blank character)除了分隔两个相邻的词法单位外，在程序中没有任何实际意义，它们在编译时被忽略。在程序中，每个编译单元正文的第一个词法单位之前或在任

何两个相邻的词法单位之间可以加以任意多个间隔符，这些间隔符起的作用是一样的，并且可以互相连用、混用，多个间隔符一起连用相当于一个。在任何词法单位之内不允许含有任何间隔符。例如：

```
317写成3  17
<=  写成<  =
```

都是错误的。

2.2.4　注释

再进一步回顾例2.1、例1.3的程序，程序中含有多处与下述类似的行

```
#define time3  15                    //汽车经过秀水时间
a=(time3-time1)-(time2-time1);       //计算a
```

从双斜线开始及其后边的部分是什么，它们应该不属于有效的计算部分，看样子只是给程序加的一些说明。它们称为**注释**(comments)。

注释是给程序加注解用的，对程序的实际意义没有任何影响，只增加程序的可读性，编译程序把注释作为空白符处理。在程序中适当加注释是一个好习惯。

C程序的注释

```
//  ......
/*   ......  */
```

其中：

- 第一种由两个正斜线“//”开始，称为行注释，注释内容的范围是从该对斜线开始，到其所在文本行结束为止；
- 第二种是由“/*”和“*/”括起来的任意一串字符，称为段注释，不受换行的限制。

为了使程序清晰，易读，可以利用间隔符和注释适当组织程序的印刷格式。除了极个别的几个例外，C语言没对程序的书写格式作任何规定。这就是说，程序的书写格式是自由的。但是良好的行文风格，不仅可以提高代码可读性，而且对程序编写和调试都有非常重要的意义。如图2.3所示的程序写成图2.4或图2.5的形式都可以，但这都不是好的习惯。读者在书写程序以及向计算机录入程序时，应尽量使程序看起来结构清晰，层次分明。

```
#include <stdio.h>
int i;                       // 声明整型变量i
int main(void) {                  // 主函数
    i = 25+38;               /*求和运算 */
    printf ("25+38=%d", i );     /* 打印 */
    return 0;
}
```

图2.3　好格式程序

```
            #include                        <stdio.h>
                       int i; int main (              void                    )
                                                          {
                 i = 25+38;                  printf (
"25+38=%d" ,
i                        ); return 0;
}
```

图 2.4 坏格式程序 1

```
#include <stdio.h>
int i;int main(void){i=25+38; printf("25+38=%d",i);return 0;}
```

图 2.5 坏格式程序 2

2.3 数据类型

数据(data)是程序操作的对象。从本质上讲，用计算机解决实际问题，就是要用计算机程序对反映实际问题的数据进行处理。为了能用计算机处理实际问题中的数据，首先就要把这些待处理的数据用计算机能够处理的方式表示出来，输入到计算机内部，交由程序处理。

为了能够处理实际应用中各种各样的数据，C语言向用户提供了十分丰富的数据类型，并且还为用户提供一些定义新数据类型的手段，从而可以使用户面对并使用极为丰富的数据结构。数据类型在规定该类型数据可表示数值范围的同时，也规定了可以在此类型上进行的运算。C数据类型分类可见图2.6。

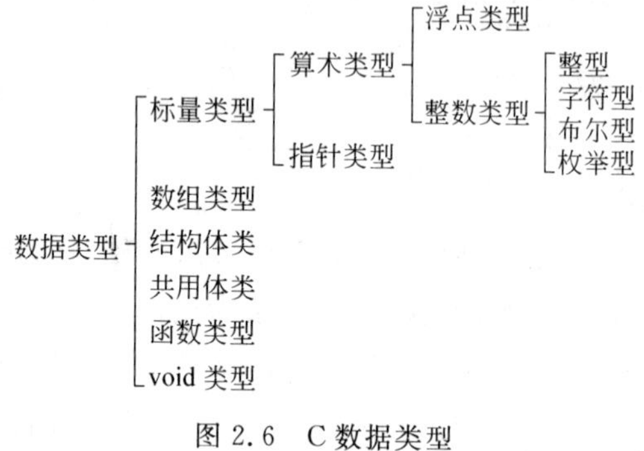

图 2.6 C数据类型

2.3.1 整数类型

在C的数据类型中，**整数类型**(integral type)包括各种长度的带符号与不带符号的整数类型(short、int、long、long long、unsigned 等以及它们的组合)。int 类型是最基本的整数类型，除了特殊需要本书仅使用 int 型。

抽象地讲，整数类型的值域是全体整数。但是由于计算机表示方面的原因，其实际的值域只能是整数的一个子集。按照 C99 规定，int 类型可表示整数范围是－32767～32767 即 $-(2^{15}-1)\sim2^{15}-1$。

整数类型的运算包括：

＋(加法)　－(减法)　*(乘法)　/(除法)　%(取模)

它们的意义如下：

- +、-、* ：就是通常数学意义下的加、减、乘。
- / ：除法。如果两个操作数都是整数类型，则"/"操作类似于小学生的除法。即整数除法，只求其商而舍去余数，只简单的丢掉余数，不进行四舍五入。显然以零作除数是错误的。例如：

  5/3　　得　1　　5/5　　得　0

  (-7)/2　　得　-3　　(-7)/(-2)　　得　3
- %：取余数。i%j 的结果是 i/j 后得到的余数，例如：

  7%3　　得　1　　3%7　　得　3

  (-7)%3　　得　-1　　7%(-3)　　得　1

  (-7)%(-3)　　得　-1　　7%0　　{错误}

显然对任意整数 i 及 $j\neq0$　永远有：$i=(i/j)*j+i\%j$。

⚠ **整数运算结果仍是整数**。尤其需要注意整数除法。例如，7/2 的结果是 3，而不是 3.5，原因是 7 和 2 都是整数，所以进行的是整数除法，而不是浮点数除法，结果仍然是整数。7.0/2 因为是浮点数除法，进行隐式类型转换(第 13 章中有详述)，进行浮点数除法，最终结果是浮点数 3.5。

2.3.2　浮点类型

在 C 的数据类型中，**浮点类型**(floating-point type)包括：

各种长度的浮点类型：float、double、long double。

各种长度的复数类型：float_complex、double_complex、long double_complex。

各种长度的虚数类型：float_imaginary、double_imaginary、long double_imaginary。

float 类型是最基本的浮点类型，除了特殊需要本书仅使用 float 型。

抽象地讲，浮点型的值域是全体实数。但是由于计算机表示方面的原因，其实际的值域只能是实数的一个子集。实数在计算机内部的表示经常是不精确的。例如圆周率 π 是无穷小数，而计算机内只能表示有限位小数，所以 π 只能表示成近似的。一般来说，任何一种计算机表示的实数都在某一精度之内。

浮点类型的运算(运算分量和结果都是浮点类型)包括：

+(加法)　　-(减法)　　*(乘法)　　/(除法)

它们的意义就是通常数学意义下的加、减、乘、除。

由于计算机在浮点数表示方面是近似性，所以在进行对精度有一定要求的浮点数运算时一定要非常小心选择好具体的浮点类型。通常要①避免两个几乎相等的值相减，或两个绝对值几乎相等符号相反的值相加；②避免除数绝对值过小，导致结果溢出；③避免直接作两个值相近的浮点数比较。建议读者在比较 X、Y 两个浮点值是否相等时使用 $|X-Y|<\varepsilon$ 进行，其中 ε 是一个绝对值较小的正浮点数。

2.3.3 字符类型

字符类型(character type)常量或变量就是单个字符,它的值域是一个由实现定义的字符集。

在C的数据类型中把字符类型看成整数类型,其整数值是在计算机系统字符集中的编码,如ASCII码(参见附录A)。另外,由于C的数据类型把字符类型看成整数类型,还定义了带符号和不带符号的字符类型。

在C的数据类型中,所有关于整数类型的运算、定义,自然也都适用于字符类型。

2.3.4 混合运算

前面介绍了浮点类型、整数类型、字符类型及其运算,将来还要讲述枚举类型(enumeration type)、布尔类型(Boolean type),这些类型统称简单数据类型。事实上,在C的数据类型中只有两种简单类型:浮点类型和整数类型。所谓字符类型、布尔类型、枚举类型都是整数类型的不同表现形式。

通常称浮点类型和整数类型为算术型,称可施于算术型上的运算为算术运算。相应运算符称为算术运算符。在日常习惯上,人们往往不区分算术型中的浮点类型和整数类型。为了照顾这种习惯,C的数据类型允许在浮点类型和整数类型之间进行混合运算,混合运算后结果为浮点类型。表2.1列出了算术运算符、分量类型、结果类型。

表2.1 算术运算符、分量类型、结果类型

<table>
<tr><th>运算符</th><th>运　算</th><th>运算分量类型</th><th>结果类型</th></tr>
<tr><td>+</td><td>单目取正</td><td rowspan="6">浮点类型或整数类型</td><td rowspan="2">同运算分量类型</td></tr>
<tr><td>-</td><td>单目取负</td></tr>
<tr><td>+</td><td>加</td><td rowspan="4">若两个分量类型都是整数类型,则为整数类型;否则为浮点类型</td></tr>
<tr><td>-</td><td>减</td></tr>
<tr><td>*</td><td>乘</td></tr>
<tr><td>/</td><td>除</td></tr>
<tr><td>%</td><td>求余数</td><td>整数类型</td><td>整数类型</td></tr>
</table>

2.4 数据表现形式

与数学中的概念类似,实际应用中有些数据是不变的,如自然对数底、圆周率等,称为**常量**(constant);另外一部分数据是不断变化的,如气温、湿度等,称为**变量**(variable)。程序设计也有相应的概念。

2.4.1 常量

1. 字面常量

直接将常量值书写在程序中的常量，称为**字面常量**(literals)；如圆周率 π 的近似值 3.1415926535，自然对数底 e 的近似值 2.7183 等。常量是 C 程序处理的数据，每个常量都属于一个类型，字面常量的类型由书写形式决定。

(1) 整数类型常量

整数类型常量是一个数字序列。可以用十进制、八进制、十六进制表示，还可以用一个后缀表示它的存储长度。如果整数类型常量以 0x 或 0X 开头则是十六进制表示，用字母 a～f(或 A～F)表示 10～15；如果整数类型常量以 0 开头则是八进制表示；否则是十进制表示。十进制整数类型常量是一个"非零开头的数字序列"，其值是相应整数在十进制计数法中表示的整数值。

⚠ **在整数中不允许有逗号及其他非数字字符出现**。如数学上一个数可以加隔点，写成 17,409，而在 C 语言中必须写成 17409。

(2) 浮点类型常量

浮点类型常量有两种表示形式：定点形式、浮点形式。定点形式下的小数点是显示表示出来。如下所示都是合法的定点表示。

12.34　　0.25　　71.0　　7777.　　.8888

而 5,204.65 (不应有逗号)则是非法的定点表示法的浮点数。

浮点形式(或称指数形式，科学形式)的小数点是以指数隐式表示。浮点类型常量被表示成：某一个称作尾数的基础值乘以 10 的某一整数次幂(指数)，字符 E 或 e 用来分割尾数和指数。例如：

34.789E4　　表示 34.789 乘以 10 的 4 次方

.29e－5　　表示 0.29 乘以 10 的负 5 次方

534E＋5　　表示 534 乘以 10 的 5 次方

下边是合法的浮点表示的浮点类型常量：

218E1　　4.7E－3　　0.0E0　　755.E4　　.777E－3

下边是非法的浮点表示的浮点数：

E5　　(E 前无数字序列)

234E　　(E 后无指数部分)

不论是浮点形式的浮点类型常量还是定点形式的浮点类型常量，它们在计算机内部的表示形式都是一样的。

(3) 字符型常量

字符型常量是由单引号(左撇)括起来的字符。例：

'T'　　'r'

都是字符型常量。这里单引号作为字符型常量的括号使用。

（4）字符串型常量

字符串型常量是由双引号括起来的一串字符。例：

```
"Total expenditures:"    "Hello!\n"    "x1=%.2f\n x2=%.2f\n"   ""
```

都是字符串型常量。这里双引号作为字符串的串括号使用。

（5）字符转义符

在字符型和字符串型常量中经常需要表示一些不可打印的字符，这些字符无法或很难直接输入，例如，回车符，空白符等，使用字符转义符可以表示这些字符。例如字符串"x1=%.2f\n x2=%.2f\n"中的“\n”表示换行字符。

字符转义符的结构是反斜杠后紧跟一个字符或整数，在C语言中反斜杠作为字符转义符的专用符号使用。下述都是字符转义符。

```
'\r'  '\0'  '\377'  '\\'  'Thi\'s a string'
```

反斜杠后跟一个八进制或十六进制整数，看作ASCII码值为相应整数的字符。例如

\52　　表示字符 *

\101　　表示字符 A

\x41　　表示字符 A

\0　　表示字符 null，该字符在C程序中作为字符串结束符，使用十分频繁。

反斜杠后跟一个字符，代表的符号含义如表2.2所列，除了该表上所列字符以及表示十六进制整数的“x”有特殊意义以外，其他字符放在反斜杠后，仍然表示它本身。

表 2.2　字符转义符

转义符	ASCII码值（十进制）	含义	转义符	ASCII码值（十进制）	含义
\a	7	警报，如铃声	\r	13	回车符
\b	8	退格符	\"	34	双引号
\t	9	水平制表符	\'	39	单引号
\n	10	换行符	\?	63	问号
\v	11	垂直制表符	\\	92	反斜杠
\f	12	换页符			

2. 符号常量

程序中通常会多次出现常量，一旦要对常量进行修改，会非常麻烦，而且很容易产生遗漏；另一方面直接书写一个常量的字面值不能表明该常量的明确含义，如2.7183就不一定被理解成自然对数的底e。这时可以引进标识符来代表常量，称为符号常量。例2.1中的程序行

```
#define length2  70                //翠湖、秀水间距离
```

```
#define time1  10                    //汽车经过王家庄时间
```

等，都是分别引进一个标识符表示一个常量。比如用 length2 表示 70，用 time1 表示 10 等。

在例 2.1 程序中，凡是出现 time1 就是 10。这种形式实质上是一个**宏**(macro)定义。使用宏定义来定义某标识符为常量标识符，并用它代表某一常量。格式如下：

 **声明符号常量**

```
#define id  v
```

其中：

- #define 标明是宏定义。
- id 是一个标识符，即相应常量值的符号(名字)。
- v 是常量值，可以是任何一种类型值。

这种定义之后，程序中出现相应标识符的位置，实际上都表示其后面的具体常量。

2.4.2 变量

在例 1.3 中，给 a 赋值有两处：

```
a=1*2;                   //方程(1)乘以 2
a=4-a;                   //方程(2)减方程(3)
```

先用 a 保存 1*2 的结果，再用 a 保存 4－a 的结果。给 b 赋值也有两处：

```
b=35*2;
b=94-b;
```

其中的 a、b、x、y 以及程序例 2.1 中的 x、b、a 等都是变量。变量的概念在数学中大家是熟悉的。程序设计语言中变量的概念与数学中变量的概念类似。

编译程序在把高级语言程序翻译成机器语言程序时，给每个变量都分配一块适当的存储空间，以便随时保存变量的值。变量的地址就是这块存储区的首地址，变量的值就是这块存储区中现行保存的数据。设有变量 v，分配在内存 0X0016FF40 开始的一块存储区中，当前值为 2.7183，则如图 2.7 所示。在程序的变量声明中定义变量，并且规定它的属性。

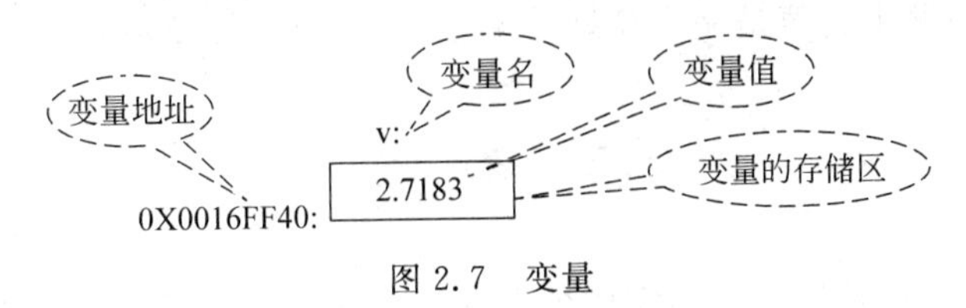

图 2.7　变量

 **声明变量**

```
T  id, id,…, id;
```

其中：

- 每个 id 是一个标识符，是由该变量声明引进的变量，即相应变量的名字；
- T 是类型，可以是任何一种类型符。它决定了列在它后边标识符表中的标识符所代表变量的类型属性。

程序例 1.3 中的

```
int  a,b,x,y;            //声明 4 个变量，分别表示计算用的中间结果和最后结果
```

程序例 2.1 中的

```
float x,b,a;
```

都是变量声明。在程序例 1.3 中，变量声明声明了 4 个整数类型(int)的变量。在程序例 2.1 中，变量声明声明了 3 个浮点类型(float)变量。

在 C 程序中，经常使用一个变量的存储区及其地址。因此 C 给出一个运算符“&”，该运算符是一个单目运算符，把它缀在一个变量前，求相应变量的地址。例如对于本节开始的变量 v 而言，运算

```
&v
```

将得到 v 的地址 0X0016FF40。该地址也称为 v 的指针，运算符 & 也称为求指针运算符，运算 &v 也称为求 v 的指针。

 **声明带初值的变量**

```
T  id=v, id=v, …, id=v;
```

其中：

- v 是相应变量的初值。

例如：

```
int  i=0, j, k=100*2;
char  c='A';
```

整型变量 i 和 k 在声明时分别被赋以初值 0 和 200，字符变量 c 在声明时被赋初值‘A’，这样声明的结果是在程序开始运行时，它便取得了相应值，它是值有定义的；而对于没有这样声明的变量 j，它是值无定义的，也就是变量 j 里面现在存的是什么值，谁也说不清楚。变量声明时为变量赋上初值是一个良好的编程习惯，但不是必须的。

2.5 表达式

表达式(expression)是 C 程序完成各类运算的基本部分，程序例 1.3 中的

```
1*2
x=35-y
printf("鸡：%3d  兔：%3d\n",x,y)
```

以及例 2.1 中的

```
a=(time3-time1)-(time2-time1)
(time3-time1)-(time2-time1)
b=length1*(time3-time1)+length2*(time2-time1)
length2*(time2-time1)
x
```

等都是表达式。表达式由运算符连接起来的运算分量组成。

2.5.1 表达式概述

运算分量包括变量、常量、函数调用、带括号的表达式。

C 运算符十分复杂，表 2.3 列出了 C 所有的运算符、它们的优先级以及结合规律。这些运算符的意义有的十分明显，有的将在后续章节的适当位置讲授，有的可能不讲授，请读者查阅有关资料。

由运算分量和运算符相互组合可以构成各种复杂的表达式。例如 time3、time1、time2、time1 分别都是运算分量，经过与运算符“－”组合后的 time3－time1 和 time2－time1 都是表达式；该两个表达式加上括号后，得到的(time3－time1)和(time2－time1)又是运算分量，而 b、length1、length2 也都运算分量，用运算符“＝”、“*”、“＋”把它们连接起来，得到的 b＝length1*(time3－time1)＋length2*(time2－time1)还是表达式。

⚠ **在书写 C 表达式时必须注意与通常数学表达式的区别。**

- 所有字符必须写在一条水平线上，不允许出现上、下角标、分数线等。
- 所有运算分量之间必须有运算符。a 乘 b 不能写成 ab，也不能写成 a·b 必须写成 a*b。
- 除了数组下标使用方括号以外，所有括号必须用圆括号。
- 注意连续的关系运算，数学中

  $$a < y < b$$

  一类的关系表达式，在 C 中虽然允许，但是其意义与数学中完全不同。数学中的该类关系表达式在 C 中应该写成

  $$(a < y) \&\& (y < b)$$

  这里的括号不是必须的，但是加上括号使得意义更清晰。
- 由于 C 表达式、运算符以及运算符优先级的复杂性，初学者很难掌握，就是熟练的程序员也难免出错，所以在容易出错的地方或叫不准的地方，按照自己的本意适当加括号是好习惯。

在 C 中，表达式的计算顺序是不确定的。大致遵循如下规则：

- 括号内的表达式先计算。
- 若两个不同优先级的运算符相邻，则应先计算优先级高的运算符规定的运算。
- 若两个运算符同级且相邻，则应按运算符结合律的规定从左向右或从右向左计算。

表 2.3　C 运算符(按优先级从高到低)

<table>
<tr><th>记　号</th><th>运 算 符</th><th>类　别</th><th>结合关系</th><th>优先级</th><th>高</th></tr>
<tr><td>标识符、字面常量、(…)</td><td>简单记号</td><td>基本表达式</td><td>无</td><td rowspan="8">16</td><td></td></tr>
<tr><td>a[k]</td><td>数组下标</td><td rowspan="6">后缀</td><td rowspan="6">从左到右</td><td></td></tr>
<tr><td>F(…)</td><td>函数调用</td><td></td></tr>
<tr><td>.</td><td>直接选择</td><td></td></tr>
<tr><td>-></td><td>间接选择</td><td></td></tr>
<tr><td>++、--</td><td>自增、自减</td><td></td></tr>
<tr><td>(类型名){初始化列表}</td><td>复合字面值</td><td></td></tr>
<tr><td>++　--</td><td>自增、自减</td><td>前缀</td><td rowspan="8">从右到左</td><td rowspan="7">15</td><td></td></tr>
<tr><td>sizeof</td><td>长度</td><td rowspan="7">一元</td><td></td></tr>
<tr><td>~</td><td>按位取反</td><td></td></tr>
<tr><td>!</td><td>逻辑非</td><td></td></tr>
<tr><td>-　+</td><td>算术负、正</td><td></td></tr>
<tr><td>&</td><td>地址</td><td></td></tr>
<tr><td>*</td><td>间接访问</td><td></td></tr>
<tr><td>(类型名)</td><td>类型转换</td><td>14</td><td></td></tr>
<tr><td>*　/　%</td><td>算术乘、除、求余数</td><td rowspan="10">二元</td><td rowspan="10">从左到右</td><td>13</td><td></td></tr>
<tr><td>+　-</td><td>算术加、减</td><td>12</td><td></td></tr>
<tr><td><<　>></td><td>左移、右移</td><td>11</td><td></td></tr>
<tr><td><　>　<=　>=</td><td>关系运算</td><td>10</td><td></td></tr>
<tr><td>==　!=</td><td>判等运算</td><td>9</td><td></td></tr>
<tr><td>&</td><td>按位与</td><td>8</td><td></td></tr>
<tr><td>^</td><td>按位异或</td><td>7</td><td></td></tr>
<tr><td>|</td><td>按位或</td><td>6</td><td></td></tr>
<tr><td>&&</td><td>逻辑与</td><td>5</td><td></td></tr>
<tr><td>||</td><td>逻辑或</td><td>4</td><td></td></tr>
<tr><td>? :</td><td>条件表达式</td><td>三元</td><td rowspan="2">从右到左</td><td>3</td><td></td></tr>
<tr><td>=　+=　-=　*=　/=
%=　<<=　>>=　&=
^=　|=</td><td>赋值</td><td rowspan="2">二元</td><td>2</td><td></td></tr>
<tr><td>,</td><td>顺序表达式</td><td>从左到右</td><td>1</td><td>低</td></tr>
</table>

2.5.2　表达式语句

一个表达式后跟一个分号“;”就构成表达式语句，它的语义是计算表达式的值。例如：

```
b=length1 * (time3-time1)+length2 * (time2-time1) ;
```

例 1.3 和例 2.1 中的所有语句都是表达式语句。

2.5.3　赋值

在例 1.3 和例 2.1 中的绝大部分表达式语句都是为了给一个变量**赋值**(assignment)。例如：

```
b=length1 * (time3-time1)+length2 * (time2-time1);
```

在程序设计语言中，给变量赋值的操作是最基本的操作。C 用赋值运算描述赋值操作，并经常把这种赋值操作写成一个语句。请注意这里的分号，如果没有分号则“v=e”仅是一个表达式；加上这个分号，则是一条语句。

 **赋值**

```
v=e;
```

其中：

- ＝是赋值运算符。
- v 是一个左值(现在看就是一个变量)，作为赋值运算符左端的运算分量。
- e 是一个表达式，作为赋值运算符右端的运算分量，e 能计算出一个值。

带赋值运算的表达式被执行时，动作是：

(1) 计算赋值运算符右端表达式 e 的值；

(2) 把 e 的值转换成赋值运算符左端变量 v 的类型；

(3) 把转换后的值送入 v 中。

经过赋值运算后，表达式“v=e”的值为最后送入 v 中的值。例如语句：

```
days=2+5;
```

执行结果是将值 7 赋给变量 days，不论 days 原来值是什么，都将被 7 所取代。整个表达式“days=2+5”的值为 7。

【例 2.2】 设 v1，v2，v 类型相同，且 v1，v2 都有值，则下述语句列将使 v1 与 v2 的值互相交换。

```
v=v1;
v1=v2;
v2=v;
```

2.6 语　句

语句(statement)描述了程序所要进行的操作，若干语句的集合构成一个程序。在程序设计语言中，表示对数据操作的是语句，语句的执行表示执行相关操作。C语言中最简单的语句是表达式语句，如例2.1中的

```
a=(time3-time1)-(time2-time1);           //计算 a
b=length1*(time3-time1)+length2*(time2-
time1);                                  //计算 b
x=b/a;                                   //求根
printf("x=%.2f\n",x);                    //输出
```

C提供了12种语句，分为简单语句(simple-statement)和结构语句(structured-statement，也称构造语句)两类，其分类如图2.8所示。

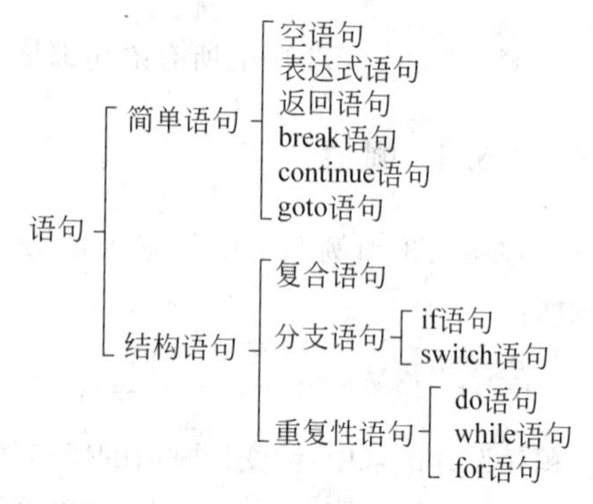

图2.8　C语句分类

2.7 顺序控制结构

本章和第1章的所有程序运行时，都是从第一条语句开始，一条一条语句地执行，一直执行到最后，程序运行结束。程序设计过程中经常遇到这样一种情况：算法的某部分若执行，则顺序的一条语句接一条语句的全部被执行；若不执行，则全部语句一条也不被执行；即这部分是一个整体，在该整体内，语句一条条顺序排列，并顺序被执行。这就是结构化程序设计中的顺序控制结构。C用**复合语句**(compound-statement)来描述这种结构。复合语句由花括号"{"、"}"括起来的一系列语句和声明构成。它的一般形式如下：

 **复合语句形式**

```
{
    DS
    ⋮
    DS
}
```

其中每个DS是一条"语句"或者是一个"声明"。

⚠ 读者需要注意，复合语句是用一对花括号"{"和"}"括起来，这表示**花括号内的语句要么一起执行，要么不执行；不存在只执行其中某条或某几条的情况。**

函数的可执行部分是一条复合语句。前边所有程序的计算部分都是主函数main的可执行部分，都是复合语句。例1.3程序的可执行部分的复合语句由7条表达式语句组

成;例 2.1 程序的可执行部分的复合语句由一个变量声明和 5 条表达式语句组成。

2.8 输入输出

例 1.3 程序中的程序行:

```
printf("鸡: %3d  兔: %3d\n",x,y);            //打印输出
```

和例 2.1 程序中的程序行:

```
printf("x=%.2f\n",x);                        //输出
```

都是输出计算结果。但是这些程序不能随机地改变初始数据,执行结果也不能以理想的格式输出。一个计算机程序应该能对不同数据进行加工,并能按用户要求用理想的格式输出加工结果。本节介绍 C 的输入和输出(简称 I/O),将能圆满地解决这一问题。

输入是指把数据从外部设备(磁盘、键盘、磁带、传感器……)上读入计算机内,也称为读操作。输出是指把计算机内部的数据送到外部设备(磁盘、显示器、打印机……)上去,也称为写操作。

C 不提供 I/O 语句,而是通过标准函数库中若干标准函数实现 I/O。下面讲述的有关 C 中实现 I/O 的操作,看似 I/O 语句,实际都是表达式语句,相应表达式语句调用 C 标准函数库中的标准函数。

C 有若干标准函数库,如字符处理函数库、输入输出函数库、数学函数库……。每个标准函数库包含若干标准函数,相应函数的说明放在一个标准头文件中,标准头文件以“.h”为扩展名。若想使用某标准函数库中的标准函数必须使用命令“#include”引用相应标准函数库的标准头文件。该命令的格式是下述形式之一,具体区别在第 10 章会有详细叙述。

```
#include  <文件名>
#include  "文件名"
```

包含标准 I/O 函数的标准函数库对应的标准头文件是“stdio.h”,所以任何 C 程序如果使用 I/O 函数,必须引用该标准头文件,也就是在程序中必须包含如下程序行:

```
#include  <stdio.h>
```

该行一般都放在程序的最前边,这也是前边例题程序中在程序一开始都含有这一行的原因。

2.8.1 单个字符读写

 **单个字符读入**

```
getchar()
```

其中，getchar 是标准输入输出库提供的字符输入函数，它的功能是从键盘上读入一个字符，作为函数的返回值。

例如，读入的字符一般要保存到一个字符型变量中，所以经常以如下形式使用该函数。

```
ch=getchar();
```

其作用是读入一个字符送入变量 ch 中。

 **单个字符写出**

```
putchar(e)
```

其中：

- e 是一个 int 型表达式；
- putchar 是标准输入输出库提供的字符输出函数，其操作是把 e 计算出的值转换成字符类型值输出到显示器上。

例如：

```
putchar(65);
```

将会在屏幕输出大写字母'A'。

2.8.2 格式化读写

getchar 和 putchar 只能用于输入输出一个字符，下面介绍的格式输入和格式输出能用于各种类型数据。

 **格式化读入**

```
scanf  (<格式控制>,<输入列表>)
```

其中：

- scanf 是 C 提供的格式输入的标准函数，其操作是从键盘上读入一系列数据，按格式控制的要求进行转换并送入输入列表所列的诸变量中。
- 输入列表由逗号“,”分隔开的若干输入表项组成；每个输入表项是一个变量的指针（变量的地址）。运算符“&”是求变量指针的运算。所以输入列表一般应该有形式

  ```
  &v1, &v2, &v3, …, &vn
  ```

  其中 v1，v2，…，vn 是 n 个变量。
- 格式控制是一个常量字符串。其中含有各种以百分号开始的格式控制符，表 2.4 列出常用的 scanf 函数格式控制符。下述是一个格式控制：

  ```
  "%d%c%f%d"
  ```

执行 scanf 函数时，计算机按照格式控制中控制符的要求转换键盘上的输入流（实际是字符流），把它变成计算机内部数据。上述格式控制将如下转换外部设备上的输入：首

先按照整数的语法转换出一个整数；再转换出一个字符；再按浮点数语法转换出一个浮点数；最后按整数的语法转换出一个整数。

显然格式控制符要与输入列表上的变量匹配，事实上格式符是根据输入列表上相应变量的需要来安排的；输入数据要满足输入列表上变量和格式控制的要求。

表 2.4 常用的 scanf 函数格式控制符

输入数据类型	输入要求	格式控制符
整数	带符号十进制整数	%d
	无符号十进制整数	%u
单个字符		%c
字符串		%s
浮点数	以小数形式或指数形式	%f
		%e
		%g

设 i 为 int 类型变量、ch 为 char 类型变量、v 为 float 类型变量、k 为 int 类型变量，键盘上输入数据为

```
1234  123e+2  987
```

则函数调用

```
scanf("%d%c%f%d",&i,&ch,&v,&k)
```

的结果是，变量 i 得到整数数据 1234；变量 ch 得到字符型数据空格（ASCII 码 32，是紧跟 1234 的 4 后边的那个空格字符）；v 得到浮点型数据 12300；k 得到整数数据 987。

格式化写出

```
printf(<格式控制>,<输出列表>)
```

其中：

- 标准函数 printf 是 C 提供的格式输出函数，其操作是按照格式控制的要求，把输出列表上的数据转换成字符串，并送入显示器输出。
- 输出列表由逗号“,”分隔开的若干表达式组成。每个表达式计算出一个值，该值将被按照格式控制中相应控制项的格式控制符的要求进行转换，变成字符流被输出。输出列表有形式

  ```
  e1,e2,e3,…,en
  ```

  其中 e1,e2,…,en 是 n 个表达式。
- printf 的格式控制与 scanf 的格式控制一样，也是一个常量字符串。其中含有任意普通字符和各种以百分号开始的格式控制符。表 2.5 列出常用的 printf 函数格式控制符。

表 2.5 常用的 printf 函数格式控制符

格式符	使用形式	m 默认值	N 默认值	说明
d	%d %md %-md	10		以带符号十进制形式输出整数(正数不输出符号)
u	%u %mu %-mu	10		以无符号十进制形式输出整数
c	%c %mc %-mc	1		以字符形式输出一个字符:c
s	%s %ms %-ms	字符串长度		输出字符串:cc…c
f	%f %m.nf %-m.nf	20	6	以小数形式输出实数:±xx…x.xx…x
e	%e %m.ne %-m.ne	20	6	以指数形式输出实数:±x.xx…xe±xxx

在格式符的各种使用形式中,d、u、c、s、f、e 是格式符;m 和 n 是无符号整数常量,表示输出宽度和小数位数;负号“－”是对齐方式,它们共同确定输出格式。一般格式转换都把数据转换成 m 个字符的字符串,并按右对齐的方式输出。

✓ 负号“－”表示该输出项以左对齐方式输出。

✓ m 称字段宽度,表示相应输出项所占字符个数。

✧ 若 m 大于数据长度,则以空格补齐。

① 不带负号“－”在左端补空格,数据按右对齐的方式输出;

② 带负号“－”在右端补空格,数据按左对齐的方式输出。

✧ 若 m 小于数据长度,则突破 m 的限制,输出足够表示数据的字符串。显然字段宽度 m 值不应该小于数据长度,否则会使输出格式难看。

✓ n 表示小数部分占用的字符位数。

下述是一个格式控制:

```
"num1=%2d  flag='%c'\n  area=%10.3f  num2=%5d\n"
```

执行 printf 函数时，格式控制中的普通字符将原封不动的输出到外部设备上去，格式控制中的格式符用于控制对输出列表上数据的转换。计算机按照格式控制中控制符的要求转换输出列表上的诸表达式，把它们变成字符流送到标准输出设备(显示器)上输出。上述格式控制应该对应的输出列表是：一个整数表达式、一个字符表达式、一个浮点表达式、再一个整数表达式。该格式控制将如下执行输出和转换各个表达式的值，并送到显示器上：

(1) 输出字符串“　num1＝”;

(2) 按整数格式转换输出列表上的第一个表达式的值，转换成一个两字符长的字符串；

(3) 输出字符串“flag＝'”;

(4) 按字符格式转换输出列表上的第二个表达式的值，转换成一个字符；

(5) 输出字符串“'\n area＝”;

(6) 按浮点格式转换输出列表上的第三个表达式的值，转换成一个 10 字符长的字符串；

(7) 输出字符串“num2＝”;

(8) 按整数格式转换输出列表上的第四个表达式的值，转换成一个 5 字符长的字符串。

显然格式控制符要与输出列表上的表达式匹配，事实上是根据输出列表上输出的需要，来安排相应格式符的。函数调用

```
printf("    num1=%2d  flag='%c'\n  area=%10.3f  num2=%5d\n"
    ,25,'A',123.0/2,987);
```

将产生如下输出结果(读者应该记得，“\n”是转义字符，表示行结束)：

```
‖□□num1=25□□flag='A'
‖□□area=□□□□61.500□□num2=□□987
```

【例 2.3】 修改例 2.1 程序，使之适用于任意距离和时间，并产生一个较好的输出格式。

```
#include<stdio.h>
int main(void){
    float length1,length2;              //青山、翠湖间距离;翠湖、秀水间距离
    float time1,time2,time3;            //汽车经过王家庄时间
                                        //汽车经过青山时间
                                        //汽车经过秀水时间
    float x,b,a;
    printf("please input length1, length2:\n");
    scanf("%f%f",&length1,&length2);
    printf("please input time1,time2,time3:\n");
    scanf("%f %f%f",& time1,&time2,&time3);
```

```
    a=(time3-time1)-(time2-time1);                              //计算 a
    b=length1*(time3-time1)+length2*(time2-time1);              //计算 b
    x=b/a;                                                      //求根
    printf("x=%.2f\n",x);                                       //输出
    return 0;
}
```

与例 2.1 的程序相比，该程序用 5 个变量代替了 5 个常量；并且应用了输入语句。执行过程是：

首先将在终端屏幕上显示一行提示：

```
please input length1, length2:
```

这时计算机处于等待输入状态。操作员应顺次从键盘键入青山、翠湖间距离和翠湖、秀水间距离。当键入结束后（比如已经键入了：50　70），计算机继续向下运行，在终端屏幕上显示另一行提示：

```
please input time1,time2,time3:
```

这时计算机又处于等待输入状态。操作员应顺次从键盘键入汽车经过王家庄时间、青山、秀水的时间（比如已经键入了：10　13　15），这时计算机继续向下运行，产生如下输出：

```
x=230.00
```

到此程序执行结束。显然该程序每次运行可以针对不同的距离、时间进行计算。

【例 2.4】 如图 2.9 所示，某村为实现农田林网化，在一块四边形的地块周边植树，已知该地块一个顶点距离南北方向路 706 米，距离东西方向路 307 米；第二个顶点距离南北方向路 621 米，距离东西方向路 77 米；第三个顶点距离南北方向路 116 米，距离东西方向路 252 米；第四个顶点距离南北方向路 208 米，距离东西方向 466 米。如果每 2 米植树一棵，共需要多少棵树？

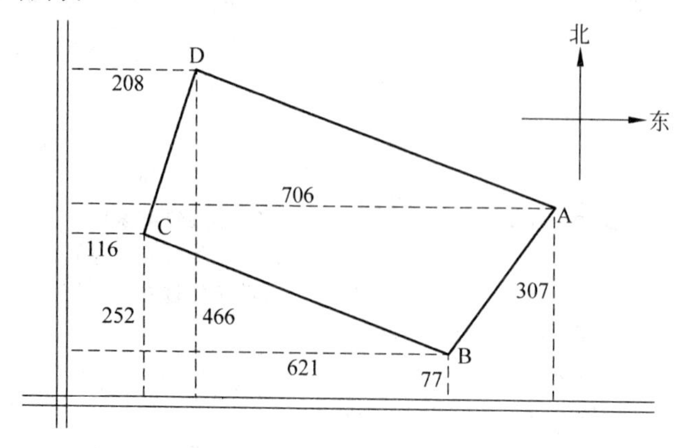

图 2.9　矩形地块

解：解决该问题应该首先把问题数学化。求需要多少棵树，应该用总长度除以每棵树的间距（把问题简化，不考虑出现零头以及两端的问题）。关键问题是怎样求总长度。把南北方向路定义为 Y 方向坐标轴，北为正；把东西方向路定义为 X 方向坐标轴，东为正；把四个顶点分别记为 A、B、C、D；把四个顶点到路的距离分别定义为相应点的坐标值。经过分析，该问题大致可以经过图 2.10 中 PAD 描述的步骤实现。其中，“求棵数”计算很简单，关键是计算周长。根据数学知识，可以分别计算四条边 AB、BC、CD、DA 的长度，然后把它们相加。得到如图 2.11 所示的 PAD。

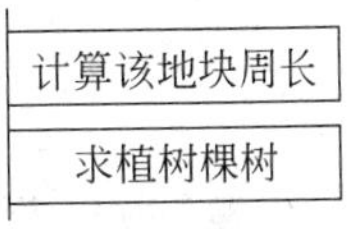

计算该地块周长

求植树棵树

图 2.10　求植树棵树

求边 AB 长度（求 BC、CD、DA 长度算法与求 AB 长度算法是一样的，可以参照进行）。可以选择如下两点间距离公式，并按公式计算。

$$L=\sqrt{(x_1-x_2)^2+(y_1-y_2)^2}$$

如上已经把解决该问题的各个步骤分析清楚。实际计算过程如图 2.12 的 PAD 所示。

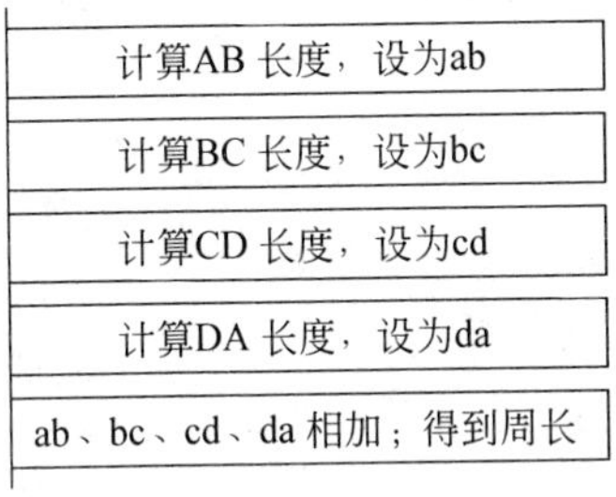

计算AB 长度，设为ab

计算BC 长度，设为bc

计算CD 长度，设为cd

计算DA 长度，设为da

ab、bc、cd、da 相加；得到周长

图 2.11　计算周长

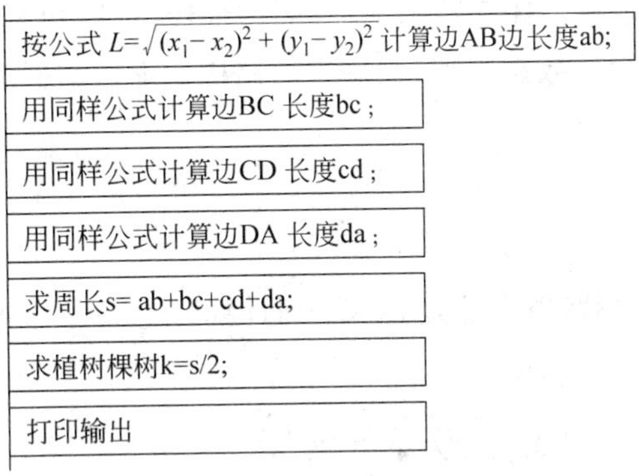

按公式 $L=\sqrt{(x_1-x_2)^2+(y_1-y_2)^2}$ 计算边AB边长度ab;

用同样公式计算边BC 长度bc；

用同样公式计算边CD 长度cd；

用同样公式计算边DA 长度da；

求周长s= ab+bc+cd+da;

求植树棵树k=s/2;

打印输出

图 2.12　求植树棵树

程序如下：

```
#include<stdio.h>                                  //括入标准输入输出函数库头文件
#include<math.h>                                   //括入标准数学函数库头文件
int main(void){                                    //主函数
    float  xa,ya,xb,yb,xc,yc,xd,yd;                //分别保存四个点的 X、Y 方向坐标
    float  ab,bc,cd,da;                            //分别表示四边形的四条边边长
    float  s;                                      //计算用变量：表示周长
    int m;                                         //计算用变量：表示植树棵树
    //输入四个点的 X、Y 方向坐标
    printf("please input xa,ya,xb,yb,xc,yc,xd,yd:\n");
    scanf("%f%f%f%f%f%f%f%f",&xa,&ya,&xb,&yb,&xc,&yc,&xd,&yd);
    //计算边长
    ab=sqrt((xa-xb)*(xa-xb)+(ya-yb)*(ya-yb));               //边 AB 长
    bc=sqrt((xb-xc)*(xb-xc)+(yb-yc)*(yb-yc));               //边 BC 长
    cd=sqrt((xc-xd)*(xc-xd)+(yc-yd)*(yc-yd));               //边 CD 长
    da=sqrt((xd-xa)*(xd-xa)+(yd-ya)*(yd-ya));               //边 DA 长
    s=ab+bc+cd+da;                                          //计算周长 s
```

```
    m=s/2;                                          //计算总植树棵数
    printf("总植树棵数: %5d\n",m);                  //打印输出
    return 0;
}
```

运行该程序，结果为：

```
总植树棵数: 767
```

在输入语句之前的输出语句产生一行提示信息。这不是必须的，但确是一个良好习惯。

本章小结

本章讲述了数据类型、顺序程序设计，包括：常量、变量、表达式、表达式语句、赋值、I/O、简单数据类型、顺序控制结构。重点掌握表达式构成、简单类型及其运算。

习　题　2

2.1　用赋值表达式表示下列计算：

- $y=x^{a+b^c}$
- $y=\dfrac{\sin X}{aX}+\left|\cos\dfrac{\pi X}{2}\right|$
- $R=\dfrac{1}{\dfrac{1}{R_1}+\dfrac{1}{R_2}+\dfrac{1}{R_3}}$
- $y=\dfrac{1}{1+\dfrac{x}{3+\dfrac{(2x)^2}{5+\dfrac{(2x)^3}{7+(4x)^2}}}}$

2.2　编程序，输入一个字符，然后顺序输出该字符的前驱字符、该字符本身、它的后继字符。

2.3　写一程序，读入角度值，输出弧度值。

2.4　不用中间变量，交换 A、B 两整数型变量的值。

2.5　编写程序，输入两个整数，分别求它们的和、差、积、商、余数并输出。

2.6　编写程序，输入三个浮点数，求它们平均值并输出。

2.7　已知摄氏温度(℃)与华氏温度(F)的转换关系式是：

$$C=\frac{5}{9}(F-32)$$

编一个摄氏温度与华氏温度的转换程序，输入摄氏温度(C)，输出华氏温度(F)。

2.8　编程序，输入底的半径和高，求圆柱体的体积和表面积，并输出。

2.9　从点(x_0, y_0, z_0)到平面$Ax+By+Cz+D=0$的距离d的公式是

$$d=\frac{|Ax_0+By_0+Cz_0+D|}{\sqrt{A^2+B^2+C^2}}$$

编程序，定义平面方程系数A、B、C、D为常量，输入点的坐标x_0、y_0、z_0，计算并输出d。

2.10　编程序，求正棱台的对角线长。要求在键盘上随机输入正棱台的上底边长、下底边长、斜边长。

2.11　设四边形四个边长分别为a、b、c、d，一对对角之和为2α，则其面积为

$$S=\sqrt{(s-a)(s-b)(s-c)(s-d)-abcd\cos^2\alpha}\quad 其中\quad s=\frac{a+b+c+d}{2}$$

写程序，输入四边形四个边的长度和一对对角之和，输出四边形的面积。

2.12　查找有关资料，找到一元三次方程的求根公式。编程序，输入一元三次方程的系数，输出它的根。

2.13　编程序，输入等差级数首项、两项之差、项数N，求第N项和前N项和。

2.14　编程序，输入两个两位整数a、b，将其合并成一个四位整数c，规则是c的千位数字是b的个位；c的百位数字是a的十位；c的十位数字是b的十位；c的个位数字是a的个位。

2.15　写程序，计算地面上两点间的最短距离。没有隧道，因此路径应在地球的表面上。每点被表示为纬度和经度的值。假设地球是球状的，且半径是6372公里。

2.16　已知铁比重7.86、黄金比重19.3。写程序，输入球体直径(mm)，分别计算相应直径下铁球和金球的重量并输出。

2.17　写程序，输入午夜后的某秒数，输出该秒的小时:分钟:秒。例如输入是50000输出13:53:20。

2.18　一个房间B米宽，L米长，H米高。在一面墙上有一个门(B1米宽，H1米高)，另一面墙有一扇窗户(B2米宽，H2米高)。有一卷墙纸M米长，F米宽。写一段程序读入B;L，H，B1，H1，B2，H2，M和F的值且计算假设没有浪费需要多少卷墙纸能贴满墙壁。

2.19　一个农场主有块地宽B米，长L米。这块地单产粮食C立方米/公顷(1公顷=10000平方米)。该农场主有一些圆柱形谷物仓，半径是R米，高H米。写一段程序读入B、L、C、R、H，计算且输出：

- 完全装满的谷物仓的个数。
- 没装满的谷物仓的高度。

第 3 章　分支程序设计

到目前为止，读者接触到的程序都是从头执行到尾，中间不出现任何特殊情况，这是顺序程序的特点。但是，现实问题并不都是这样。有的问题在处理的过程中，某些步骤可能根据不同情况分别进行不同的处理；某些步骤可能重复处理。这就是本章要讲述的分支程序和第 4 章要讲述的循环程序，也就是结构化程序设计中的分支结构和重复性结构。

3.1　判断成绩是否及格——双分支程序设计

【例 3.1】 编程序，输入某学生本学期程序设计课程成绩，判断并输出他是否及格。

解：该问题用流程图描述成图 3.1，编出程序如下。

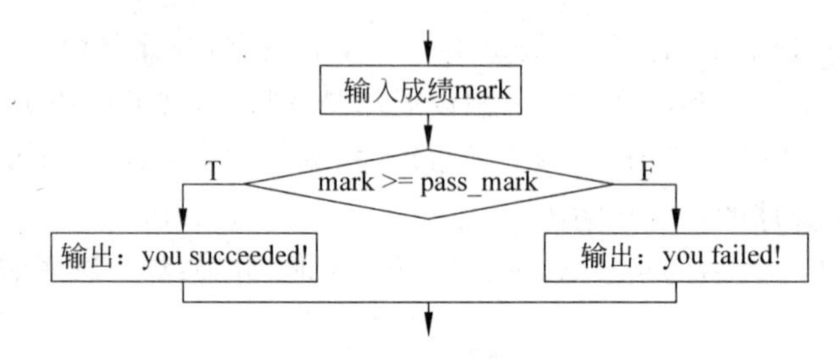

图 3.1　判断成绩是否及格

```
#include <stdio.h>
#define pass_mark 60
int main(void){
    int mark;
    printf("please input your mark:");
    scanf("%d",&mark);
    if (mark >=pass_mark)
        printf("you succeeded!\n");
    else
        printf("you failed!\n");
    return 0;
}
```

现实程序设计过程中，有很多如例 3.1 的结构，根据不同情况（或根据某条件成立与否）而进行不同处理并决定具体操作的问题。这种问题用分支程序来描述，分支程序有

“单分支”和“双分支”两种。例 3.1 是双分支结构，双分支结构在流程图中表示成类似图 3.2 的形式，PAD 表示形式如图 3.3。

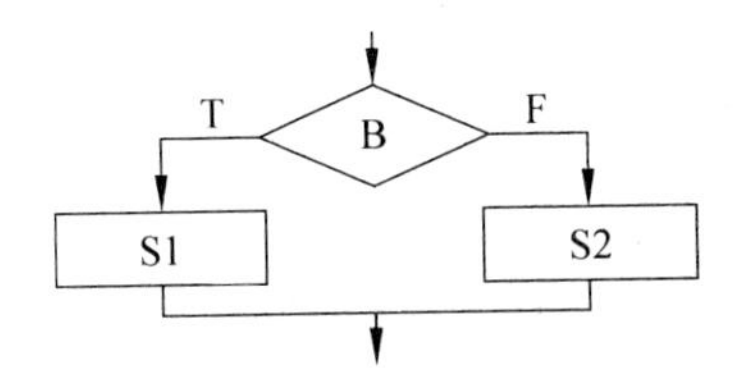

图 3.2　双分支逻辑结构的流程图

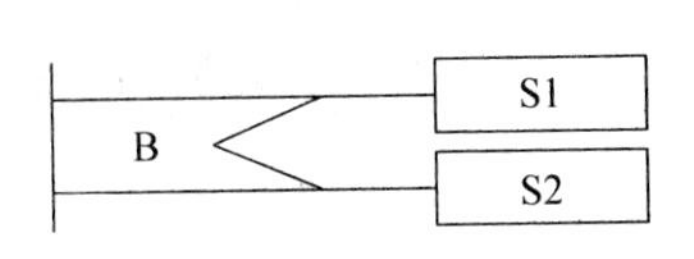

图 3.3　双分支逻辑结构的 PAD

其中：

- B 是条件；
- S1、S2 都是具体操作语句。

其含义是：

(1) 首先计算条件 B；

(2) 若 B 的值为 true(真)，则执行语句 S1 规定的操作，然后跳过 S2，执行后继操作；

(3) 否则 B 值为 false(假)，则跳过 S1，执行语句 S2 规定的操作，然后执行后继操作。

图 3.1 的流程图用 PAD 表示成图 3.4 的形式。

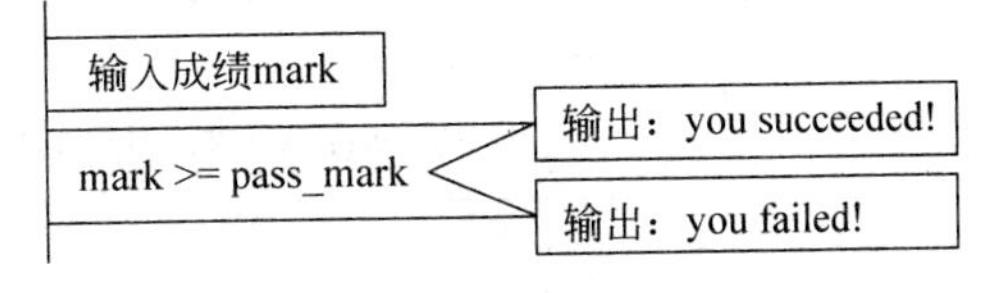

图 3.4　判断成绩是否及格的 PAD 表示

双分支语句

```
if (B)
    S1
else
    S2
```

其中：

- if 和 else 是两个保留字，起引导和分隔作用，指明此语句是 if 语句；
- B 是分支控制条件；
- S1 和 S2 可以是单独一条语句或是复合语句。其 PAD 如图 3.3 所示。

下述例 3.2、例 3.3 都是双分支逻辑控制结构。

【例 3.2】 计算

$$MAX(A,B)=\begin{cases}A & 当\ A\geqslant B\\ B & 当\ A<B\end{cases}$$

解：这是求 A、B 极大值问题，用 PAD 描述成图 3.5 的计算过程。

写出 C 程序片断如下：

```
if  (a>=b)
    value=a;
else
    value=b;
```

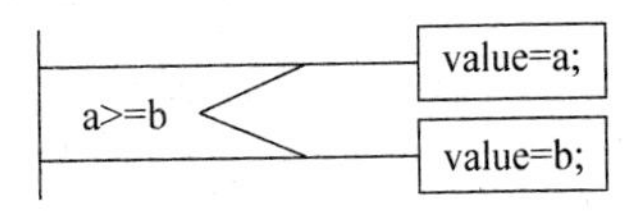

图 3.5　求 A、B 极大值问题的 PAD

【例 3.3】 计算数学中的符号函数

$$\mathrm{sign}(X)=\begin{cases}1 & 当\ X>0\\ 0 & 当\ X=0\\ -1 & 当\ X<0\end{cases}$$

解：该函数用 PAD 可以描述成图 3.6 的计算过程。

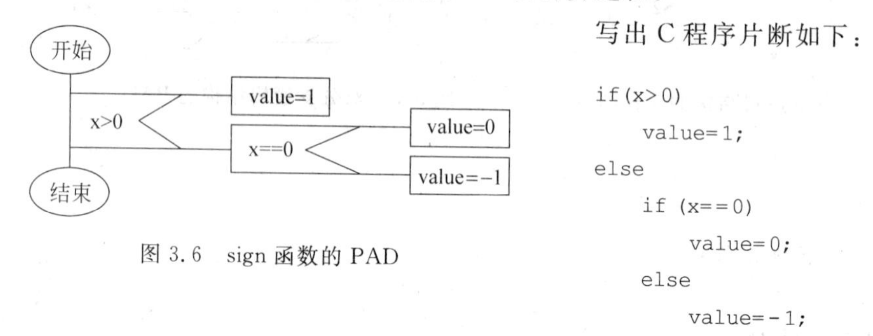

图 3.6 sign 函数的 PAD

写出 C 程序片断如下：

```
if(x>0)
    value=1;
else
    if (x==0)
        value=0;
    else
        value=-1;
```

除了双分支的逻辑判断程序结构外，还有一种单分支的逻辑判断程序结构。下例就是单分支的逻辑判断程序。

3.2 成绩加上获奖信息——单分支程序设计

【例 3.4】 学校曾经组织了一次“程序设计大奖赛”，规定本学期程序设计课的成绩可以根据是否在大奖赛上获奖而加 5 分。编程序，计算某同学的程序设计课成绩。

解：该问题用流程图描述成图 3.7，编出程序如下：

```
#include  <stdio.h>
char  win;
int  mark;
int main(void){
    printf("输入你的考试成绩: ");
    scanf("%d", &mark);
    printf("你是否在程序设计大奖赛获奖(Y/N)? \n");
    scanf("\n%c",&win);
    if((win=='Y')||(win=='y'))      mark=mark+5;
    if(mark>100)      mark=100;
    printf("你的最后成绩是: %d\n",mark);
    return 0;
}
```

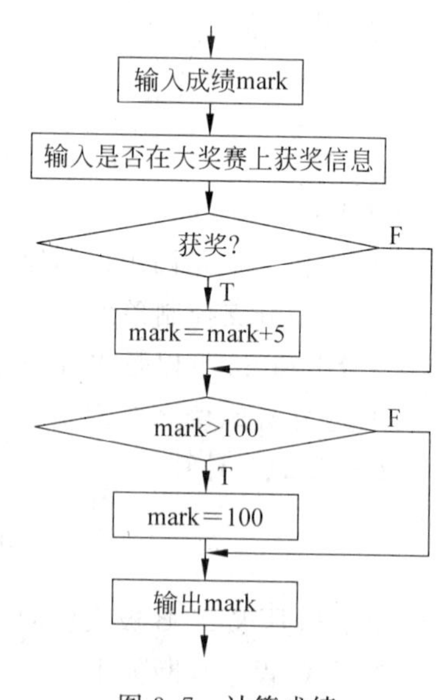

图 3.7 计算成绩

例 3.4 中程序的结构与例 3.1 相比，逻辑判断过程中“否则”部分没有任何操作。这种结构称为单分支逻辑判断结构。单分支逻辑判断程序结构在流程图中用图 3.8 表示，在 PAD 中用图 3.9 的形式表示。

其中：

- B是一个条件表达式；
- S是一个语句。

它的含义是：计算B的值，若B为true则执行语句S规定的操作，然后执行后继操作；否则什么也不执行，跳过语句S，直接去执行后继操作。

图3.7的流程图用PAD表示成图3.10的形式。

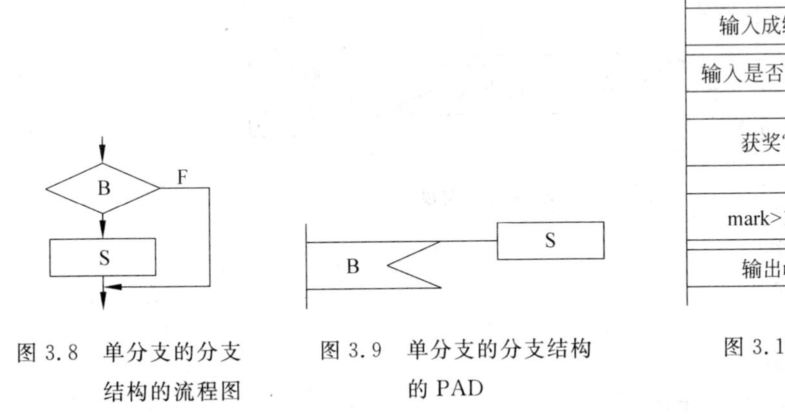

图3.8　单分支的分支结构的流程图

图3.9　单分支的分支结构的PAD

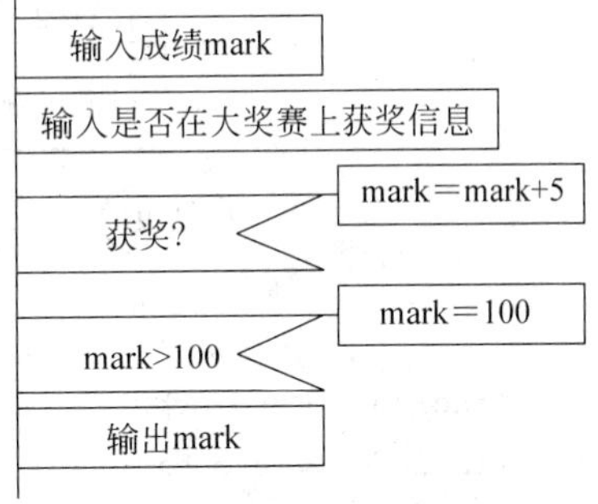

图3.10　判断成绩是否加分的PAD

单分支语句

```
if (B)
   S
```

其中：

- if是保留字，起引导和分隔作用，指明此语句是if语句。
- B是分支控制条件。
- S可以是单独一条语句或是复合语句，其PAD如图3.9所示。

【例3.5】　求绿化带宽度。如图3.11所示，在长500m、宽300m的地域内保护80000m² 的地块，求沿四周植树建绿化带的宽度。

解：首先，把问题数学化。若设绿化带的宽度为x，地块长为length，宽为width，保护面积为area；由数学知识可知：

$$\text{area}=(\text{length}-2x)(\text{width}-2x)$$

整理后得：

$$4x^2-2(\text{length}+\text{width})x+\text{length}\times\text{width}-\text{area}=0$$

这是一元二次方程。

图3.11　保护地块

然后，找出计算方法。可以使用如下求根公式解该方程。

$$x=\frac{-b\pm\sqrt{b^2-4ac}}{2a}$$

接着，找出算法。该方程求解步骤可用图 3.12 的 PAD 描述，最后，用 C 写出程序。

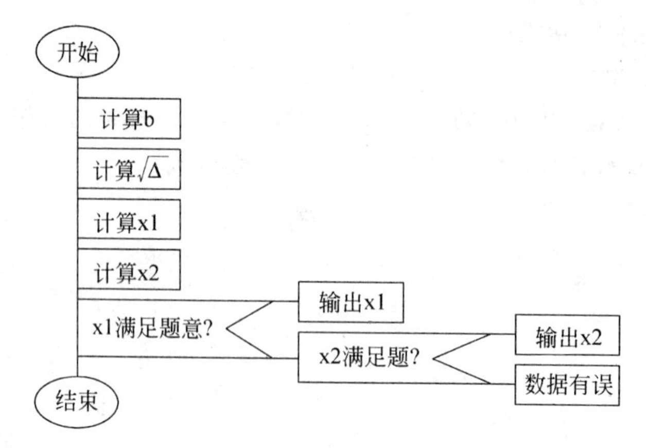

图 3.12 求绿化带宽度

```
#include <stdio.h>
#include <math.h>
int main(void){
    float x1,x2,b,d;
    float length, width,area;
    printf("please input length,width,area:\n");
    scanf("%f%f%f",&length,&width,&area);
    b=-2.0*(length+width);                              //计算 b
    d=sqrt(b*b-4.0*4.0*(length*width-area));            //计算√Δ
    x1=(-b+d)/(2*4);                                    //求根
    x2=(-b-d)/(2*4);
    if ((x1>0)&&(2*x1<width)&&(2*x1<length))            //判断根的合理性并输出
        printf("绿化带宽度为：%.2f\n",x1);
    else
        if  ((x2>0)&&(2*x2<width)&&(2*x2<length))
            printf("绿化带宽度为：%.2f\n",x2);
        else
            printf("原始数据有错误\n");
    return 0;
}
```

该程序运行，若输入数据 500、300、80000，将输出结果：

```
绿化带宽度为：50.00
```

【例 3.6】 求一元二次方程 $ax^2+bx+c=0$ 的根。

在例 3.6 中，求解一元二次方程的根直接使用求根公式进行计算，从数学上看该问题也确实很简单，按公式其解为：

$$x=\frac{-b\pm\sqrt{b^2-4ac}}{2a}$$

只要按公式写出程序即可。但是实际问题并不这样简单，编程序必须考虑各种可能发生的情况，例如 $a=0$ 怎么办？$\Delta<0$ 怎么办？下边按自顶向下逐步求精原则来开发该程序。

首先解一元二次方程 $ax^2+bx+c=0$ 应该先输入系数 a、b、c；然后求解；最后输出。得如图 3.13 所示的 PAD。

在图 3.13 中，输入和输出两步很简单。而求解过程可以分解成 $a=0$ 和 $a\neq0$ 两种情况，得如图 3.14 所示的 PAD。

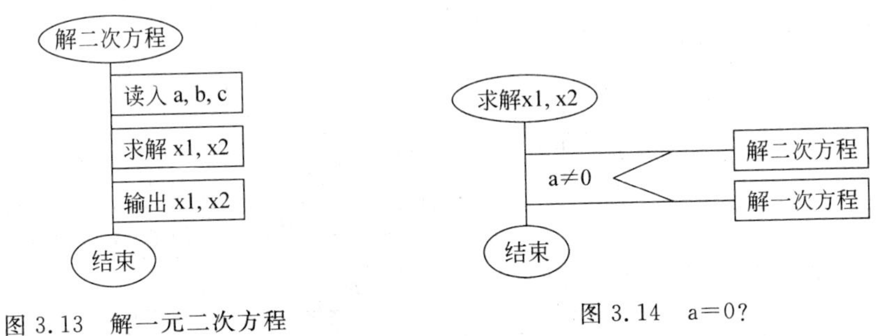

图 3.13　解一元二次方程

图 3.14　a=0?

下边分别求精图 3.14 中的解一次方程和解二次方程。

先解二次方程。解二次方程首先要计算 Δ，然后根据 Δ 值的特性进行计算。包括：

- $\Delta>0$，为两个不等的实数根；
- $\Delta=0$，为两个相等的实数根；
- $\Delta<0$，为两个虚数根；

该计算过程表示成图 3.15 的 PAD。

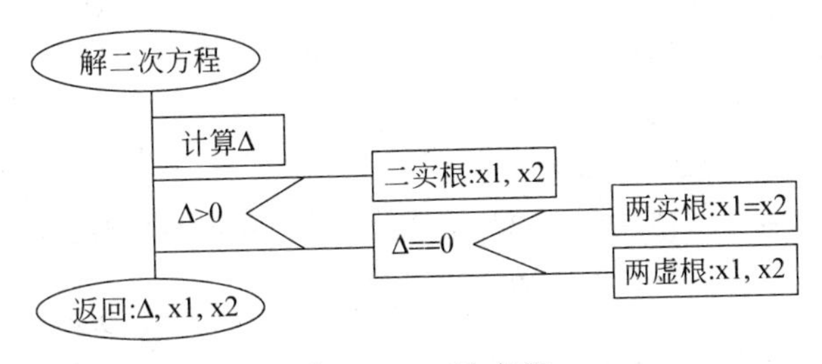

图 3.15　二次方程

下面求解一次方程。解一次方程时同样要考虑 b=0 和 b≠0 两种情况。当 b≠0 时，方程的解为 c/b；当 b=0 时，要考察等式 c=0。得图 3.16 的 PAD。

继续求精考察 c=0，应该是：若方程系数 c=0 则为恒等式 0=0；若方程系数 c≠0 则矛盾。得图 3.17 的 PAD。

最后汇总上述分析，并考虑到每步带回信息量太大，不如把打印与求解合并，在求解结束处打印，得图 3.18 的总体解决算法 PAD。

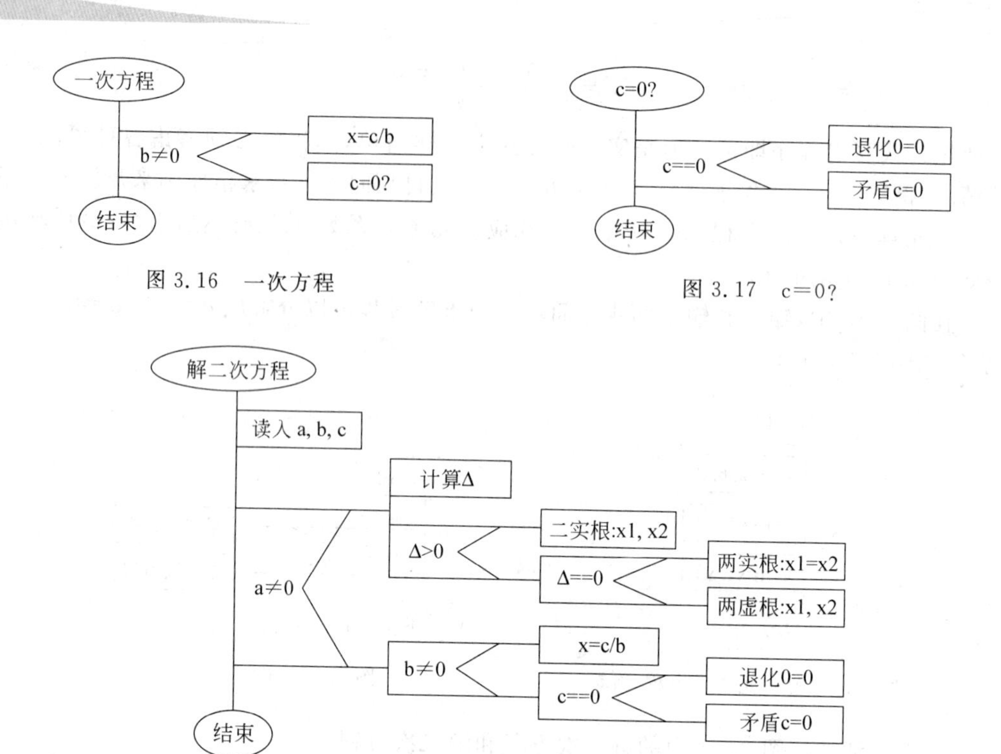

图 3.16　一次方程

图 3.17　c=0?

图 3.18　解一元二次方程总体解决算法

程序如下：

```
/* PROGRAM quadratic equation */
#include <stdio.h>
#include <math.h>
int main(void){
    float a, b, c, delta;
    /* 读入二次方程的 3 个系数 */
    printf("input the three coefficients of the equation(A,B,C): ");
    scanf("%f%f%f", &a, &b, &c);
    if(a!=0){                                    //二次方程
        delta=b*b-4*a*c;
        if(delta>0)                              //Δ>0 两个不等实数根
            printf("x1=%f,x2=%f\n",
                (-b+sqrt(delta))/(2*a),(-b-sqrt(delta))/(2*a));
        else
            if(delta==0)                         //Δ=0 两个相等实数根
                printf("x1=x2=%f\n",-b/(2*a));
            else                                 //Δ<0 两个虚数根
                printf("x1=%f+%fi, x2=%f-%fi\n",
                    -b/(2*a),sqrt(-delta)/(2*a),-b/(2*a),sqrt(-delta)/(2*a));
    }else
```

```
        if(b!=0)                                    //一次方程
            printf("x=%f\n",-c/b);
        else
            if(c==0)                                //0=0
                printf("0=0!\n");
            else                                    //矛盾
                printf("%f=0\n",c);
    return 0;
}
```

需要注意，分支操作是多条语句时，必须使用复合语句来表示分支操作，这时必须使用“{”和“}”将分支操作的语句括起来，如例 3.6 程序的第 9 行“{”开始到第 20 行“}”结束，是一个复语句，作为(a!=0)控制条件的真分支操作。当控制条件为真，则顺次执行复合语句中的每一条；否则都不执行。

3.3　逻辑判断——布尔类型

不论双分支的逻辑控制结构，还是单分支的逻辑控制结构，都涉及一个“条件 B”，该条件称为逻辑表达式，也称布尔表达式。该表达式的类型为**布尔类型**(Boolean type)。

布尔类型仅有两个值：false(假)和 true(真)。在 C 中把布尔类型也看成整数类型，分别用 0 和 1 表示 false(假)和 true(真)。显然，布尔类型的值域就是由 0 和 1 构成的集合。下面介绍布尔表达式的构成及运算。

3.3.1　关系运算

最基本的布尔表达式由关系运算形成。关系运算比较参与运算的两个分量是否满足某一个规定的关系，得到一个布尔类型值。满足得值 true(真)，不满足得值 false(假)。

前面学习的浮点类型、整数类型、char 类型、正在介绍的布尔类型以及后续将介绍的枚举类型都属于**简单类型**(simple－type)，也称**标量类型**。简单类型有一个共同的特性，即值是可比的(也可以认为是有序的)。并且规定，不论是整数类型(包括了字符类型、布尔类型、枚举类型)还是浮点类型，都按实数意义下的数值大小进行比较和排序。数值小的排在前边，数值大的排在后边。

1. 关系比较运算

定义了值的顺序之后，就可以对两个值进行大小关系的比较，称为关系比较运算。在 C 中有四个关系运算符可用来对标量类型进行关系比较运算，它们是：

＜(小于)　＞(大于)　＜＝(小于等于)　＞＝(大于等于)

2. 判等比较运算

还可以对两个值进行相等关系的比较，称为判等比较运算。在 C 中有两个判等比较运算符可用来对标量类型进行判等比较运算，它们是：

＝＝(等于)　!＝(不等于)

所有关系比较运算、判等比较运算都产生布尔类型结果。这些运算的意义都是明显的，例如：

```
3==3          得    true
3!=3          得    false
5.5<8.1       得    true
'A'>'C'       得    false
true<false    得    false
true<=true    得    true
```

3.3.2　布尔运算

布尔类型仅有两个值：false(假)和 true(真)。可施于布尔类型上的运算称“布尔运算”或“逻辑运算”，与数学上逻辑运算相对应，C 布尔运算有：

!(非)　　&&(与)　　||(或)

设 b1 和 b2 分别是两个布尔类型量，上述运算的定义如表 3.1 所示。

表 3.1　布尔运算的定义

b1	b2	! b1	b1&&b2	b1||b2
false	false	true	false	false
false	true		false	true
true	false	false	false	true
true	true		true	true

直观上讲：

- ! 为取反运算。true 的反就是 false，false 的反就是 true。
- && 可理解成“并且”。只有两分量都是 true 时结果才是 true，否则结果为 false。
- || 可理解成“或者”。两分量只要有一个为 true，结果为 true，否则结果为 false。

总结起来，到目前为止，读者学习了算术运算、关系运算、逻辑运算。按表 2.3 给出的优先级，在一个混合有各种运算的表达式中，应该先进行算术运算，然后进行关系运算，最后进行逻辑运算。

【例 3.7】　输入一个年份，判断该年是否闰年。某年是闰年的条件是：能被 4 整除，但不能被 100 整除；或能被 400 整除。

解：该问题的 PAD 如图 3.19，程序如下：

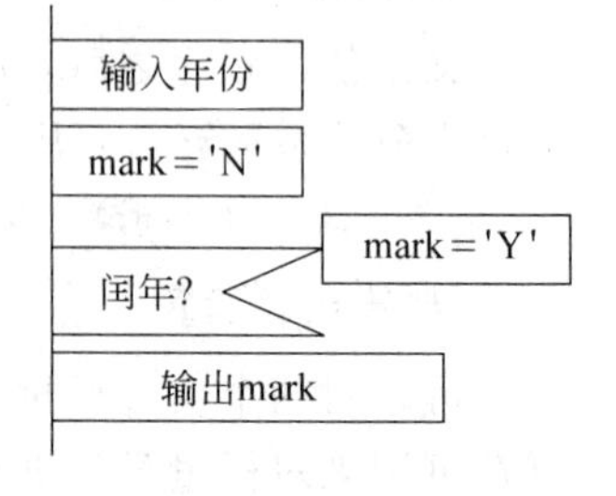

图 3.19　判断闰年

```
#include <stdio.h>
int main(void){
    char mark;
    int year;
    printf("请输入年份:");
    scanf("%d",&year);
    mark='N';
```

```
    if((year%4==0)&&(year%100!=0)||(year%400==0))
        mark='Y';
    printf("%c\n", mark);
    return 0;
}
```

注意该程序中 mark 值的形成。程序设计中经常使用这种格式，为了形成某变量或某标志单元 v 的值，先给 v 赋值一个初值(该初值是 v 可能取值中的一个)；然后在后续程序中再按不同情况改变 v 的值；最后当这段程序执行结束，便形成了 v 的最终值。

3.4　获奖分等级——多分支程序设计

例 3.4 所定义的加分规则过于简单，下边例题重新给出规则。

【例 3.8】 学校曾经组织了一次“程序设计大奖赛”，规定本学期程序设计课的成绩可以根据大奖赛的成绩适度加分。加分规则是参赛者加 5 分，三等奖加 15 分，二等奖加 20 分，一等奖加 30 分，总分不超过 100 分。编程序，计算某同学的程序设计课成绩。

解：该问题用流程图表示如图 3.20 所示。

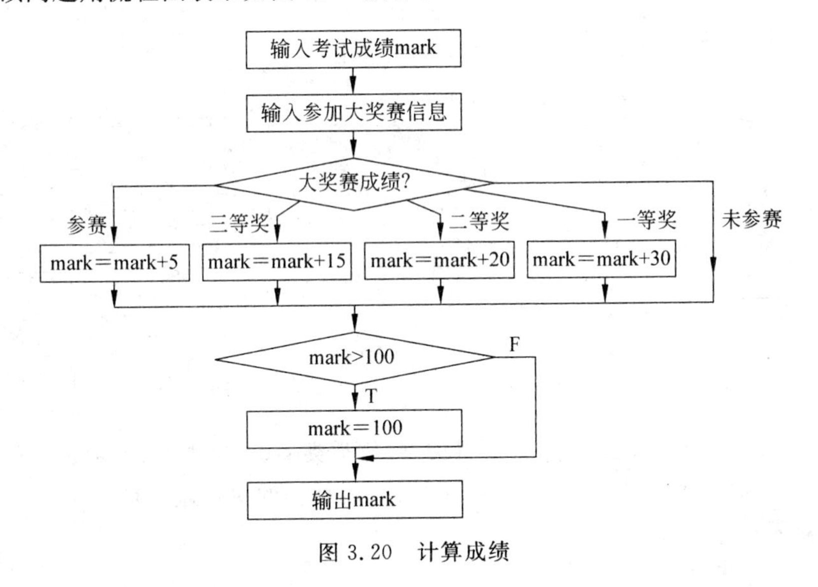

图 3.20　计算成绩

写出 C 程序如下。

```
#include<stdio.h>
int main(void){
    int  win;
    int  mark;
    printf("输入你的考试成绩:");
    scanf("%d",&mark);
    printf("请选择你参加程序设计大奖赛情况\n");
```

```
    printf("  (0:未参加,1:参赛,2:三等奖,3:二等奖,4:一等奖):");
    scanf("%d",&win);
    switch(win){
        case  0: break;
        case  1: mark=mark+5; break;
        case  2: mark=mark+15; break;
        case  3: mark=mark+20; break;
        case  4: mark=mark+30;
    }
    if  (mark>100)
        mark=100;
    printf("你的最后成绩是: %d\n",mark);
    return 0;
}
```

现实程序设计过程中,有很多这种根据多种不同情况而进行不同处理并决定具体操作的问题。这种问题用算术值控制的多分支程序来描述,例 3.7 就是算术值控制的多分支程序,这种控制结构在流程图中表示成类似图 3.21 的形式,PAD 表示形式如图 3.22。

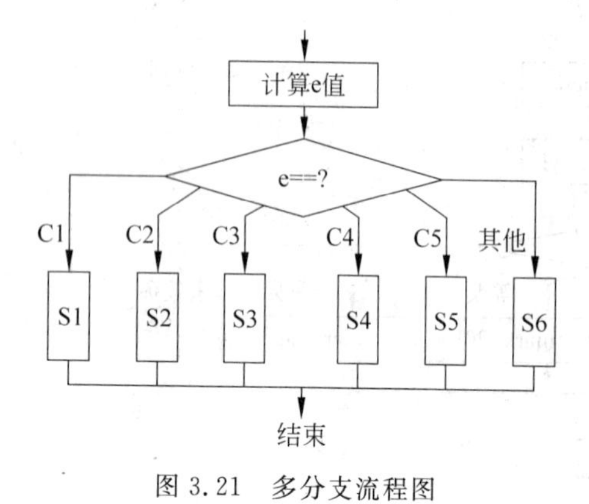

图 3.21 多分支流程图

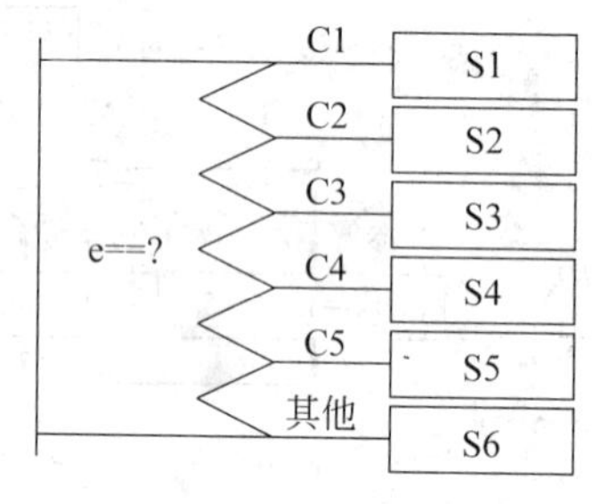

图 3.22 多分支 PAD

其中:e 是一个整数类型(包括:字符类型、枚举类型、布尔类型、各种长度的整型)表达式;诸 C 是常量表达式,是 e 的一个值。这种控制结构的执行过程是:

① 计算表达式 e 的值;

② 根据 e 值决定下一步操作。

- 若在诸常量表达式中,有某一个表达式的值等于①中计算出的 e 值,则执行列在该表达式后的操作;然后跳到最后。向下执行后继程序;
- 否则若在诸常量表达式中没有一个表达式的值等于①中计算出的 e 值,则
  - ✓ 若该结构中有其他部分,则执行其他部分规定的操作;执行后,跳到最后。向下执行后继程序;
  - ✓ 若该结构中没有其他部分,则什么也不执行,直接跳到最后。向下执行后继程序。

在 C 中用 switch 语句和 break 语句联合作用来描述这种控制结构。对应图 3.22 的

PAD,其 switch 语句结构如下所示。

多分支语句形式一

```
switch (e) {
    case  C1: S1  break;
    case  C2: S2  break;
        …
    case Cn: Sn break;
    default: Sd
}
```

其中:

- switch、case、default 和 break 是保留字,起引导和分隔作用,指明此语句是多分支语句。
- e 是分支控制表达式,C1、C2、…、Cn 是常量表达式。
- S1、S2、…、Sn、Sd 可以是单独一条语句、多条并列的语句或是复合语句,其 PAD 如图 3.22 所示。

注意上述中的诸 break 是必须的。每个"break;"是一个 break 语句。break 语句的语意是跳出包含它的最里层的结构语句,转去执行该结构语句的后继语句。在这里它起的作用是跳出包含它的 switch 语句,执行该 switch 语句的后继语句。

其中的 default 称为缺省标号,相当于 PAD 中的"其他"。它标出 PAD 中"其他"部分的操作。若 PAD 中没有"其他"部分或"其他"部分不进行任何操作,则在 switch 语句中 default 部分可空。

按图 3.22 的 PAD 语意,前述的多分支结构 switch 语句执行过程如下。

① 计算 switch 后表达式的值,设值为 e。

② 根据 e 值决定下一步操作。

- 若在诸常量表达式中,有某一个表达式的值等于①中计算出的 e 值,则执行列在该表达式后的语句;然后执行 break 语句;跳到"}"后,该 switch 语句执行结束。向下执行 swich 语句的后继语句。
- 否则若在诸表达式中没有一个表达式的值等于①中计算出的 e 值,则
  - ✓ 若该 switch 语句含有 default 标号,则执行 default 后的语句;执行后,跳到"}"后,该 switch 语句执行结束,执行该 switch 语句的后继语句。
  - ✓ 若该 switch 语句不含 default 标号,则该 switch 语句执行结束,跳到"}"后,执行该 switch 语句的后继语句。

如果在 switch 语句中没有诸 break 语句,如下所示形式。

多分支语句形式二

```
switch (e) {
    case  C1:S1
    case  C2:S2
        ⋮
```

```
        case  Cn:Sn
        default:Sd
    }
```

其中：

- switch、case、default 和 break 是保留字，起引导和分隔作用，指明此语句是多分支语句。
- e 是分支控制表达式，C1、C2、…、Cn 是常量表达式。
- S1、S2、…、Sn、Sd 可以是单独一条语句、多条并列的语句或是复合语句。

则其语意完全不同。它将按图 3.23 的流程图执行。

这种形式的多分支程序结构用得不多，读者编程序时一定分清楚自己程序的结构，一定不要弄错了。

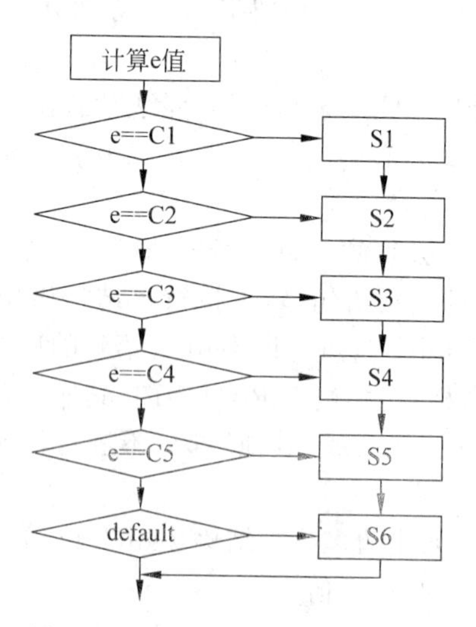

图 3.23　无 break 的多分支流程图

【例 3.9】 模拟单步计算器。

设计一个模拟单步计算器的程序，设该计算器只能作加、减、乘、除运算。

解：算法如图 3.24 所示，程序如下。

```
/* PROGRAM Calculator */
#include <stdio.h>
int main(void){
    float a,b;
    char w;
    printf("please input: A#B- ");
    scanf("%f%c%f",&a,&w,&b);
    switch(w){
        case '+': a=a+b; break;
        case '-': a=a-b; break;
```

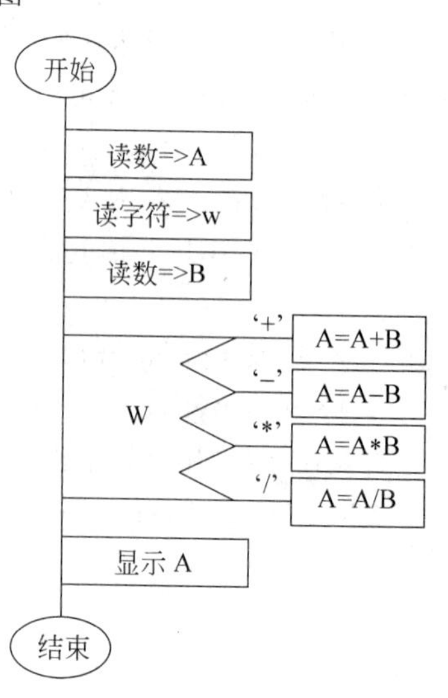

图 3.24　模拟单步计算器

```
        case '*': a=a*b; break;
        case '/': a=a/b;
    }
    printf("%.2f\n",a);
    return 0;
}
```

【例 3.10】 高速公路每公里的收费标准按不同种类汽车如下。编程序，为某高速公路收费站计算各种车辆的收费额。

小汽车(car)　　0.50 元

卡车(truck)　　1.00 元

大客车(bus)　　1.50 元

算法如图 3.25 所示，程序如下。

```
/* PROGRAM calculate cost */
#include <stdio.h>
enum tsort { car, truck, bus } sort;          //枚举类型
int main (void) {
    int i;
    float mileage;
    float price;
    printf ("please choose (1.car 2.truck 3.bus):");
    scanf ("%d", & i);
    switch (i) {
        case 1:sort=car; break;
        case 2:sort=truck; break;
        case 3:sort=bus;
    }
    printf ("please input mileage : ");
    scanf ("%f",&mileage);
    switch  (sort) {
        case car : price =0.50; break;
        case truck : price =1.00; break;
        case bus : price =1.50;
    }
    printf(" cost=%.2f\n", price * mileage);
    return 0;
}
```

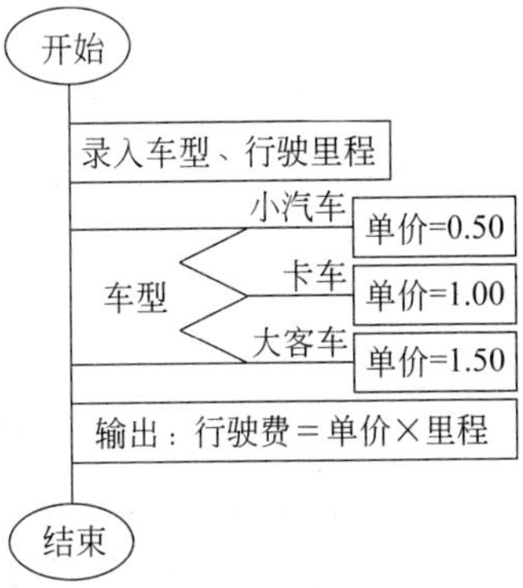

图 3.25　算法

3.5　表示汽车种类——枚举类型

在例 3.10 中使用了如下形式的定义：

```
enum tsort  {car,truck,bus}  sort;                    //枚举类型
```

用来表示汽车的种类，这是**枚举类型**(enumerated-type)。枚举类型是一种简单类型，属于整数类型。

枚举类型表示互相独立的元素的集合，例如，一个房间里的同学，一周里的七天，一年的十二个月，等等。计算机在处理这些问题时，用标准的数据类型(例如整数类型)表示它们很不直观。可以用枚举类型表示这些用数值表示不方便或不直观的一组特殊对象的集合。

枚举类型通过枚举表记值的标识符确定一个类型的值的有序集合。其形式是将表示值的标识符顺序列出来，并用花括号把它们括上。

声明枚举类型变量

```
enum { id, id, id, …, id } v,…,v;
```

或

```
enum tab { id, id, id, …, id } v,…,v;
```

或

```
enum tab { id, id, id, …, id };            //声明枚举类型标签
enum tab v,…,v;                            //用枚举标签声明变量
```

其中：

- enum 是保留字，标明是枚举类型；
- v 是标识符，即所声明枚举类型变量的名字；
- tab 是一个标识符，称为枚举标签，起标识该枚举类型作用；
- id 是一个标识符，是枚举常量，即相应枚举类型中的一个值；括号中的全部标识符集合构成相应枚举类型的值域。

例如：

```
enum{Sunday,Monday,Tuesday,Wednesday,Thursday,Friday,Saturday}week;
enum month{Jan,Feb,Mar,Apr,May,Jun,Jul,Aug,Sep,Oct,Nov,Dec}mon;
enum color{red,yellow,green,blue}
enum color c1,c2;
```

声明了4个变量，week为枚举类型 enum{Sunday,Monday,Tuesday,Wednesday,Thursday,Friday,Saturday}；mon为枚举类型 enum month{Jan,Feb,Mar,Apr,May,Jun,Jul,Aug,Sep,Oct,Nov,Dec}；c1和c2都是枚举类型 enum color{red,yellow,green,blue}。

在C中把枚举类型看成整数类型，每个枚举常量对应一个整数值。一般情况下，枚举常量表的第一个标识符对应整数值0，其他标识符对应前一个标识符整数值+1。上述例子中red对应0、yellow对应1、green对应2、blue对应3；Jan对应0，Feb对应1，Mar对应2，Apr对应3，May对应4，……，Dec对应11。

还可以在声明枚举类型时，在枚举表中的枚举常量标识符后标识上该常量对应的整数值，例如：enum color {red=10, yellow=red+2, green=15, blue}表示red对应10、yellow对应red+2即12、green对应15、blue对应green+1即16。

在 C 中，所有关于在整数类型的运算定义，自然也都适用于枚举类型。使用枚举类型应注意：

- 括在花括号中的枚举常量表中的标识符都是常量。
- 尽管 C 把枚举类型看作整数类型，枚举常量也与整数对应，但是我们还是建议读者区别开枚举常量和整数。

本章小结

本章讲述分支程序设计，分支程序设计是结构化的标准流程控制之一。分支程序包括逻辑值控制的单分支和双分支，算术值控制的多分支。重点掌握分支程序设计思想。

习　题　3

3.1　编程序，输入三个实数 a，b，c；然后按递增顺序把它们输出。

3.2　编程序，输入一个字母，若其为小写字母，将其转换成大写，最后输出。

3.3　编程序，输入一个自然数 n，判断 n 的第四位数字是否为 0。

3.4　编程序，输入一个四位自然数 n，判断 n 是否为降序数。降序数是对于 $n=d_0d_1d_2d_3$ 有 $d_i>=d_{i+1}$　$(i=0,1,2)$。

3.5　编程序，输入一个五位自然数 n，判断 n 是否为对称数。对称数是正序和反序读相等的整数，例 96769 对称。

3.6　编程序，读入三个点的坐标，确定它们是否在一条直线上。

3.7　编程序，判断给定的三位数是否是 Armstrong 数。所谓 Armstrong 数指其值等于它本身每位数字立方和。例 153 就是一个 Armstrong 数。

$$153=1^3+5^3+3^3$$

3.8　写程序，读入一个点的坐标 x、y，计算

$$Z=\begin{cases}\ln x+\ln y & \text{当 } x、y \text{ 在第一象限}\\ \sin x+\cos y & \text{当 } x、y \text{ 在第二象限}\\ e^{2x}+e^{3y} & \text{当 } x、y \text{ 在第三象限}\\ \tan(x+y) & \text{当 } x、y \text{ 在第四象限}\end{cases}$$

3.9　编程序，输入一个整数，判断它能否被 3、5、7 整除，并输出如下信息。

- 能同时被 3、5、7 整除；
- 能同时被两个数整除，并指明是哪两个数；
- 能被一个数整除，并指明是哪个数；
- 不能被所有数整除。

3.10　写一段程序，读入一个点的坐标，一个圆的中心坐标和半径，确定此点是否在圆内。

3.11　一个三角形可以表述为三个直线方程，每个方程代表三角形的一个边，三条边互不平行。写程序，输入三个直线方程系数和一个点的坐标。判断三条直线能否构成

三角形,给定的点是否在三角形之内。

3.12 写程序,输入两个三角形的顶点坐标,确定是否它们是否是相似三角形。

3.13 写程序,读入两个圆的圆心坐标和半径,确定它们是否相交。如果相交则输出相交部分的面积。

3.14 写程序,读入 4 个参数 a、b、p、q。它们是两个椭圆的参数,方程如下:

$$\frac{(x-p)^2}{a^2}+\frac{(y-q)^2}{b^2}=1 \quad \frac{(x-a)^2}{p^2}+\frac{(y-b)^2}{q^2}=1$$

判断并输出两个椭圆是否相交?如果相交,再输出相交部分的面积。

3.15 编写程序,判断二维空间中的某点是否优于另一点。优于关系定义为:在两维空间中,某点(A1,A2)优于另一点(B1,B2),当且仅当 A1>B1,A2>B2。

3.16 编写程序判定两维空间中的两点是否可比。两点可比意味着 A,B 两点或者 A 优于 B,或者 B 优于 A。

3.17 某旅游宾馆房间价格随旅游季节和团队规模浮动。规定:在旅游旺季(7~9 月份),20 房间以上团队,优惠 30%;不足 20 房间团队,优惠 15%。在旅游淡季,20 房间以上团队,优惠 50%;不足 20 房间团队,优惠 30%。编程序,根据输入的月份、订房间数,输出总金额。

3.18 某货运公司按如下公式计算运费:运费=里程×货物重量×单价,除此之外还按表 3.2 给予折扣,编一个计算运费的程序。

表 3.2 折扣表

重量	>6	[6,12)	[12,18)	[18,24)	≥24
里程<500	0%	1%	2%	5%	8%
1000>里程≥500	1%	2%	5%	8%	12%
里程≥1000	2%	5%	8%	12%	16%

3.19 某商场打折促销编程序,求买 x 元商品,获得的代金券数。

- 购买不足 200 元货物,不赠代金券;购买满 200 元货物,赠 50 元代金券;
- 购买满 400 元货物,赠 150 元代金券;购买满 600 元货物,赠 200 元代金券;
- 购买满 800 元货物,赠 300 元代金券;购买满 1000 元货物,赠 400 元代金券;
- 超过 1000 元,赠总金额 50%的代金券。

3.20 分别定义枚举类型:

- 描述婚姻状况:已婚(marrid)、离婚(divorced)、丧偶(widowed)、单身(single)。
- 描述寝室全部同学。
- 描述 C 具有的全部简单数据类型。
- 描述本学期所学的课程。

第 4 章　循环程序设计

前边介绍了顺序程序设计和分支程序设计，现实问题中还有算法的某部分需要反复执行多次的情况。

4.1　计算平均成绩——循环程序

【例 4.1】　某评估单位要对学生的学习情况进行评估，需要计算每个学生的平均学习成绩。编程序，从终端逐次输入一个学生 n 门课程的成绩，计算并输出他的平均成绩。

解：该问题的算法可以描述成图 4.1 的流程图，编出程序如下。

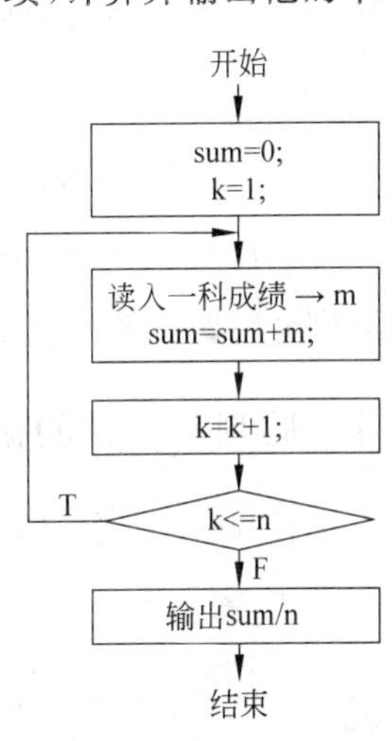

图 4.1　计算平均成绩(后判断循环条件)

```
#include <stdio.h>
#define n 3
int main(void){
    float sum;
    int k, m;
    k=1;
    sum=0;
    do {
        printf("please input an achievement :");
        scanf("%d", &m);
        sum=sum+m;
        k=k+1;
    } while (k<=n);
    printf("average achievement : %5.2f\n", sum/n);
    return 0;
}
```

假设依次输入 60、70、80 三科成绩，则每次循环，相关变量值做如下变化：

- 未进入循环：　m 无值　sum＝0　k＝1
- 第一次循环：　m←60　sum＝0＋60　k＝2　k<＝3 为真
- 第二次循环：　m←70　sum＝60＋70　k＝3　k<＝3 为真
- 第三次循环：　m←80　sum＝130＋80　k＝4　k<＝3 为假
- 循环退出：打印结果

```
average achievement :70.00
```

在图 4.1 的流程图中“读入一科成绩→m；sum=sum+m；”和“k=k+1”部分要被反复执行 n 次。实际程序设计过程中，有很多这种情况，程序的某部分根据某种条件，被重复执行若干次。这就是**循环**(cycle)，编写这种重复执行的程序称循环程序设计。在循环程序中，被重复执行的部分称**循环体**。一般来讲，循环程序分成两类：

- 先判断条件的循环；
- 后判断条件的循环。

图 4.1 是后判断条件的循环。同样问题还可以被描述成图 4.2 的流程图，这就是先判断条件的循环。

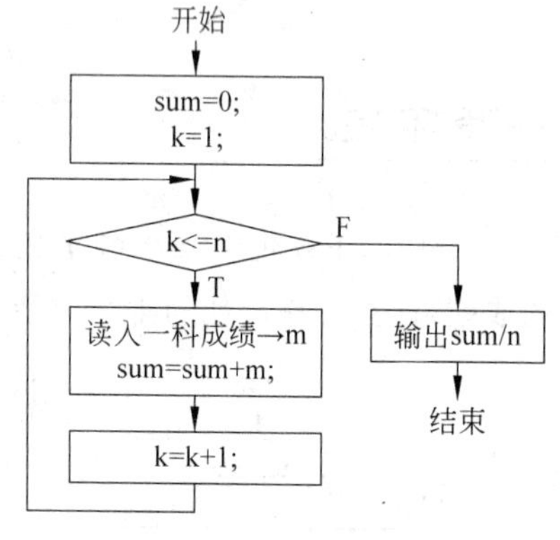

图 4.2　计算平均成绩(先判断循环条件)

C 用**重复性语句**(repetitive-statement)描述重复控制结构，规定程序的某些部分被重复执行。C 有三种不同的重复性语句，它们是：

- while 语句——先判断条件循环；
- do 语句——后判断条件循环；
- for 语句——先判断条件循环。

一般来讲，进行循环程序设计，掌握和使用一种重复性语句应该弄清：

- 重复执行部分(称为“循环体”)是什么？
- 循环控制方式是什么？
- 控制条件是什么？

下边分别介绍两类循环程序设计和三种重复性语句。

4.1.1　后判断条件的循环

图 4.1 是后判断条件循环，后判断条件循环在流程图中表示成类似图 4.3 形式，PAD 表示形式如图 4.4。

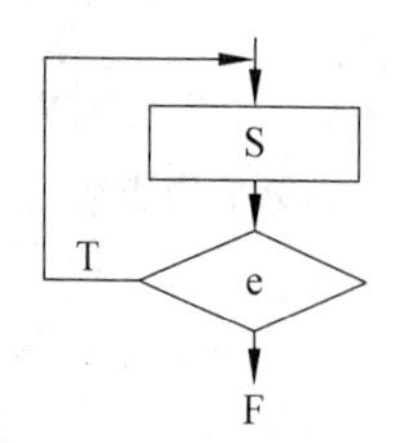

图 4.3　后判断条件循环的流程图

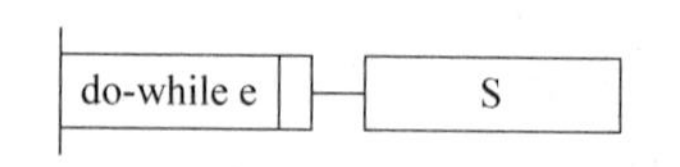

图 4.4　后判断条件循环的 PAD

其中：

- e 是布尔型表达式，是循环控制条件，起控制循环继续进行和结束作用。
- S 是一个语句，是被重复执行部分，构成循环体。

其含义是：

① 执行语句 S；

② 计算表达式 e 值；

③ 若 e 值为 true 则转向①继续循环，否则转向④结束循环；

④ 循环结束，向后执行其后继操作。

按该含义，显然循环体 S 起码被执行一次。并且在 S 中一定会有改变 e 值，使其值为 false 的操作。

图 4.1 的流程图用 PAD 表示成图 4.5 的形式。

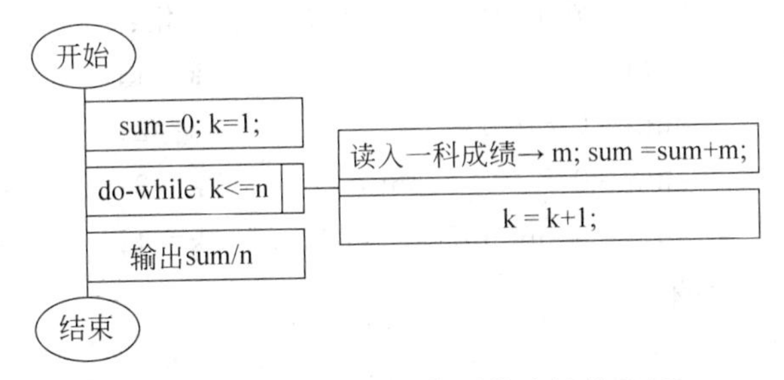

图 4.5　后判断条件计算平均成绩的 PAD

 **do-while 语句**

```
do
    S
while (e);
```

其中：

- do 和 while 是两个保留字，起引导和分隔作用，指明此语句是 do 循环语句；
- e 是循环控制条件；
- S 可以是单独一条语句或是复合语句。

do 语句的执行过程如图 4.4 所示。要特别指出，语句 S 往往不是一个简单的语句，因为要重复的操作往往用一个简单语句描述不完。例 4.1 的程序中，S 部分是一个复合语句，有 4 个操作要被重复执行。实际应用中，S 往往是个结构语句，它可能是复合语句、条件语句、switch 语句、重复性语句等。

【例 4.2】 编程序，计算数列 $a_k=\frac{1}{k(k+1)}$ 的前 n 项和。

解：算法如图 4.6 的 PAD，程序如下：

```
#include <stdio.h>
int main (void){
    int n, k;
    float sum;
    printf ("please input n :");
    scanf("%d",&n);
    sum=0;
    k=1;
    do {
        sum=sum +1.0/(k*(k+1));
```

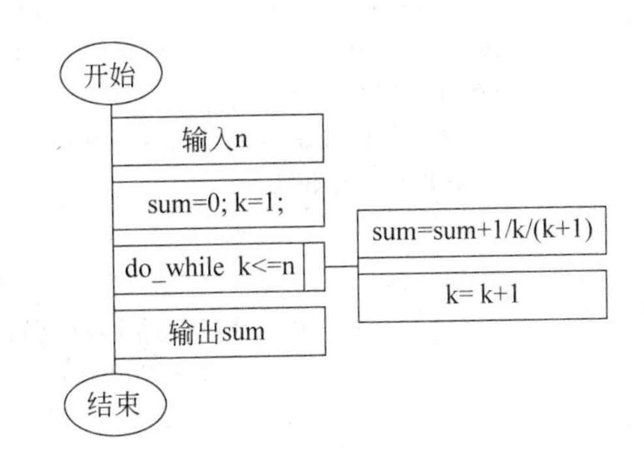

图 4.6　计算数列前 n 项和

```
        k++;
    } while (k<=n);
    printf("The sum is :%f\n",sum);
    return 0;
}
```

假设输入 n 值为 3，则每次循环，相关变量值做如下变化：

- 未进入循环：　sum=0.0　k=1；　n=3
- 第一次循环：　sum=0+0.5　k=2；　n=3　k<=3 为真
- 第二次循环：　sum=0.5+0.166667　k=3；　n=3　k<=3 为真
- 第三次循环：　sum=0.666667+0.083333　k=4；　n=3　k<=3 为假
- 循环退出，打印结果：

```
The sum is 0.750000
```

【例 4.3】 编程序，输入一个年份，求该年以后的 n 个闰年。

第 3 章例 3.5 已经涉及闰年问题，本题目求 n 个闰年。可以按如下方法解决该问题：输入一个年份之后，先找到第一个可能的闰年，然后每隔 4 年判断一下是否是闰年，直到找到 n 个闰年为止。算法如图 4.7 所示。

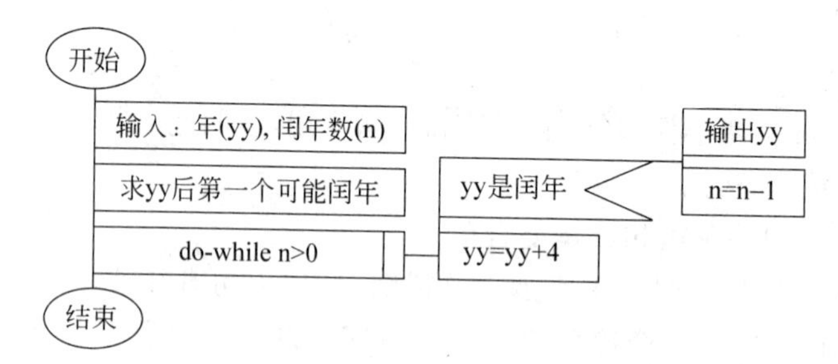

图 4.7　求第 n 个闰年

```
/* PROGRAM find leap year */
#include <stdio.h>
int main(void){
    int yy,n;
    printf("please input begin year:");
    scanf("%d",&yy);
    printf("please input the number of the leap year:");
    scanf("%d",&n);
    yy=(yy/4+1)*4;                          //整数除法,第一个可能的闰年 yy
    do{
        if(((yy%4==0)&&(yy%100!=0))||(yy%400==0)){         //yy 是闰年?
            printf("year %d\n",yy);
            n=n-1;
        }
        yy=yy+4;                                          //下一个
```

```
    }while(n>0);                                    //直到 n 个
    return 0;
}
```

假设输入 yy 值为 1799，n 值是 3，则每次循环，相关变量值做如下变化：

- 未进入循环： yy=1800 n=3
- 第一次循环： 1800 不是闰年 n=3 yy=1804 n>0 为真
- 第二次循环： 1804 是闰年 n=2 yy=1808 n>0 为真
- 第三次循环： 1808 是闰年 n=1 yy=1812 n>0 为真
- 第四次循环： 1812 是闰年 n=0 yy=1816 n>0 为假
- 循环退出，打印结果：

```
year 1804
year 1808
year 1812
```

【例 4.4】 编程序，解方程

$$2x^3+0.5x^2-x+0.093=0$$

解：把方程变一下形，成为：

$$x=2x^3+0.5x^2+0.093$$

可以想象，若某个 x 代入右端后，计算结果正好是 x，则这个 x 值就是方程的根。可以采用如下方法求解该方程的根：

① 选定一个 x 的初值 x0。

② 以 x0 代入右端计算出一个值 x1。

③ 若 x1=x0，显然 x0 为根，转向⑥，否则 x1≠x0 转向④。

④ 令 x0=x1。

⑤ 转向②。

⑥ 结束，停止计算。

这个方法称“迭代法”。当方程满足一定条件时该方法是可行的(若方程 $x=f(x)$ 在根 x0 附近满足 $|f'(x0)|<1$，也就是在根附近，函数 f 导数的模小于 1，则上述计算过程一定收敛)。

在实际工作中，绝大部分计算都是近似计算，求方程根不一定(也不可能)要求很准确，只要求得的 $x1\approx x0$ 即可，循环终止条件 x1=x0 应该表示成 $x1\approx x0$，即 $|x1-x0|<\varepsilon$。上述算法可以描述成图 4.8 的流程图，该流程图在控制循环返回到循环体起点的控制线上还有一个操作，不是结构化的结构，用标准的结构化语句无法描述。可以把图 4.8 的算法改造一下，然后用 PAD 表示成图 4.9 的形式。得到如下迭代法求解该方程根的程序。

```
/* PROGRAM find solution */
#include <stdio.h>
#include<math.h>
#define eps 1e-6
int main(void){
```

```
    float x0,x1;
    x0=0.0;
    x1=0.09;
    do{
        x0=x1;
        x1=2*x0*x0*x0+0.5*x0*x0+0.093;
    }while(fabs(x1-x0)>eps);      //fabs是math.h头文件中计算浮点数绝对值的库函数
    printf("x=%f\n",x0);
    return 0;
}
```

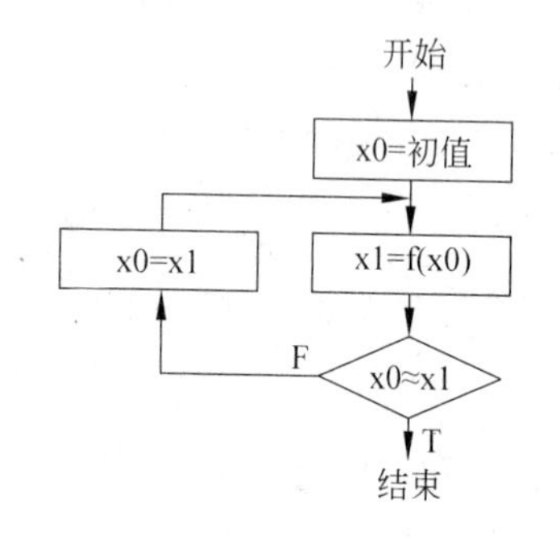

图 4.8　迭代法的流程图

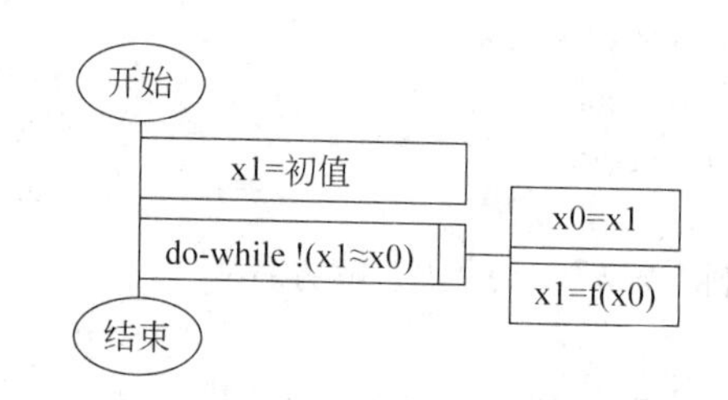

图 4.9　迭代法的 PAD

假设 x1 初值为 0.09，ε= 0.000001，则每次循环，相关变量值做如下变化：

- 未进入循环：　x0=0　　x1=0.09
- 第一次循环：　x0=0.09　　x1=0.098508　　fabs(x1-x0)>eps 为真
- 第二次循环：　x0=0.098508　　x1=0.099764　　fabs(x1-x0)>eps 为真
- 第三次循环：　x0=0.099764　　x1=0.099962　　fabs(x1-x0)>eps 为真

⋮

从前三次循环可以看出，fabs(x1-x0)的值一直在不断减小，也就是函数不断在收敛，一定在某一时刻，fabs(x1-x0)>eps 为假，这时循环退出。最终打印结果：

```
x= 0.099999
```

4.1.2　先判断条件的循环

如图 4.2 的先判断条件的循环在流程图中表示成类似图 4.10 的形式，其 PAD 表示形式如图 4.11。

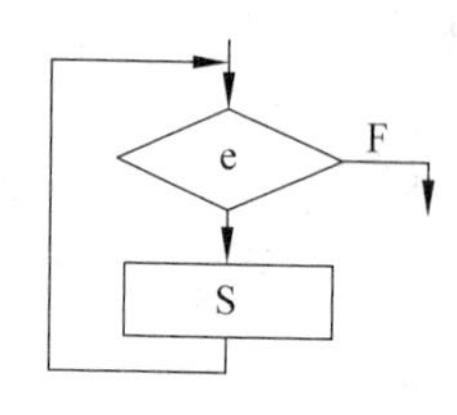

图 4.10　while 语句的流程图

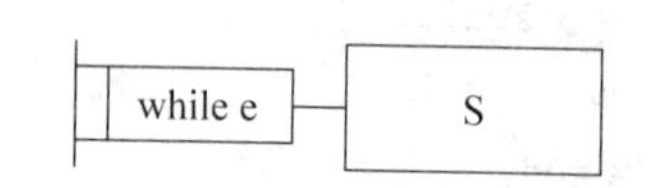

图 4.11　while 语句的 PAD

与前文的后判断条件循环一样：

- e 是布尔型表达式，是循环控制条件，起控制循环继续进行和结束作用。
- S 是一个语句，是被重复执行部分，构成循环体。

其含义是：

① 计算 e 值。

② 若 e 值为 true 则向下执行循环体，转入③；否则循环结束，转向⑤。

③ 执行语句 S。

④ 继续循环，转向①。

⑤ 循环结束，向下执行其后继操作。

按该语义，显然循环体 S 有可能一次也执行不到。并且一旦进入循环，在 S 中也一定有改变 e 值，使其值为 false 的操作。

图 4.2 的流程图用 PAD 表示成图 4.12 的形式。

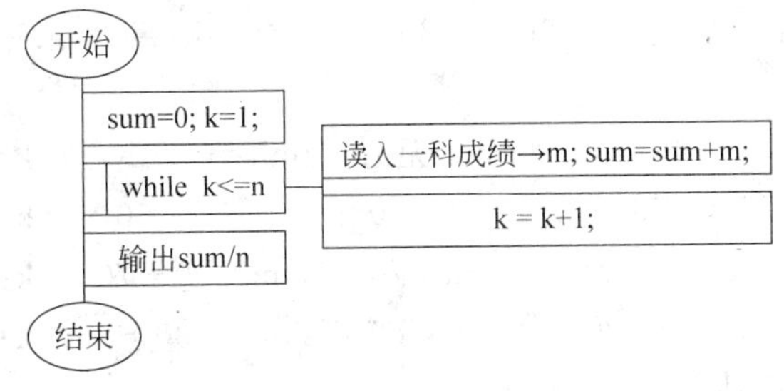

图 4.12　先判断条件计算平均成绩的 PAD

针对例 4.1 的问题，先判断条件的循环和后判断条件的循环的 PAD 差别不大，仅仅是把条件框的竖线放在前边了。但是实际问题中，许多问题差别就大了，甚至有的问题必须用某种循环表示，用另一种循环就表示不了。

 **while 语句**

```
while (e)
    S
```

其中：

- while 是保留字，起引导和分隔作用，指明此语句是 while 循环语句；
- e 是循环控制条件；
- S 可以是单独一条语句或是复合语句。

while 语句的执行过程如图 4.11 所示。同 do 语句一样，这里也要特别指出，实际应用中，语句 S 往往不是一个简单的语句，而是一个结构语句。

【例 4.5】 用先判断条件循环重新编写例 4.1 的程序。

解：按图 4.12 的 PAD，编出程序如下。

```
#include <stdio.h>
#define  n   3
```

```
int main(void){
    float sum;
    int k, m;
    k=1;
    sum=0;
    while (k<=n) {
        printf("please input a achievement :");
        scanf("%d",&m);
        sum=sum +m;
        k=k+1;
    }
    printf("average achievement:%5.2f\n",sum/n);
    return 0;
}
```

与例 4.1 一样，假设依次输入 60、70、80 三科成绩，则每次循环，相关变量值做如下变化：

- 未进入循环：　　　　　m 无值　sum=0.0　k=1
- 第一次循环：　k<=3 为真　m←60　sum=0+60　k=2
- 第二次循环：　k<=3 为真　m←70　sum=60+70　k=3
- 第三次循环：　k<=3 为真　m←80　sum=130+80　k=4
- k<=3 为假，循环退出，打印结果：

```
average achievement:70.00
```

【例 4.6】 编程序，按下述公式求自然对数底 e 的近似值。

$$e = 1 + \sum_{n=1}^{\infty} \frac{1}{n!}$$

算法：由于不能进行无穷项的计算，所以只能进行近似计算，当余项 $r<\varepsilon$ 即 $\frac{1}{n!}<\varepsilon$ 时停止计算。可利用前后项之间的递推关系 $x_n = x_{n-1} * \frac{1}{n}$ 计算 $\sum$ 的一项。算法如图 4.13 所示，程序如下。

```
#include <stdio.h>
#define eps 1e-5
int main(void) {
    int n;
    float e, r;
    e=1.0;
    n=1;
    r=1.0;
    while (r>eps) {
        e=e+r;
```

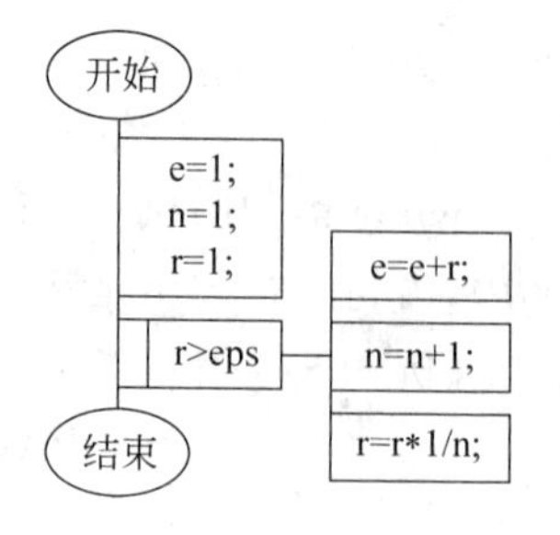

图 4.13　计算 e 的近似值

```
        n=n+1;
        r=r/n;
    }
    printf (" e=%.4f\n",e);
    return 0;
}
```

程序运行起来,每次进入循环时,相关变量值变化如下:

- 未进入循环:　　　　　　　　　e=1.0　　n=1　　r=1.0
- 第一次循环:　r>eps 为真　　e=2.0　　n=2　　r=0.5
- 第二次循环:　r>eps 为真　　e=2.5　　n=3　　r=0.1667
- 第三次循环:　r>eps 为真　　e=2.6667　n=4　　r=0.0417

⋮

【例 4.7】 编程序,统计以 100 为结束符的整数输入流中－1、0、＋1 的出现次数并输出。

解:该问题应该用三个变量分别记录－1、0、＋1 的出现次数;然后顺序读入整数,当相应整数不是 100 时,判断其是否－1、0、＋1,并计数。PAD 如图 4.14 所示,程序如下。

```
#include <stdio.h>
#define n 100
int main(void){
    int i, j, k, num;
    i=0;
    j=0;
    k=0;
    printf("please input an integer :");
    scanf("%d",&num);
    while (num !=n) {
        switch (num) {
            case -1 : i++; break;
            case 0 : j++; break;
            case 1 : k++;
        }
        printf("please input an integer :");
        scanf("%d",&num);
    }
    printf("number of -1 : %d\n", i);
    printf("number of 0 : %d\n", j);
    printf("number of 1 : %d\n", k);
    return 0;
}
```

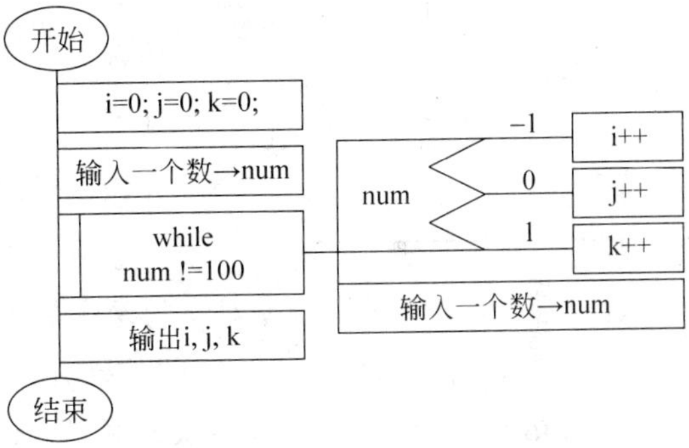

开始
i=0; j=0; k=0;
输入一个数→num
while num !=100
num: −1 → i++; 0 → j++; 1 → k++
输入一个数→num
输出i, j, k
结束

图 4.14　统计－1、0、＋1 个数

本程序反复输入一个整数。所使用的程序模式是:在进入循环之前先输入一个数;

然后在循环体的结束处再输入一个数，使得程序每执行一次循环都再次重新输入一个数。这种程序模式是经常使用的。

这里又使用了一个新的运算符“++”，是两个加号相连，缀在一个变量之后。

```
i++
```

的含义是

```
i=i+1
```

这是C的一个特殊运算符。有关与此类似的运算介绍如下。

在程序设计过程中经常有类似上述“i=i+1”或“i=i−1”之类的运算。为了简化书写，C引进两个运算符“++”、“−−”，分别表示把一个整数类型变量中内容取出加1(++)或减1(−−)后再送回原变量中去。“++”和“−−”即可以缀在变量的后边，属于后缀运算符也可以缀在变量的前边，属于前缀运算符。以变量v为例，设v中原有值v_0，这两个运算符的含义如表4.1所列。

表4.1 运算符++和−−的语义

表达式	类别	运算后v的值	运算后表达式值
v++	后缀	v_0+1	v_0
++v	前缀		v_0+1
v−−	后缀	v_0-1	v_0
−−v	前缀		v_0-1

可以看出，v++和++v对v的操作都相当于v=v+1，运算后v的值都是v的原值加1，即v_0+1。但是，整个表达式的结果有区别：

- 表达式v++是先求表达式的值，后对v加1。结果表达式的值是对v进行加1之前的v值，即v_0。
- 表达式++v是先对v加1，后求表达式的值。结果表达式的值是对v进行加1之后的v值，即v_0+1。

v−−和−−v的意义与v++和++v类似，不再赘述。

4.1.3 for语句

研究先判断条件的循环，如例4.6，求自然对数底e近似值的问题。程序被描述成：

```
e=1.0;
n=1;
r=1.0;
while (r>eps) {
    e=e+r;
    n=n+1;
```

```
        r=r/n;
    }
```

其中,“r=1.0”是循环控制的初值;“r>eps”是循环控制;“r=r/n”是对循环控制条件的修正。由于这种程序模式在程序设计中经常出现,C 为这种程序模式提供一种简写形式——for 语句(for-statement)。用 for 语句描述该问题,可以写成如下的程序片段:

```
e=1.0;
n=1;
for (r=1.0; r>eps; r=r/n) {
    e=e+r;
    n=n+1;
}
```

本段程序与前一段程序意义完全一样。在这个程序片段中,循环的初值部分、控制部分、控制条件的修正部分全部集中起来写在括号中,让人一眼就可以看出这些部分的内容以及操作。使程序紧凑、好读、易于理解。

另外,for 语句经常被用于描述循环次数已知的循环。比如本章开始例 4.2 求序列前 n 项和的问题,用 while 语句可以被描述成图 4.15 的程序片段,用 for 语句就可以描述成图 4.16 的程序片段。两段程序意义完全一样。

```
sum = 0;
k = 1;
while(k<=n) {
    sum = sum + 1.0/(k*(k+1));
    k++;
}
```

图 4.15 while 语句描述求序列和

```
sum=0;
for (k=1; k<=n; k++)
    sum = sum + 1.0/(k*(k+1));
```

图 4.16 for 语句描述求序列和

for 语句是 while 语句的一种简写方式,也是先判断条件的循环,经常被用于描述循环次数已知的循环。其形式是:

 **for 语句**

```
for (e1; e2; e3)
    S
```

在 for 语句中:

- for 是保留字,指明 for 语句开始。
- S 可以是单独一条语句或是复合语句,是 for 循环的循环体。
- e1、e2、e3 都是表达式,可以是任意表达式,没有什么限制。但是,这三个表达式在 for 语句中起循环控制作用,它们分担的角色分别是:
  ✓ e1,称初值表达式,经常用于设置该循环开始时的一些初值。
  ✓ e2,称终值表达式,用于控制循环结束。
  ✓ e3,称增量表达式,经常用于每次执行循环体后对循环控制条件的修正。

for 循环语句语义如图 4.17 的流程图所示,并用图 4.18 的 PAD 表示。其执行过程是：

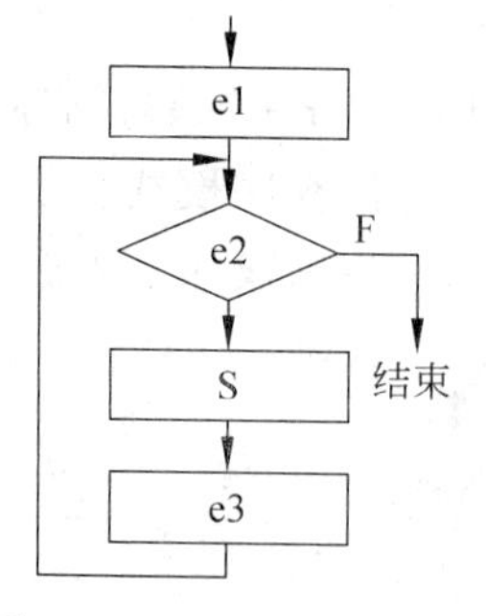

图 4.17 for 循环语句含义

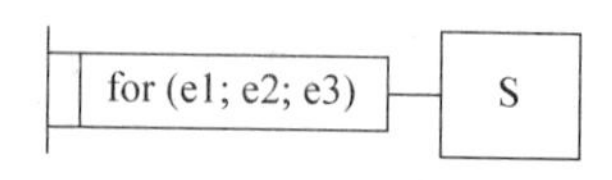

图 4.18 for 循环的 PAD

① 计算表达式 e1。

② 计算表达式 e2，若 e2 的值为 true，则向下执行步骤③；否则（e2 值为 false）转步骤⑤，结束循环。

③ 执行循环体 S 和 e3。

④ 转回步骤②，继续循环。

⑤ 循环结束，向下执行后继语句。

可以使用 for 循环语句编出各种灵活的循环结构程序，只要能保证循环正确执行。比如 e1、e2、e3 中的任意一个，甚至全部都可以为空；e1、e2、e3 中的任意一个，甚至全部都可以为逗号表达式，从而在循环过程中描述多项操作和控制。

【例 4.8】 编程序求向量内积。由终端输入两个 n 维向量 x、y，计算其内积 xy。

解：这是一个求和程序，可以使用一个变量 xy 记录所求之和，顺序扫描每一项，每次向该变量中加入一个单项，得到算法如图 4.19 所示。用 for 语句描述该问题，程序如下。

```
#include <stdio.h>
int main (void){
    int n,i;
    float xy,xi,yi;
    printf("please input n:\n");
    scanf("%d",&n);
    xy=0;
    for (i=1;i<=n;i++) {
        printf("please input xi、yi : \n");
        scanf("%f%f", &xi, &yi);
        xy =xy +xi * yi;
    }
    printf("xy=%f\n", xy);
    return 0;
}
```

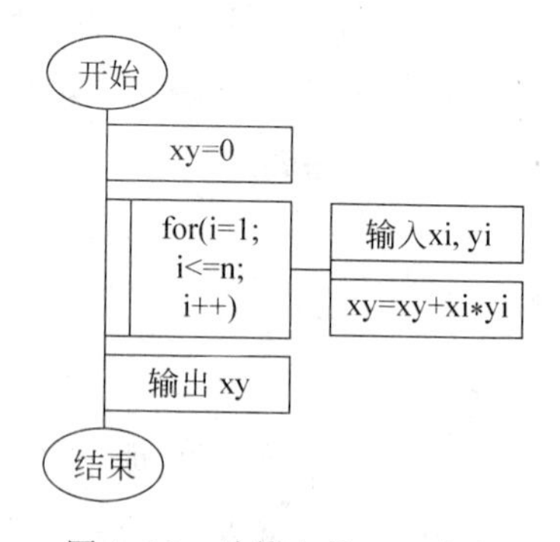

图 4.19 计算向量 x、y 内积

本章已经编写过多个“求和”的程序，现在总结一下“求和”程序模式。所有“计算和”

的程序都使用一个“和单元”，有类似图 4.20 的模式。这里用后判断条件的循环，当然也可以采用先判断条件的循环。其中：

- S 是和单元；
- 开始进入循环之前和单元 S 必须清“0”；
- 在循环体内，每循环一次给和单元加上一项；
- 最后循环结束，和单元中的值即为所求之和。

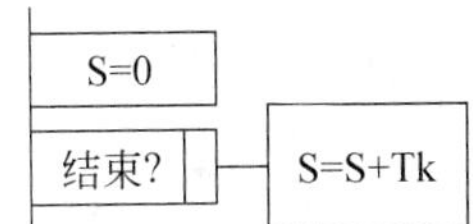

图 4.20　求和程序模式

⚠ **先判断条件循环和后判断条件循环语句执行次数的区别**。先判断条件循环由于是先判断条件后再进入循环体，所以循环能够执行零次或若干次；而后判断条件循环，是先进入循环体，之后再判断条件，所以循环可以执行一次或若干次。虽然，一般情况下，使用哪种循环都能完成所需工作，但一定要注意循环控制条件和边界情况时的处理。

4.2　打印 99 表——多重循环

【例 4.9】　编程序，打印 99 表。

解：小学生的 99 表形式如图 4.21 所示。

- 应该考虑先打印前 9 行，再打印底行，得图 4.22 的 PAD；

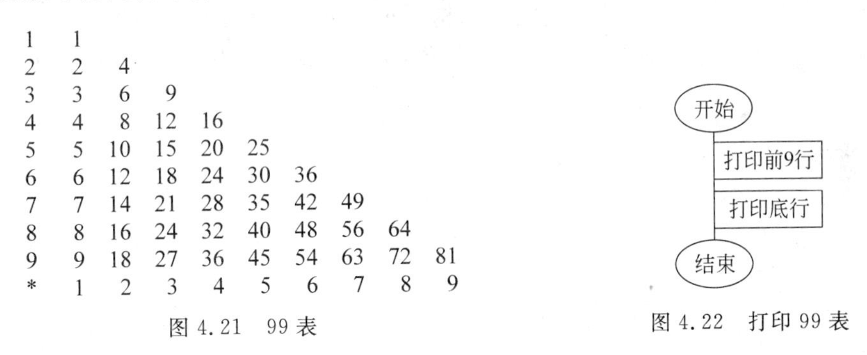

1	1								
2	2	4							
3	3	6	9						
4	4	8	12	16					
5	5	10	15	20	25				
6	6	12	18	24	30	36			
7	7	14	21	28	35	42	49		
8	8	16	24	32	40	48	56	64	
9	9	18	27	36	45	54	63	72	81
*	1	2	3	4	5	6	7	8	9

图 4.21　99 表　　　图 4.22　打印 99 表

- 打印前 9 行应该一行一行的打印，得图 4.23 的 PAD；
- 打印第 i 行应该先打印行标，再打印本行数值，得图 4.24 的 PAD；

图 4.23　打印前 9 行　　　图 4.24　第 i 行

- 打印本行数值，是一个 1 到 i 的循环，得图 4.25 的 PAD；
- 打印底行，先打印一个“ * ”，再打印 1 到 9，得图 4.26 的 PAD。

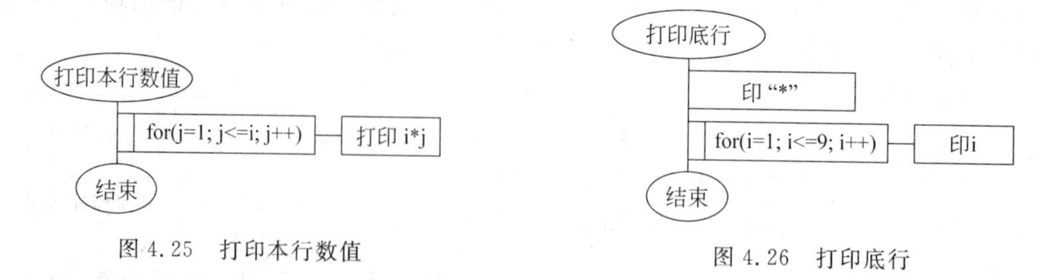

图 4.25　打印本行数值　　　　图 4.26　打印底行

汇总图 4.22～图 4.26 得图 4.27 的总体算法。

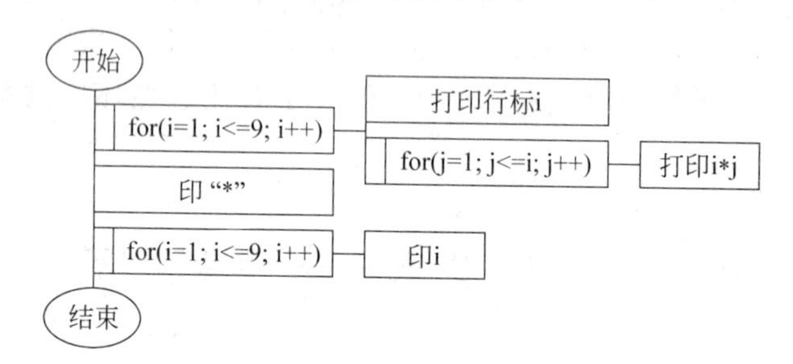

图 4.27　打印 99 表总体算法

按得到的 PAD，编出程序如下。该程序中含有循环套循环的两重循环。在 4.1 节都强调过，各种循环程序的循环体都可能是个结构语句。如果一个循环结构的循环体仍然是一个循环，便构成循环嵌套，称为多重循环。多重循环在实际程序设计中是十分常见的。

程序：

```
/* PROGRAM print table9*9*/
#include <stdio.h>
int main(void){
    int i,j;
    for(i=1;i<10;i++){
        printf("%4d",i);
        for(j=1;j<=i;j++)  printf("%4d",i*j);
        printf("\n");
    }
    printf("%4c",'*');
    for(i=1;i<10;i++)  printf("%4d",i);
    printf("\n");
    return 0;
}
```

【例 4.10】 编程序，打印 100 以内素数。

解：求 100 以内的素数，可以用一个循环，对 2～100 的所有整数一个个进行判断考查，是素数则输出，不是素数则跳过，PAD 如图 4.28 所示。

判断 i 是否为素数，可以用 2 到 i/2 之间的每个整数去除 i，若都不能整除，则 i 为素

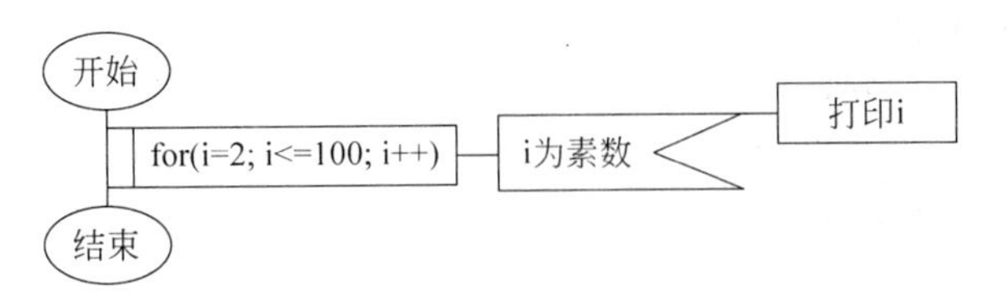

图 4.28 打印 100 以内素数

数。算法是使用一个标志单元 flag,首先假设 i 是素数,然后考查 2 到 i/2 之间的每个整数能否整除 i,若某个整数能整除 i,则 i 不是素数,flag 赋值假。PAD 如图 4.29 所示。

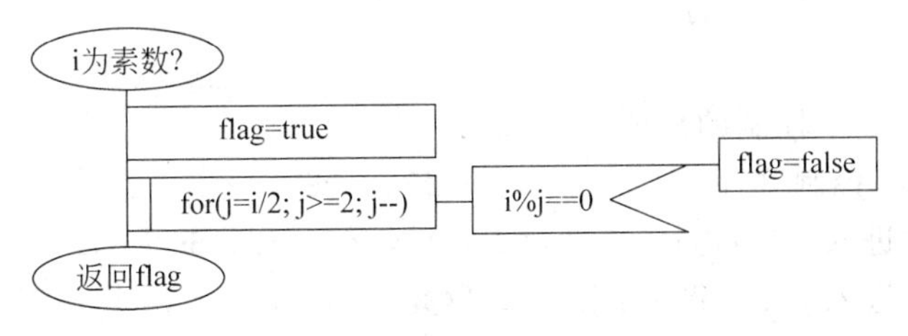

图 4.29 i 为素数

综合图 4.28 和图 4.29,得出打印 100 以内素数的算法 PAD,如图 4.30 所示。程序如下:

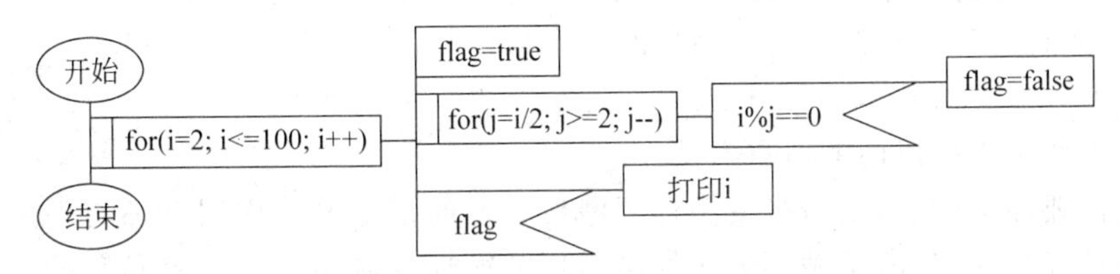

图 4.30 打印 100 以内素数总算法

```
/* PROGRAM writeprime */
#include <stdio.h>
int main(void) {
    int i, j;
    bool flag;
    for (i=2;i <=100; i++) {
        flag=true;
        for (j=i/2; j >=2; j--)
            if (i %j==0) flag=false;
        if (flag)
            printf("%5d\n", i);
    }
    return 0;
}
```

上述代码中有两个 for 循环,分别由 i 和 j 控制。i 从 2 变到 100,即寻找素数的范围;j 从 i/2 变到 2,即可能的除数范围。下面分别以 i 值为 7 和 12 时,讲解素数的判断。

- 未进入 i 控制循环：i←2，flag、j 都是无值的。
- 第 1 次进入 i 控制循环……

  ⋮

- 第 6 次进入 i 控制循环：i←7。
  ✓ 未进入 j 控制循环：flag←true，j←7/2＝3。
  ✓ 第 1 次进入 j 控制循环：j>＝2 为真，i%j＝7%3 得 1，不对 flag 赋值，j←2。
  ✓ 第 2 次进入 j 控制循环：j>＝2 为真，i%j＝7%2 得 1，不对 flag 赋值，j←1。
  ✓ j>＝2 为假，退出 j 控制循环。
  ✓ 此时 flag 值为真，打印“7”。

  ⋮

- 第 11 次进入 i 控制的循环：i←12。
  ✓ 未进入 j 控制循环：flag←true，j←12/2＝6。
  ✓ 第 1 次进入 j 控制循环：j>＝2 为真，i%j＝12%6 得 0，flag←false，j←5。
  ✓ 第 2 次进入 j 控制循环：j>＝2 为真，i%j＝12%5 得 1，不对 flag 赋值，j←4。
  ✓ 第 3 次进入 j 控制循环：j>＝2 为真，i%j＝12%4 得 0，flag←false，j←3。
  ✓ 第 4 次进入 j 控制循环：j>＝2 为真，i%j＝12%3 得 0，flag←false，j←2。
  ✓ 第 5 次进入 j 控制循环：j>＝2 为真，i%j＝12%2 得 0，flag←false，j←1。
  ✓ j>＝2 为假，j 控制循环。
  ✓ 此时 flag 值是假，所以不打印。

  ⋮

最终打印出 100 以内的所有素数。

这里需要注意的是，编写多重循环程序最重要的是不要使内层循环与外层循环的循环控制条件互相冲突，内层循环破坏外层循环的循环控制条件。最容易犯的错误是内层循环和外层循环使用同一个循环控制变量。比如上述例 4.10 打印素数问题，程序若写成如下形式，显然是错误的，无法运行。因为内层循环与外层循环使用同一个循环控制变量 i，内层破坏了外层的循环条件。

```
for(i=2;i <=100; i++){
    flag=true;
    for(i=i/2; i >=2; i--)
        if(i %j==0) flag=false;
    if(flag)
        printf("%5d\n", i);
}
```

4.3 程序设计实例

本章介绍了循环程序设计方法，讲述了两种循环结构，三种循环语句。包括前两章讲述的顺序程序结构、分支程序结构在内，这些控制结构内的语句部分都允许任意形式的语句。这些控制结构之间可以互相嵌套，而且这种嵌套没有层次限制。比如，if 语句内可以包含循环语句，循环语句内又可以继续包含 if 语句，等等。又比如，一个循环语句内可以含有循环语句，内层循环语句内还可以再包含循环语句，形成所谓的多重循环，等等。

【例 4.11】 编程序，输出斐波纳契(Feibnaqi)序列的前 20 项。该序列的前两项为 0 和 1，以后各项为其前两项之和。即：

0、1、1、2、3、5、8、13、21、…

解：该问题应该用两个变量 u、v 分别保存已经生成的两项，用一个变量 w 保存当前正生成的一项。然后一项一项的生成，生成一项输出一项。在生成一项并输出之后，要考虑为生成下一项做准备，应该把后边的项向前串，按如图 4.31 所示步骤进行，得到如图 4.32 所示的 PAD。

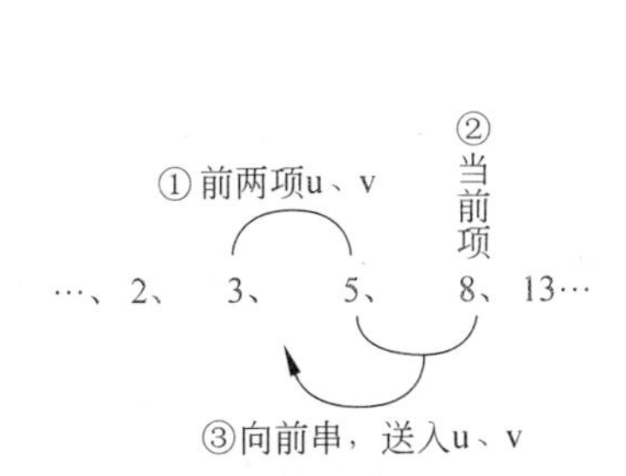

图 4.31　生成并输出斐波纳契序列一项过程

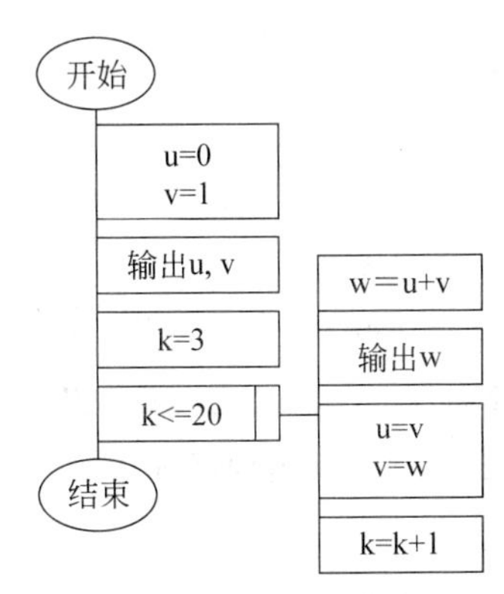

图 4.32　输出斐波纳契序列

程序如下。

```
#include <stdio.h>
int main(void) {
    int u,v,w,k;
    u=0;
    v=1;
    printf ("%5d\n%5d\n",u,v);
    k=3;
    do {
        w=u +v;
        printf ("%5d\n",w);
        u=v;
        v=w;
        k=k+1;
    }while (k<=20);
    return 0;
}
```

程序运行起来，每次进入循环时，相关变量值变化如下：

- 未进入循环：　w 无值　u=0　　v=1　　k=3　　打印“0”和“1”

- 第一次循环：　w＝1　u＝1　v＝1　k＝4　打印 w 值“1”
- 第二次循环：　w＝2　u＝1　v＝2　k＝5　打印 w 值“2”
- 第三次循环：　w＝3　u＝2　v＝3　k＝6　打印 w 值“3”
- 第四次循环：　w＝5　u＝3　v＝5　k＝7　打印 w 值“5”
- 第五次循环：　w＝8　u＝5　v＝8　k＝8　打印 w 值“8”

⋮

【例 4.12】 编程序，输入两个正整数 u、v，采用欧几里得辗转相除算法求它们的最大公因数并输出。

解：欧几里得辗转相除算法求 u、v 最大公因数的计算过程是：

$u \% v \rightarrow R_1$

$v \% R_1 \rightarrow R_2$

$R_1 \% R_2 \rightarrow R_3$

$R_2 \% R_3 \rightarrow R_4$

⋮

$R_n - 1 \% R_n \rightarrow R_{n+1} = 0$

到此余数 R_{n+1} 为“0”，计算过程结束。R_n 为 u、v 的最大公因数。此计算过程用 PAD 描述成图 4.33。编出程序如下。

```
#include <stdio.h>
int main(void) {
    int u,v,r;
    printf("please input u、v:");
    scanf("%d%d",&u,&v);
    r=v;
    while (r!=0) {
        r=u%v;
        u=v;
        v=r;
    }
    printf ("gcd(u,v)=%5d\n",u);
    return 0;
}
```

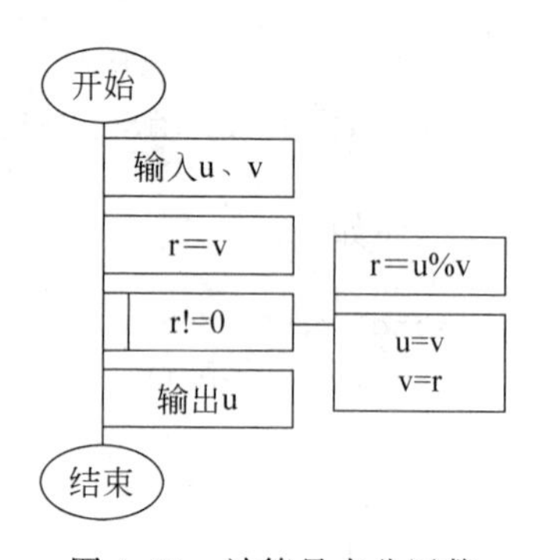

图 4.33　计算最大公因数

程序运行起来，假设输入 u 和 v 值分别是 16 和 12，则每次进入循环时，相关变量值变化如下：

- 未进入循环：　r＝16　u＝12　v＝16
- 第一次循环：　r!＝0 为真　r＝12　u＝16　v＝12
- 第二次循环：　r!＝0 为真　r＝4　u＝12　v＝4
- 第三次循环：　r!＝0 为真　r＝0　u＝4　v＝0
- r!＝0 为假 退出循环 打印结果：

```
gcd(u,v)= 4
```

这里需要注意，输出的是作为被除数的 u，而非前面一直做除数的 v(代码第 8 行)。其原因是在退出循环之前，代码第 9、10 行分别进行了被除数赋值为除数，除数赋值为余数的操作；目的是为再次进入循环做准备；这样当退出循环时，上次循环得到的除数值，已经被送到当前的被除数里；所以打印的是代表被除数——变量 u 的值。这再次提醒读者，在使用变量的时候一定要注意变量的当前值。

【例 4.13】 编程序，输入正整数 N，计算 $r_1!+r_2!+\cdots+r_n!$ 并输出。其中，$N=r_1r_2\ldots r_n$。

解：该程序是一个计算若干数据项之和的程序。按图 4.20 的求和程序模式，得到如图 4.34 所示的 PAD。

求精“结束条件”和“求 r”。r 是数 N 的各个数字位，可以采用对数 N 求 10 的模的方法求得。求完模后，对 N 除以 10，舍弃余数；反复操作，最后当 N 为“0”时结束。PAD 如图 4.35 所示。

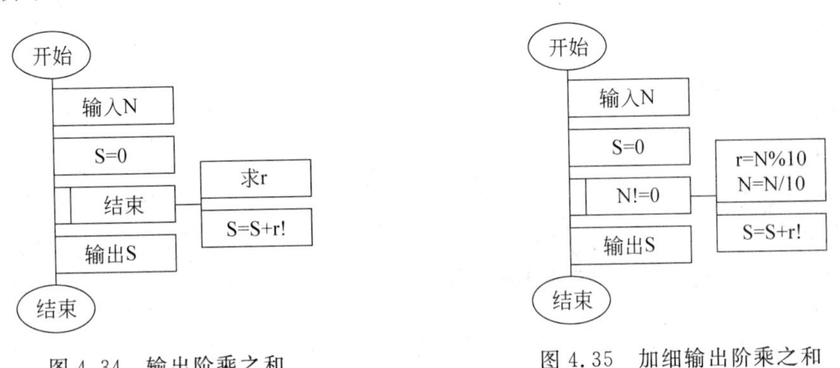

图 4.34　输出阶乘之和　　图 4.35　加细输出阶乘之和

下边求精图 4.35 中的计算 r!。阶乘是一个连乘积。

```
r!=1*2*3*…*r
```

使用一个变量(称为积单元)记录所求之积，扫描所有单项，每次向该变量乘入一项，最后该变量中即为所求之积。r!被求精成图 4.36 的 PAD。

与求和程序类似，所有计算连乘积的程序都使用一个积单元，有类似图 4.37 的程序模式。这里用后判断条件的循环，当然也可以采用先判断条件的循环。其中：

图 4.36　计算 r!　　图 4.37　求连乘积程序模式

- P是积单元；
- 开始进入循环之前积单元P必须置“1”；
- 在循环体内，每循环一次向积单元乘入一项；
- 最后循环结束，积单元中的值即为所求之积。

综合图4.35和图4.36得到图4.38本题的最终算法PAD。程序如下：

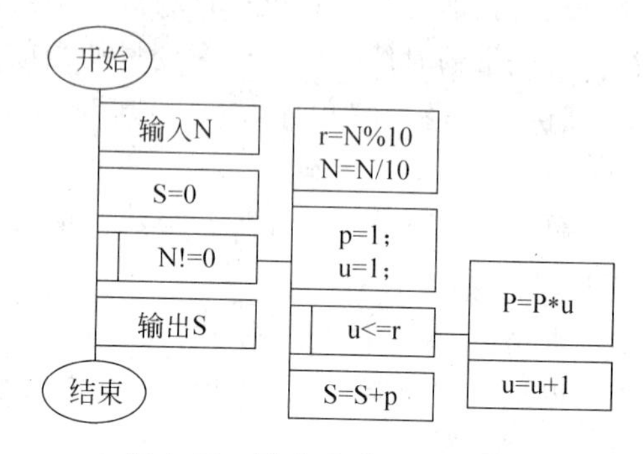

图4.38 输出阶乘之和总算法

```
#include <stdio.h>
int main(void) {
    int N,S,P,u,r;
    printf("please input N:");
    scanf("%d",&N);
    S=0;
    while (N!=0) {
        r=N%10;
        N=N/10;
        P=1;
        u=1;
        while (u<=r) {
            P=P*u;
            u=u+1;
        }
        S=S+P;
    }
    printf ("r1!+r2!+...+rn!=%5d\n",S);
    return 0;
}
```

运行程序，假设输入N值是213，则每次进入循环时，相关变量值变化如下：

- 未进入循环：N=213,S=0,P,u,r无值。
- 第1次进入N控制的循环：
  - ✓ r=N%10=213%10=3,N=N/10=213/10=21,P=1,u=1。
  - ✓ 进入u控制的循环，循环三次。循环退出时P=6,u=4。
  - ✓ S=S+P=6。
- 第2次进入N控制的循环：
  - ✓ r=N%10=21%10=1,N=N/10=21/10=2,P=1,u=1。
  - ✓ 进入u控制的循环，循环一次。循环退出时P=1,u=2。
  - ✓ S=S+P=6+1=7。
- 第3次进入N控制的循环：
  - ✓ r=N%10=2%10=2,N=N/10=2/10=0,P=1,u=1。
  - ✓ 进入u控制的循环，循环两次。循环退出时P=2,u=3。
  - ✓ S=S+P=7+2=9。
- N!=0为假，退出循环，打印结果：

```
r1!+ r2!+ …+ rn!= 9
```

【例 4.14】 我国古代有一道著名难题——"百钱百鸡"问题："鸡翁一，值钱五；鸡母一，值钱三；鸡雏三，值钱一。百钱买百鸡，问鸡翁、母、雏各几何。"编程序，解该题。

解：这是一个著名的问题，也是一类典型的问题。设买 x 只公鸡，买 y 只母鸡，买z 只鸡雏，根据条件可以列出方程如下：

```
5x+3y+z/3=100          /* 百钱 */
x+y+z=100              /* 百鸡 */
```

只能列出这两个方程，原题目变成求该方程组的整数解问题。三个未知数，两个方程，这是一个不定方程组。解该类问题的思路是枚举 x、y、z 的所有可能，选出满足条件的那些 x、y、z 组合。按这种思想，得到 PAD 如图 4.39 所示。

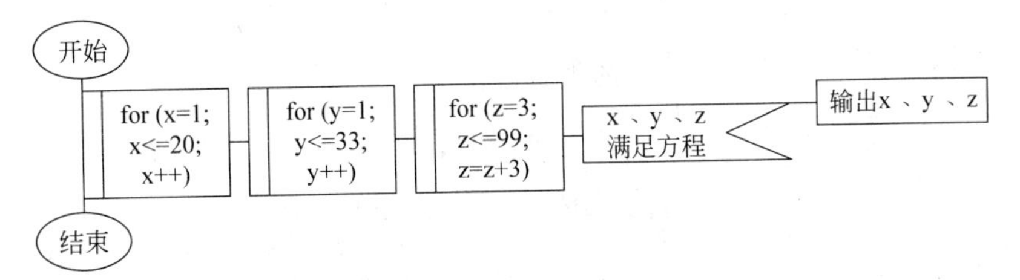

图 4.39 "百钱百鸡"问题

程序如下：

```
#include <stdio.h>
int main(void) {
    int x, y, z;
    for (x=1; x <=20; x++)
        for (y=1; y <=33; y++)
            for (z=3; z <=99; z=z+3)
                if (x+y+z==100 && 5*x+3*y+z/3==100)
                    printf("result=%5d %5d %5d\n", x, y,z);
    return 0;
}
```

这是一个三重循环程序。可以省掉最内层第三重循环，用 x,y 直接计算 z。程序如下：

```
#include <stdio.h>
int main(void) {
    int x, y, z;
    for (x=1; x <=20; x++)
        for (y=1; y <=33; y++){
        z=100-x-y;                              //求鸡雏数 z,百鸡
        if (5*x+3*y+z/3==100 && z%3==0)         //百钱，鸡雏数必须是 3 的倍数
            printf("result=%5d %5d %5d\n", x, y,z);
```

```
        }
    return 0;
}
```

本章小结

本章讲述循环程序设计。重点掌握循环程序设计方法。

习　题　4

4.1　利用展开式计算 e^x，到第 100 项。

$$e^x = \frac{x^0}{0!} + \frac{x^1}{1!} + \frac{x^2}{2!} + \frac{x^3}{3!} + \frac{x^4}{4!} + \cdots + \frac{x^n}{n!} + \cdots$$

4.2　分别用如下展开式计算圆周率 π 到 10^{-5}。

- $\frac{\pi}{4} = 1 - \frac{1}{3} + \frac{1}{5} - \frac{1}{7} + \frac{1}{9} - \cdots$　（格里高利展开式）
- $\frac{\pi}{2} = \frac{2}{1} \cdot \frac{2}{3} \cdot \frac{4}{3} \cdot \frac{4}{5} \cdot \frac{6}{5} \cdot \frac{6}{7} \cdot \frac{8}{7} \cdot \cdots \cdot \frac{2n}{2n-1} \cdot \frac{2n}{2n+1} \cdot \cdots$

4.3　编程序，输入一组数 z1，z2，…，zn，并计算这组数的偏差值。

$$\sigma = \sqrt{\frac{1}{N}\sum_{i=1}^{N}(\bar{y} - y_i)^2}$$

其中

$$y_i = \max\{1 + \cos^2 z_i, 1 + \sin^2 z_i\}, \quad i = 1,2,\cdots,N$$

$$\bar{y} = \frac{1}{N}\sum_{i=1}^{N} y_i$$

4.4　编一个程序，计算所有小于 n 的完全平方数之和。

4.5　编一个程序，判断给定自然数 n 是否为降序数。降序数是指对于 $n = d_1 d_2 d_3 \cdots d_k$ 有

$$d_i >= d_{i+1} \quad (i = 1, 2, \cdots, k-1)$$

4.6　设有正整数 $n = d_1 d_2 \cdots d_r$，$0 <= d_i <= 9$，$1 <= i <= r$，试写出对任意给定的正整数 n 求 maxdig(n)的程序，其中 maxdig(n)=$\max\{d_1, d_2, \cdots, d_r\}$。

4.7　编程序，求所有四位对称数。对称数是正序和反序读相等的整数，例 96769 对称。

4.8　编程序，打印所有小于 100 的可以被 11 整除的自然数。

4.9　编程序，打印所有个位数为 6 且能被 3 整除的全部五位自然数。

4.10　编程序，打印前 10 对孪生素数。若两个素数之差为 2，则称孪生素数，例如(3、5)，(11、13)等等。

4.11　编一个程序，输入 x、n，计算勒让德(Legendre)多项式的第 n 项。

$$P_n(x)\begin{cases} 1, & n = 0 \\ x, & n = 1 \\ \frac{2n-1}{n}xP_{n-1}(x) - \frac{n-1}{n}P_{n-2}(x), & n > 1 \end{cases}$$

4.12　编程序，打印所有三位的 Armstrong 数。所谓 Armstrong 数是指其值等于它本身每位数字立方和的数。例 153 就是一个 Armstrong 数。

$$153=1^3+5^3+3^3$$

4.13　编程序，验证 100 以内的奇数平方除以 8 都余 1。

4.14　编程序，输入整数 k，求满足如下条件的整数偶 m、n。

A. $0<m, n<k$；　B. $(n^2-mn-m^2)^2=1$；　C. m^2+n^2 最大。

4.15　编程序，输入 100 个整数，输出第二、第三、第四大和第二、第三、第四小的数。

4.16　编程序，打印如图 4.40 形式的数字金字塔。

```
                1
              1 2 1
            1 2 3 2 1
          1 2 3 4 3 2 1
        1 2 3 4 5 4 3 2 1
          … …   … …
      … … … … … … …
1 2 3 4 5 6 7 8 9 0 9 8 7 6 5 4 3 2 1
```

图 4.40　数字金字塔

4.17　编程序，验证

$$\lim_{n\to\infty}\frac{x}{a^n}=0$$

要求输入任意 x 和任意较小正整数 ε，并找到 n，当 $N>n$ 时，

$$\frac{x}{a^N}<\varepsilon$$

从而验证极限成立，求 n。

4.18　若 α 是 $\sqrt{X}$ 的一个近似值，则

$$\beta=\frac{\alpha+\frac{X}{\alpha}}{2}$$

是一个更好的近似值。编一个程序 f(x)，用迭代法求 x 的平方根。

4.19　编程序模拟石头、剪子、布游戏。规则是剪子剪布；石头克剪子；布包住石头。游戏者自己分别输入自己的选择，由计算机判断输赢。

4.20　爱因斯坦阶梯问题。设有阶梯，不知其数，但知：每步跨 2 阶，最后省 1 阶；每步跨 3 阶，最后省 2 阶；每步跨 5 阶，最后省 4 阶；每步跨 7 阶，正好到楼顶。编程序求最少共有多少阶。

4.21　100 匹马驮 100 担货，大马驮 3 担；中马驮 2 担；小马驮 0.5 担。编程序，计算大、中、小马的数量。

4.22　一个质点按如下规则在平面上作随机游动：开始质点在原点，x=0，y=0；以后每次它随机地沿四个方向之一游动一步。

- 向左：x=x−1　向右：x=x+1

- 向下：y=y−1　向上：y=y+1

对给定的 R，当 $x^2+y^2 \geqslant R^2$ 时游动结束。编程序，输入 R，求游动次数。

4.23 编程序，顺序生成如下序列的前 100 项。

- 序列的第一、二两项分别为 2 和 3；
- 序列后继项如下生成：
  - ✓ 若序列的最后两项乘积为一位数，则该一位数即为后继项；
  - ✓ 若序列的最后两项乘积为两位数，则该两位数的十位数字和个位数字分别为后继的连续两项。

第 5 章　模块化程序设计——函数

5.1　求给定三角形的重心——模块化程序设计

【例 5.1】 求给定三角形的重心。

解：三角形的重心是三条中线的交点。如图 5.1 所示，在直角坐标系下，该题目应该按图 5.2 所示的 PAD 求解。

在图 5.2 的 PAD 中，输入和输出很简单，下面求精“求中线”和“求交点”。

求中线 AD 和 BE 的算法是一样的，以 AD 为例：求中线 AD 应该先求 BC 边的中点 D，然后求过 A、D 两点的直线方程。该过程描述为图 5.3 的 PAD。

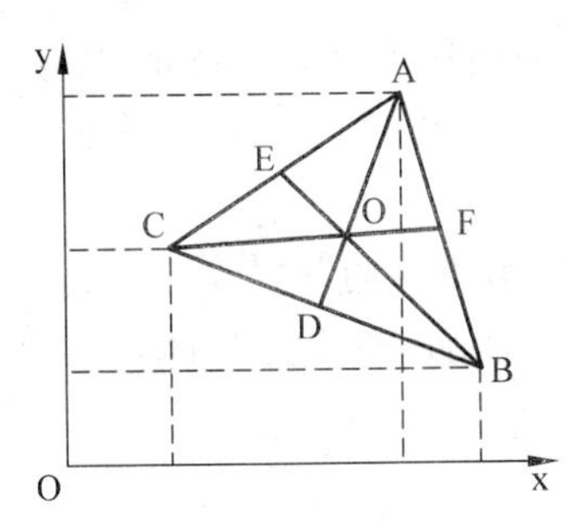

图 5.1　求三角形重心

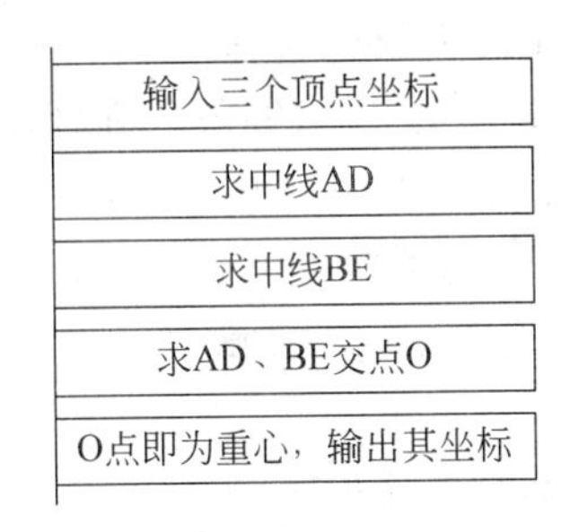

图 5.2　求三角形重心的 PAD

求BC边的中点D

求过A、D两点的直线方程

图 5.3　求中线 AD

求 BC 边的中点 D，只是两个公式计算：xd=(xb+xc)/2;yd=(yb+yc)/2。

求过 A、D 两点的直线方程也只是两个公式计算：a1=(ya-yd)/(xa-xd);b1=ya-a1 * xa。这里不失一般性假设，所需直线都可以用斜截式方程表示。

求 AD、BE 交点 O，就是解方程组：

$$y=a1*x+b1$$
$$y=a2*x+b2$$

也只是两个公式计算：xo=(b2-b1)/(a1-a2); yo=a1 * xo+b1。

实际计算过程应该按图 5.4 的 PAD 进行。

按以前所学的知识，编出程序如下：

```
#include <stdio.h>                    //括入标准输入输出函数库头文件
int main(void) {                      //主函数
    float xa,ya,xb,yb,xc,yc;          //分别保存三角形三个顶点的 X、Y 方向坐标
```

```
    float xd,yd,xe,ye;             //分别表示中点 D、E 坐标
    float a1,b1,a2,b2;         //分别表示中线 AD、BE 的方程系数
    float xo,yo;                   //重心 O 的坐标
    printf("please input xa,ya,xb,yb,xc,yc:\n");
                                   //输入三个点 X、Y 轴坐标
    scanf("%f%f%f%f%f%f",&xa,&ya,&xb,&yb,&xc,&yc);
    xd=(xb+xc)/2;              //求 BC 边的中点 D
    yd=(yb+yc)/2;
    a1=(ya-yd)/(xa-xd);        //求过 A、D 两点的直线方程
    b1=ya-a1*xa;
    xe=(xa+xc)/2;              //求 AC 边的中点 E
    ye=(ya+yc)/2;
    a2=(yb-ye)/(xb-xe);        //求过 B、E 两点的直线方程
    b2=yb-a2*xb;
    xo=(b2-b1)/(a1-a2);        //求 AD、BE 交点 O
    yo=a1*xo+b1;
    printf("重心坐标: x=%.3f y=%.3f \n", xo, yo);
                                //打印输出
    return 0;
}
```

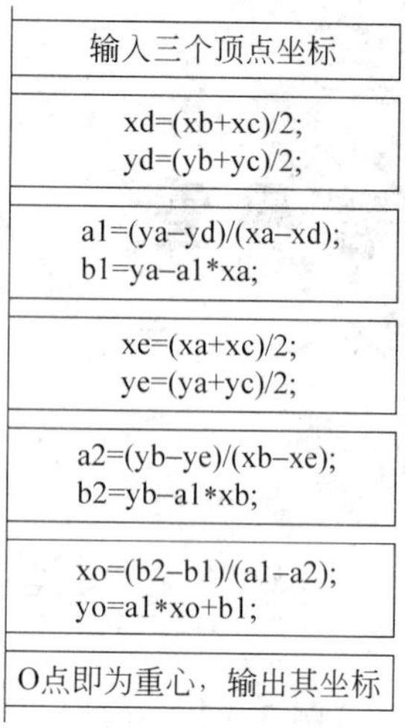

输入三个顶点坐标
xd=(xb+xc)/2; yd=(yb+yc)/2;
a1=(ya–yd)/(xa–xd); b1=ya–a1*xa;
xe=(xa+xc)/2; ye=(ya+yc)/2;
a2=(yb–ye)/(xb–xe); b2=yb–a1*xb;
xo=(b2–b1)/(a1–a2); yo=a1*xo+b1;
O点即为重心，输出其坐标

图 5.4 求三角形重心的完整 PAD

观察该程序，“求 BC 边的中点 D”和“求 AC 边的中点 E”的两段程序是一样的，在程序中重复写了一次。再回顾第 2 章例 2.4 的程序，在计算四边形周长时，计算四个边长的程序也是一样的，在程序中重复写了四次。

一般程序设计语言都为这种“计算过程一致，而参与运算的数据不同”的情况，提供一种机制——子程序。在 C 中子程序体现为**函数**(function)。下面用函数来重写例 5.1 的程序。

【例 5.2】 用函数重新写例 5.1 的程序。

```
#include <stdio.h>                //插入标准输入输出函数库头文件                //L1
float a;                          //全局量 a 传递直线方程的斜率                  //L2
/* 求中线：参数：三角形三个顶点 r、s、t 的 x、y 坐标 */                          //L3
float lines(float xr, float yr, float xs, float ys, float xt, float yt){       //L4
    float xu,yu;                  //中点 u 坐标                                 //L5
    xu=(xs+xt)/2;                 //求 st 边的中点 u                            //L6
    yu=(ys+yt)/2;                                                               //L7
    //求过 r、u 两点的直线方程                                                  //L8
    a=(yr-yu)/(xr-xu);            //计算系数 a                                  //L9
    return yr-a*xr;               //计算系数 b,并带着 b 值返回                  //L10
}                                                                               //L11
int main(void) {                  //主函数                                      //L12
    float xa,ya,xb,yb,xc,yc;      //分别保存三角形三个顶点的 X、Y 方向坐标      //L13
    float xd,yd,xe,ye;            //分别表示中点 D、E 坐标                      //L14
    float a1,b1,a2,b2;            //分别表示中线 AD、BE 的方程系数临时变量      //L15
```

```
    float xo,yo;                    //重心 O 的坐标                    //L16
    //输入三个点的 X、Y 方向坐标 346 360 416 108 116 212               //L17
    printf("please input xa,ya,xb,yb,xc,yc:\n");                       //L18
    scanf("%f%f%f %f%f%f",&xa,&ya,&xb,&yb,&xc,&yc);                     //L19
    b1=lines(xa,ya,xb,yb,xc,yc);                   //求 BC 边的中线 AD   //L20
    a1=a;                                                               //L21
    b2=lines(xb,yb,xa,ya,xc,yc);                   //求 AC 边的中线 BE   //L22
    a2=a;                                                               //L23
    xo=(b2-b1)/(a1-a2);                            //求 AD、BE 交点 O    //L24
    yo=a1*xo+b1;                                                        //L25
    printf("重心坐标：x=%.3f y=%.3f \n",xo,yo);     //打印输出           //L26
    return 0;                                                           //L27
}                                                                       //L28
```

对照例 5.2 与例 5.1 的程序。例 5.2 引进函数计算中线，当具体计算某条中线时，调用该函数。程序显得干净、利索、清晰，即好读又好看，并且与原始问题有相当高的可对照性。因为这里使用了“子程序”技术。

这就是模块化程序。以模块为指导思想的程序设计过程称**模块化程序设计**。狭义地讲，模块化程序设计依赖于子程序，每个模块是一个子程序。在 C 中子程序体现为函数，程序的每个模块是一个函数。

5.2　函　　数

在例 5.2 的程序中：第 4～11 行是一个函数定义，定义函数 lines。它有 6 个自变量 xr、yr、xs、ys、xt、yt，函数的自变量称为**形式参数**(formal parameter)，简称**形参**。

第 20、22 行的

lines(xa,ya,xb,yb,xc,yc)

lines(xb,yb,xa,ya,xc,yc)

调用函数 lines，称为**函数调用**(function call)。函数调用 lines(xa,ya,xb,yb,xc,yc)计算当自变量 xr、yr、xs、ys、xt、yt 取 xa,ya,xb,yb,xc,yc 值时，函数 lines 的值。在计算函数值时，替换自变量的部分称为**实际参数**(actual parameter)，简称**实参**。这个计算过程称为“以 xa,ya,xb,yb,xc,yc 作实参调用函数 lines”。

在函数 lines 内：

- 第 4 行 float lines(float xr,float yr,float xs,float ys,float xt,float yt)称为**函数定义说明符**。
  - ✓ float 定义本函数的类型为浮点型；
  - ✓ lines 是函数名；
  - ✓ 括号部分称为形式参数表。

在形式参数表中

- ✓ xr、yr、xs、ys、xt、yt 为形参；

✓ 每个形参类型为浮点类型。

- 从第 4 行的"{"到第 11 行的"}"，是函数 lines 的**函数体**(function body)。函数体由一个复合语句构成，为函数的操作部分。具体规定函数 lines 的操作及其值的计算。
- 在函数体内，第 10 行"return b;"是返回语句，它带着 return 后边表达式的值作为函数值返回。

程序例 5.1 的执行过程是：

(1) 从第 18 行主函数中 printf("please input xa,ya,xb,yb,xc,yc:\n");(13～17 行是变量声明和注释)开始执行。

输出一行提示信息：

```
please input xa,ya,xb,yb,xc,yc :
```

(2) 执行第 19 行函数调用 scanf("%f%f%f%f%f%f ",&xa,&ya,&xb,&yb,&xc,&yc);等待操作员输入数值。假设操作员输入：

```
346 360 416 108 116 212
```

当操作员输入并回车之后，变量 xa、ya、xb、yb、xc、yc 分别取得相应值。

(3) 执行第 20 行的表达式语句，首先分别以 xa、ya、xb、yb、xc、yc 为实际参数调用函数 lines，计算出当自变量取 346 360 416 108 116 212 时 lines 的函数值。调用函数 lines 的执行过程是：

① 分别计算 xa,ya,xb,yb、xc、yc 的值，得 346、360、416、108、116、212。

② 将 346、360、416、108、116、212 分别送入 lines 的形式参数 xr、yr、xs、ys、xt、yt 中，这些变量分别有给定的值。

③ 进入函数 lines，执行 lines 的操作部分。执行第 6 行，为 xu 赋值右端表达式值，为 266。

④ 执行第 7 行，为 yu 赋值右端表达式值，为 160。

⑤ 执行第 9 行，为 a 赋值右端表达式值，为 2.5。

⑥ 执行第 10 行返回语句 return yr－a * xr。

- 计算出表达式 yr－a * xr 的值为 －505。
- 带着函数值(－505)返回调用处：主程序第 20 行。

(4) 在主程序第 20 行的表达式语句内，用 lines 带回的(－505)给 b1 赋值；b1 的值为(－505)。

(5) 执行第 18 行，为 a1 赋值，a1 的值为函数 lines 中计算出的 a 值，a1 的值为 2.5。

(6) 执行第 22 行的表达式语句，首先分别以 xb、yb、xa、ya、xc、yc 为实际参数调用函数 lines，计算出当自变量取 416、108、346、360、116、212 时 lines 的函数值。调用函数 lines 的执行过程与步骤 3 相同，这里不再赘述。从函数返回后为 b2 赋值：508.259，a 的值为(－0.962)。

(7) 执行第23行,为a2赋值,a2的值为函数lines中计算出的a值,a2的值为(—0.962)。

(8) 执行第24、25行,求AD、BE交点O,计算出:xo=292.667;yo=226.667。

(9) 执行第26行,输出函数printf在屏幕显示:

```
重心坐标: x=292.667  y=226.667
```

5.2.1 函数定义

除标准库函数外,程序中使用函数必须先定义,然后才可以用"函数调用"调用它。函数定义的形式如下所示。

函数声明

```
TT F (T id, T id, …, T id){
    ⋮
}
```

其中:

- TT是类型说明符,具体说明函数的类型;
- F是函数名字;
- (T id,T id,…,T id)是形参列表,具体说明本函数的各个形式参数;
- { …}是复合语句,具体规定本函数的操作。

1. 函数类型

函数类型(function type)指明所定义的函数的结果类型。

缺省结果类型为"int"类型,结果类型不能是数组类型、函数类型。

有些函数是无值的,也可以说是"无类型"的,这可能是问题的算法本身决定的。无类型函数在函数定义时,其结果类型为空类型符"void"。如图1.11中的hello函数。

2. 参数列表

函数定义说明符的**参数列表**(parameter-list)由一个个**参数声明**(parameter-declaration)组成,各个参数声明之间以逗号","分隔。每个参数声明具体说明一个形式参数的特性(类型),形式如下:

函数形参列表

```
(T id, T id,…, T id)
```

其中:

- id是标识符,为一个形式参数(简称"形参");
- T是类型说明,它指出紧跟其后的形式参数id的类型。

C允许使用无参函数,无参函数的参数列表为空,或使用"空类型"的类型说明符"void"。

⚠ **C参数种类十分简单,只有值参**。值参表示形参是一个局部于函数的变量;当调用函数时,把实参值复制到形参变量中,函数内部的运算则是在形参上操作,不影响实参。

3. 复合语句

复合语句(compound-statement)在第2章已经介绍过,由若干声明和语句组成。其声明部分具体说明本函数内使用的其他量;语句部分规定在本函数中要执行的算法动作,即描述本函数的具体实现算法。

5.2.2 函数调用

在C中,当调用一个函数时,

- 首先顺序计算函数调用时**实参表**(actual-parameter-list)中各实参的值;
- 其次把各个实参值转换成形参表中相应形参的类型;
- 然后把这些转换后的值顺序传入形参表的相应形参中去;
- 最后进入函数执行复合语句。

这与数学中计算一个函数值十分类似,首先用一些值替换函数定义中的函数自变量,然后再计算函数值。

 **函数调用**

```
F(U, U, …, U)
```

其中:

- F是函数标识符,是欲调用函数的名字;
- 每个U都是表达式,分别为一个实参;
- 实参表U,U,…,U列出调用函数时传入相应函数中的信息。若为无参函数,该部分可空。

函数调用的目的是计算一个函数值,然后将这个值用于表达式并参与进一步的运算及操作,调用标准函数也是函数调用。如例5.2程序中的

```
lines(xa,ya,xb,yb,xc,yc);
lines(xb,yb,xa,ya,xc,yc);
printf("please input xa,ya,xb,yb,xc,yc:\n");
scanf("%f%f%f %f%f%f",&xa,&ya,&xb,&yb,&xc,&yc);
```

等都是函数调用。

调用函数时,形参用实参带进来的信息参与进一步的运算。调用函数的执行过程如图5.5所示。首先保存主程序当前运行环境状态;然后为被调用函数开辟运行空间,形实参结合,执行被调用函数体,得到函数值(可能没有);最后被调用函数返回,释放其运行空间,并将函数运行结果返回到调用点;恢复函数调用前的运行环境,继续执行下边的代码。

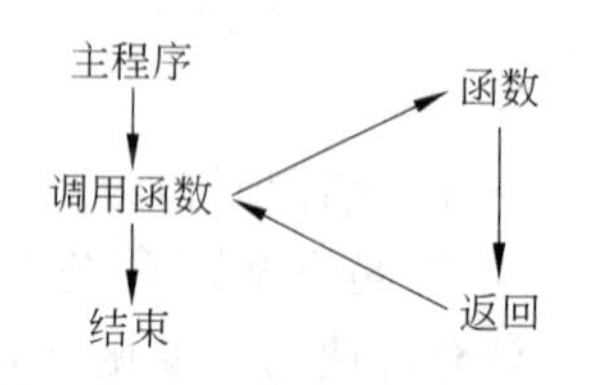

图5.5 调用函数的执行过程

1. 函数返回

函数调用进入函数执行后，到一定步骤应该返回到调用处。C 函数返回有两种方式：

- 函数运行到复合语句末尾。则当函数执行到复合语句末尾（最后那个闭花括号“}”）后，既返回到调用处。这种返回方式适用于函数返回类型是“空类型”即“void”。
- 执行返回语句。

 **函数返回语句**

```
return;
```

或

```
return e;
```

其中：

- return 是保留字，标明是函数返回语句；
- return；适合无返回类型的函数，一般无返回类型函数原型为 void f(…)；
- return e；适合有返回类型的函数，e 是表达式，是函数的返回值；e 的类型要与函数返回类型赋值兼容。

2. 函数值

如果函数有值，应该把函数值带回调用处。C 使用带表达式的返回语句向调用函数的主程序传递函数值。为了将函数值传回函数调用处（为了带回一个值），在复合语句中，应该至少有一个（当然可以有多个）带表达式的返回语句。并且，当函数返回时，必须执行某个带表达式的返回语句。带表达式的返回语句的执行过程是：

- 计算表达式的值；
- 把表达式值转换成函数的结果类型；
- 用类型转换后的值作为函数值，并带着它返回到调用该函数处。在函数调用处，作为运算分量，参与进一步运算。

如果函数执行不带表达式的返回语句；或没有执行返回语句，而是执行到复合语句最后，遇到闭花括号“}”，才返回到函数调用处。这两种情况函数都无值可以带回。如果是无类型函数，在函数调用处不需要函数值，这种返回是正常的；如果是有类型函数，在函数调用处极可能正需要函数值参与进一步运算，这将带来不可预料的结果，读者一定注意。

5.2.3　函数原型

【例 5.3】　用函数重新写第 4 章例 4.11，打印 100 以内素数。

```
/* PROGRAM writeprime */
#include <stdio.h>
bool prime(int n) {
    int j;
```

```
    for (j=n/2; j >=2; j--)
        if (n%j==0)  return false;
    return true;
}
int main(void) {
    int i;
    for (i=2;i <=100; i++)
        if (prime(i))
            printf("%5d\n", i);
    return 0;
}
```

对于这个例子，需要读者注意的是代码第5～7行的结构和例4.11的区别。

例4.11代码如下：

```
for (j=i/2; j >=2; j--)
    if (i %j==0) flag=false;
```

这段代码是要j在[2,i/2]的整数闭区间遍历一次，对每一个数都进行i%j的运算，判断余数是否为零。例如对于整数12来说，这个循环j是要从6变到2，进行5次求余运算；才会得到结果flag为假。

例5.3的代码是

```
for (j=n/2; j >=2; j--)
    if (n%j==0)  return false;
return true;
```

这段代码的意义是j在[n/2,2]之间的整数闭区间遍历，如果遇到某一个j使得i%j的运算结果为0，则函数退出，返回false作为函数值；如果整个区间都遍历，没有j使得i%j的运算结果为0，说明是素数，返回true。同样是整数12，遇到6即可整除，循环只执行1次就结束，函数返回false。

请读者仔细推敲例4.11和例5.3在素数判断上的不同。

前边讲述的程序例子，从行文上看，任何函数的函数调用都在相应函数定义之后，这是有意安排的。因为C规定任何标识符都必须先声明后使用，但不是所有程序都能做到这点，有可能有一些函数的调用在其定义之前出现。有些即使能做到这点，程序也不清晰，例如上述例5.3的程序。

为了解决这个问题，C引进"**函数原型**(function prototype)"的概念。函数原型放在函数调用之前，先声明相应函数的特性，满足了C标识符先定义后使用的要求。这样相应函数的定义就可以放在任何位置了。例5.3程序使用函数原型可以写成如下例5.4的样子。

【例5.4】 引进函数原型重写例5.3程序，打印100以内素数。

```
/* PROGRAM writeprime */
#include <stdio.h>
```

```
bool prime(int);                    //函数原型,说明标识符 prime
int main(void) {
    int i;
    for (i=2;i <=100; i++)
        if (prime(i))
            printf("%5d\n", i);
    return 0;
}
bool prime(int n) {
    int j;
    for (j=n/2; j >=2; j--)
        if (n%j==0)   return false;
    return true;
}
```

函数原型形式

```
TT F (T; T; …; T);
```

或

```
TT F (T id; T id; …; T id);
```

其中：

- TT 是类型说明符,具体说明函数的类型；
- F 是函数名字；
- T 形参类型,id 是形参名字。

函数原型与函数定义的首行十分类似,可以说把函数定义中的复合语句换成分号“;”就是函数原型。一般情况下,函数原型使用第一种形式。第二种形式的函数原型,相应参数标识符也不起作用,因为函数原型只需要说明参数个数和每个参数的特性,而不关心相应参数是什么名字。如下两个函数原型等价：

float lines(float,float,float,float,float,float);

float lines(float xr,float yr,float xs,float ys,float xt,float yt);

5.3　程序设计实例

【例 5.5】 用函数重新写第 2 章例 2.4 的程序,求植树棵数。

```
#include <stdio.h>                      //括入标准输入输出函数库头文件
#include <math.h>                       //括入标准数学函数库头文件
/* 计算 r、s 两点距离：参数：r 点 x、y 坐标,s 点 x、y 坐标 */
float lines(float xr,float yr,float xs,float ys){
    return sqrt((xr-xs)*(xr-xs)+(yr-ys)*(yr-ys));
}
```

```
int main(void) {                                    //主函数
    float xa,ya,xb,yb,xc,yc,xd,yd;                  //分别保存四个点的 X、Y 方向坐标
    float ab, bc, cd, da;                           //分别表示四边形的四条边边长
    float s;
    int m;                                          //计算用变量;ss 表示周长;m 表示植树棵树
    //输入四个点的 X、Y 方向坐标
    printf("please input xa,ya,xb,yb,xc,yc,xd,yd:\n");
    scanf("%f%f%f %f%f%f %f%f",&xa,&ya,&xb,&yb,&xc,&yc,&xd,&yd);
    //计算边长
    ab=lines(xa,ya,xb,yb);                          //边 AB 长
    bc=lines(xb,yb,xc,yc);                          //边 BC 长
    cd=lines(xc,yc,xd,yd);                          //边 CD 长
    da=lines(xd,yd,xa,ya);                          //边 DA 长
    s=ab+bc+cd+da;
    m=s/2;                                          //计算总植树棵数
    printf("总植树棵数: %10d\n",m);                  //打印输出
    return 0;
}
```

【例 5.6】 已知玉米每亩产量 650 公斤。如图 5.6 所示，现有一个近似四边形的地块位于南北方向路东侧，东西方向路北侧。其一个顶点距离南北方向路 547 米，距离东西方向路 411 米；另一个顶点距离南北方向路 804 米，距离东西方向路 77 米；第三个顶点距离南北方向路 39 米，距离东西方向路 208 米；第四个顶点距离南北方向路 116 米，距离东西方向路 332 米。若该地块种植玉米，求该地块玉米产量。

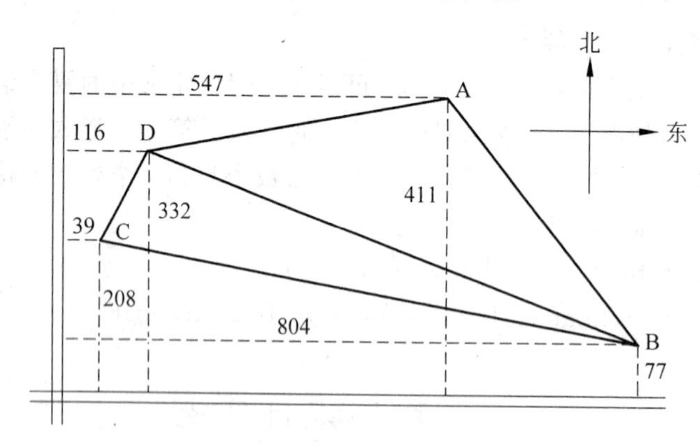

图 5.6　四边形地块

解：求总产量，应该用总面积乘以单位面积产量，关键问题是怎样求总面积。把南北方向路定义为 Y 方向坐标轴，北为正；把东西方向路定义为 X 方向坐标轴，东为正；把四个顶点分别记为 A、B、C、D；把四个顶点到路的距离分别定义为相应点的坐标值，如图 5.6 所示。其中，“折合成亩”和“求总产量”两步计算很简单。

计算地块面积。根据数学知识，可以把四边形的 B、D 两顶点相连，构成两个三角形，然后分别计算两个三角形面积并相加，由于计算三角形 ABD 和 BCD 的过程一样，不同的

只是三点的坐标，所以可以抽象成一个函数 float areauvw(float xu,float yu,float xv,float yv,float xw,float yw)计算三角形 uvw 面积，参数：u 点 x、y 坐标，v 点 x、y 坐标，w 点 x、y 坐标。

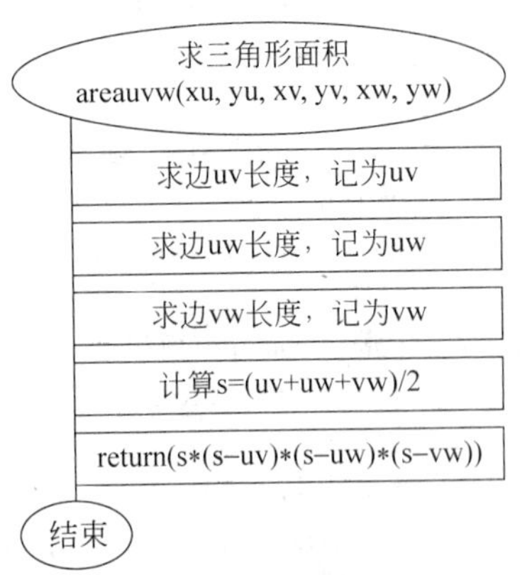

图 5.7 三角形面积

根据数学知识，计算三角形面积有很多方法。由于只知道三角形的三个顶点，所以选择海伦公式：$S=\sqrt{s(s-a)(s-b)(s-c)}$，其中 S 是三角形面积，a、b、c 分别为三条边长，$s=(a+b+c)/2$，得如图 5.7 所示的 PAD。

已知两点坐标，求两点间距离，则可以按公式 $L=\sqrt{(x_1-x_2)^2+(y_1-y_2)^2}$ 计算，又可抽象为一个函数 float lines(float xr,float yr,float xs,float ys)，计算 r、s 两点距离：参数：r 点 x、y 坐标，s 点 x、y 坐标，如图 5.8 所示。

最终可以得到如图 5.9 所示的 PAD。

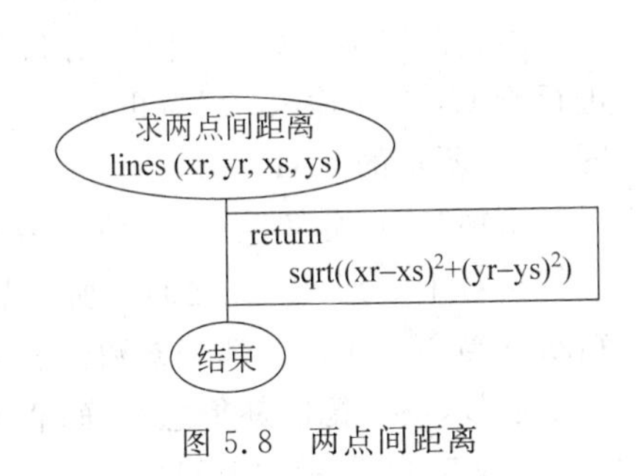

图 5.8 两点间距离

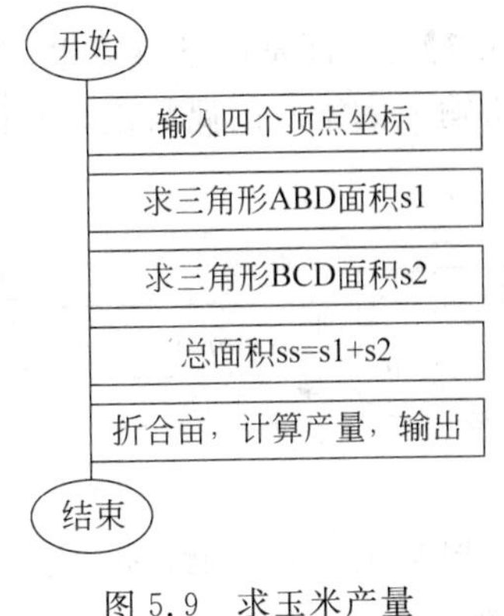

图 5.9 求玉米产量

程序如下。

```
#include <stdio.h>                        //括入标准输入输出函数库头文件
#include <math.h>                         //括入标准数学函数库头文件
float lines(float xr,float yr,float xs,float ys);
float areauvw (float xu,float yu,float xv,float yv,float xw,float yw);    //函数原型
int main(void) {                          //主函数
    float xa,ya,xb,yb,xc,yc,xd,yd;        //分别保存四个点的 X、Y 方向坐标
    float s1,s2,ss,m;                     //计算用变量;ss 表示总面积;m 表示总产量
    //输入四个点的 X、Y 方向坐标
    printf("please input xa,ya,xb,yb,xc,yc,xd,yd:\n");
    scanf("%f%f%f%f%f%f%f%f",&xa,&ya,&xb,&yb,&xc,&yc,&xd,&yd);
    s1=areauvw (xa, ya, xb, yb, xd, yd);      //ABD 面积
    s2=areauvw (xb, yb, xc, yc, xd, yd);      //BCD 面积
    ss=s1+s2;                                 //总面积
    ss=ss*1.5/1000;                           //折合成亩
```

```
    m=ss * 650;                                  //计算总产量
    printf("m=%10.3f\n",m);                      //打印输出
    return 0;
}
/* 计算 r、s 两点距离：参数：r 点 x、y 坐标，s 点 x、y 坐标 */
float lines(float xr,float yr,float xs,float ys){
    return sqrt((xr-xs) * (xr-xs)+(yr-ys) * (yr-ys));
}
/* 计算三角形 uvw 面积，参数：u 点 x、y 坐标，v 点 x、y 坐标，w 点 x、y 坐标 */
float areauvw (float xu,float yu,float xv,float yv,float xw,float yw){
    float uv, uw, vw;                            //三条边长
    float s;
    uv=liners (xu, yu, xv, yv);                  //边 uv 长
    uw=liners (xu, yu, xw, yw);                  //边 uw 长
    vw=liners (xv, yv, xw, yw);                  //边 vw 长
    s=(uv+uw+vw)/2;                              //s
    return sqrt(s * (s-uv) * (s-uw) * (s-vw));   //返回面积
}
```

【例 5.7】 验证哥德巴赫猜想。任意一个大偶数都可以分解为两个素数之和（2 是素数）。随机输入大于 6 的偶数进行验证，并输出全部分解结果，直到输入“0”为止。

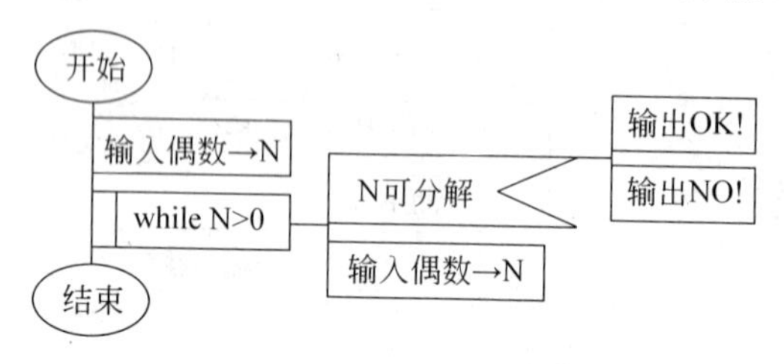

图 5.10 验证哥德巴赫猜想

解：首先不断输入偶数，对每个偶数进行判断，直到输入“0”为止，可以得到如图 5.10 所示的 PAD。

求精“N 可分解”。可以使用穷举方法进行。对于 3 到 N－2 之间的所有数 n，都判断 n 与 N－n 是否都是素数。若有一对都是素数，则哥德巴赫猜想正确；否则任意一对数都不全是素数，则哥德巴赫猜想错误。得到如图 5.11 所示的 PAD。

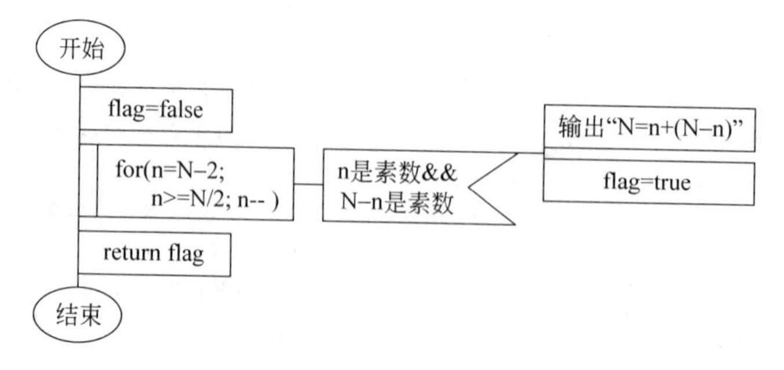

图 5.11 N 可分解？

判断一个整数是否为素数的函数在例 5.4 中已经编出。至此得到本题目全部解法，编出程序如下：

```
#include <stdio.h>
bool analyze(int);                              //函数原型
```

```
bool prime(int);
int main(void){                                   //主函数
    int N;
    printf("please input N:");
    scanf("%d",&N);
    while (N>0){
        if(analyze(N))
            printf("\n-OK!-\n");
        else
            printf("\n-NO!-\n");
        printf("please input N:");
        scanf("%d",&N);
    }
    return 0;
}
bool analyze(int N){                              //分解
    int n;
    bool flag;
    flag=false;                                   //先假设哥德巴赫猜想错误,标志置"假"
    for (n=N-2; n>=N/2; n--){
        if(prime(n) && prime(N-n)){               //n、N-n 都是素数?
            printf(" %d=%d+%d\n",N,n,N-n);
        flag=true;                                //哥德巴赫猜想正确,标志置"真"
        }
    }
    return flag;                                  //带标志返回
}
bool prime(int n){                                //判断 n 是否素数
    int j;
    for (j=n/2; j >=2; j--){
        if (n%j==0) return false;                 //有其他因子,不是素数
    }
    return true;                                  //无其他因子,是素数
}
```

本章小结

本章讲述模块化程序设计、函数。重点掌握模块化程序设计思想。

习 题 5

5.1 编程序计算

$$y(x)=\frac{p^2(x)+5x}{p(x+5)-\sqrt{x}}\cdot p(x+2)$$

其中

$$p(u)=\frac{f(u\times 0.3,x+u)+u/2}{2x}$$

$$f(v,w)=\frac{w+v}{7v}$$

5.2 编程序，输入实数 a,b,c 的值，分别计算并输出如下算式的值：

$$T=\frac{4.25(a+b)+\ln\left(a+b+\sqrt{a+b}+\frac{1}{a+b}\right)}{4.25+\ln\left(c+\sqrt{c}+\frac{1}{c}\right)}$$

5.3 分别编一个函数，计算复数加法、减法、乘法，复数 Z 表示成：Z=a+bi。

5.4 编一个函数，求解二元一次方程组。

$$\begin{cases}A_1x+B_1y+C_1=0\\A_2x+B_2y+C_2=0\end{cases}$$

5.5 写函数，判定它的 4 个整数参数里是否有两个值相等。

5.6 分别编写函数，检测

- 一个字符是否为空格
- 一个字符是否为数字
- 一个字符是否为元音

5.7 编一个函数 f(n)，求任意四位正整数 n 的逆序数。例当 n=2345 时，函数值为 5432。

5.8 编程序，输入 m、n 的值，计算并输出：

$$\frac{m!}{(m-n!)n!}$$

5.9 用线性同余法，编一个产生随机数的函数。该方法基于如下公式计算一个随机数序列的第 k 项 r_k：

$$r_k=(\text{multiplier} * r_{k-1}+\text{increment})\ \%\ \text{modulus}$$

其中，r_{k-1} 是随机数序列的第 k−1 项；multiplier、increment、modulus 是常数。

5.10 写函数，以两个正整数为参数，如果该两数是友好的，返回 TRUE，否则返回 FALSE。如果这两个整数每个的约数和（除了它本身以外）等于对方，就称这对数是友好的。例如：

1184 的约数和有：1+2+4+8+16+32+37+74+148+296+592=1210

1210 的约数和有：1+2+5+10+11+22+55+110+121+242+605=1184

5.11 编程序计算调合级数前 N 项和。要求结果是一个准确的分数 $\frac{A}{B}$ 形式。

$$H_n=\frac{1}{1}+\frac{1}{2}+\frac{1}{3}+\cdots+\frac{1}{n}$$

第 6 章　批量数据组织——数组

6.1　成绩统计——数组类型

【例 6.1】 为了分析学生对程序设计课程的掌握程度，需要对该课程成绩进行统计。编程序，输入一个班 50 名学生的程序设计课程成绩，然后按 10 分为一段，统计各段成绩的学生人数，并输出。

解：该问题的算法很简单。首先用一个循环顺序输入 50 名学生的成绩，设为 a_0、a_1、a_2、…、a_{49}；再用 11 个计数器 j_0、j_1、j_2、…、j_{10} 分别记录 0～9、10～19、…、91～99、100 各个分数段的学生数。方法是先把诸 j 清“0”，再扫描这 50 个分数，判断每个分数所在分数段，给相应计数器加 1。最后用一个循环输出每段分数的个数。该算法可以描述为如图 6.1 所示的 PAD。

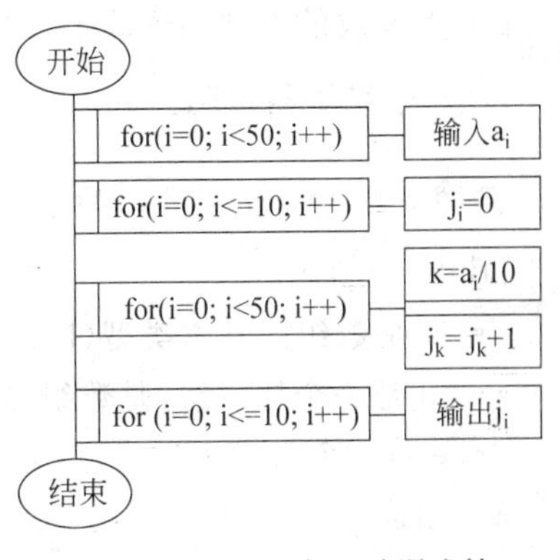

图 6.1　统计程序设计课成绩

到此为止，已经把问题的求解步骤搞清楚了。但是问题是 50 个分数怎么办？11 个计数器怎么办？计算机完成该算法，显然不能像前面那样，引进 50 个变量来保存分数数据，引进 11 个变量保存计数器数据。

程序设计语言为了处理类似的批量数据，提供一种组织数据的机制——**数组**(array)，即一组同类型变量的集合。这与数学中向量类似：向量名对应数组名，向量分量对应数组**成分/元素**(element)，向量元素的个数对应数组大小，分量编号对应数组**下标**(subscript)。

如果用 50 个元素的整型数组保存 50 个分数，11 个元素的整型数组作为 11 个分数段的计数器；则该问题可以编出如下程序。

```
#include <stdio.h>
int main (void) {
    int i, k, a[50],j[11];                        //数组从 0 开始编下标
    printf("please input 50 integer:\n");         //输入
    for (i=0; i<50; i++)
        scanf("%d",&(a[i]));
```

```
    for (i=0; i<11; i++)                          //计数器清 0
        j[i]=0;
    for (i=0; i<50; i++){                         //统计
        k=a[i]/10;
        j[k]++;
    }
    printf("answer:\n");                          //输出
    for (i=0; i<11; i++)
        printf(" %3d --%3d:%6d\n",i*10,(i+1)*10-1,j[i]);
    return 0;
}
```

6.1.1 数组声明

程序例 6.1 的变量声明

```
int i, k, a[50], j[11];
```

中，除了声明两个 int 类型变量外，还声明了两个整型数组变量 a、j。其中，a 是由 50 个元素构成的整型一维数组，j 是由 11 个元素构成的整型一维数组。

 **一维数组声明**

```
T id [e], id[e],…, id[e];
```

其中：

- T 是数组的**基本类型**(base type)，即数组中每个元素的类型；
- id 是一个标识符，是数组名；
- e 是一个常量表达式，用方括号括起来，标识数组大小，即相应数组由多少个元素组成。

C 语言中数组声明不能使用变量定义数组的大小。e 必须是一个常量表达式，C 编译器规定数组一旦定义，就不能改变数组的大小；因此只能用整型常量定义数组的大小。

数组变量和简单变量若是同一类型，则是可以放在一起声明的。

例如：

```
int m, n, v[10];
```

除了声明两个 int 类型变量 m、n 以外，还声明了一个 int 类型数组变量 v，v 有 10 个元素，每个元素都是 int 类型的。这里的类型说明符 int 就是要声明的数组的类型，也就是数组中每个元素的类型。

C 语言中数组的每个成分都有唯一的下标，且从 0 开始。例如，数组变量 v 由 10 个整型变量构成，在 v 中 10 个元素的下标分别是 0、1、…、9。

下述数组声明都是合法的：

```
int t1[10],t0 [10], w[10];
float t2 [2];
bool t3 [26];
char t4 [8];
```

它们分别声明如下数组：

t1、t0 和 w 都是 10 个元素的整型数组变量，其下标编号从 0 到 9；

t2 是 2 个元素的实型数组变量，其下标编号分别为 0 和 1；

t3 是 26 个元素的 bool 型数组变量，其下标编号从 0 到 25；

t4 是 8 个元素的字符型数组变量，其下标编号从 0 到 7。

6.1.2　下标表达式

下标表达式（subscript expression）是 C 语言提供的访问数组中某个成分的手段。

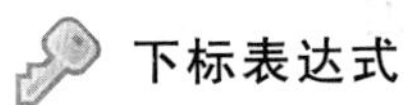

```
id [e]
```

其中：

- id 是数组名，标明要访问哪个数组的成分；
- e 是一个整型表达式，即 e 最终计算结果必须是一个整数，标明访问的是数组哪个元素。e 可以是常量表达式也可以是变量表达式。

下标表达式实际是一个变量，是相应数组基类型的一个变量。在程序中，该变量的地位、作用与同类型的普通变量的地位、作用完全相同；因此也称下标表达式为“**下标变量**（subscript variable）”。如在程序例 6.1 中，a[i]、j[i]、j[k]都是下标表达式（下标变量）。在 6.1.1 节中数组声明的前提下，下述下标表达式是合法的。

```
v[2+3]            v 下标为 5 (第 6 个)的成分,为 int 型变量;
t4[0]             t4 下标为 0(第 1 个)的成分,为 char 型变量;
t3[i+j * k]       t3 下标为 i+j * k(第 i+j * k+1 个)的成分。
```

⚠ **C 语言不检查数组下标是否越界**。如在 6.1.1 节中数组声明的前提下布尔型数组 t3 一共有 26 个元素，下标是 0～25。下标表达式 t3[i+j * k]中[i+j * k]的值若是落在这个下标区间内，则 t3[i+j * k]访问的是数组 t3 的成分，是一个布尔型变量；否则，将引起不可预料的后果。

6.1.3　数组的运算与 I/O

⚠ **C 语言没有定义施于数组类型上的运算**。数组变量的所有运算都必须通过其元素实现的。例如，求数组 t0，t1 的差送入数组 w 中，应该如下实现：

```
for (int m=0; m<=9; m++)
    w[m]=t0[m]-t1[m];
```

而不能写成 w=t0−t1。

⚠ **数组变量不能直接作为 I/O 库函数的实参**。标准输入输出函数，不提供整个数组的读入和输出功能。如下述语句都是错误的。

```
scanf("%f",&w);
printf("%f",w);
```

若想读入和输出数组，必须通过访问所有数组成分实现。如：

```
for (int m=0; m<=9; m++)
    scanf("%f",&(w[m]));
for (m=0; m<=9; m++)
    printf("%f",v[m]);
```

6.2 统计多科成绩——多维数组

【例 6.2】 为了分析本学期学生的学习情况，需要对本学期所开课程的成绩分别进行统计。编程序，输入一个班 50 名学生的程序设计等 5 门课程成绩，然后按 10 分为一段，分别统计各科中每个分数段成绩的学生人数，并输出。

解：该问题的算法也很简单。只要在图 6.1 算法的基础上，在外层加一层 1～5 的循环，每次循环分别统计一个课的成绩即可，如图 6.2 所示的 PAD。

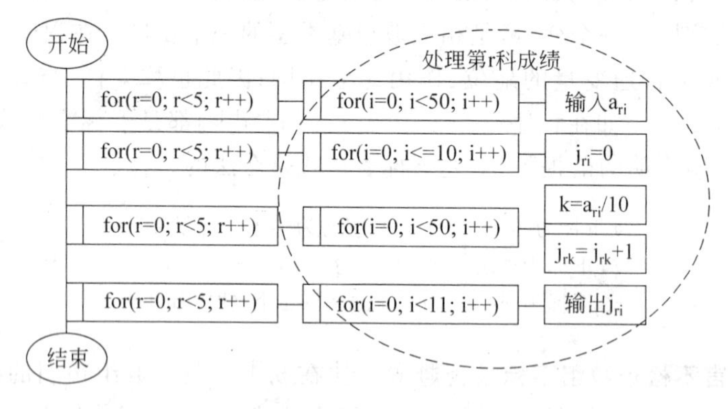

图 6.2 统计多科成绩

到此问题的求解步骤已经清楚。问题仍然是如何存储数据，5 科课程的分数怎么保存？5 科课程中每科的 11 个计数器怎么保存？使用两维数组可以解决该问题，编出程序如下：

```
#include <stdio.h>
int void main (void) {
    int r, i, k, a[5][50], j[5][11];            //数组从 0 开始编下标
    printf("please input 50 integer:\n");
    for (r=0; r<5; r++){                         //输入
```

```
        for (i=0; i<50; i++)
            scanf("%d",&(a[r][i]));
    }
    for (r=0; r<5; r++)                          //计数器清 0
        for (i=0; i<11; i++)
            j[r][i]=0;
    for (r=0; r<5; r++)                          //统计
        for (i=0; i<50; i++){
            k=a[r][i]/10;
            j[r][k]++;
    }
    printf("answer:\n");                         //输出
    for (r=0; r<5; r++) {
        printf("R:%d\n",r);
        for (i=0; i<11; i++)
            printf(" %3d --%3d:%6d\n",i*10,(i+1)*10-1,j[r][i]);
    }
    return 0;
}
```

例 6.2 程序中的 a、j 数组都是二维数组。二维数组和数学中的矩阵非常相似，矩阵是由若干行向量构成，二维数组是由若干一维数组构成。以数组 a 为例，它首先是由 5 个一维数组构成；而每个一维数组又是由 50 个整型变量构成；相应二维数组的基类型就是最终成分的类型，即整型。

二维数组声明

```
T id [e1] [e2];
```

其中：

- T 是数组的基本类型，即数组中每个元素的类型；
- id 是标识符，是数组名；
- e1 和 e2 是两个常量表达式，用方括号括起来，标识数组大小。对于二维数组 e1 代表二维数组有多少行，e2 代表数组有多少列，相应数组是由 e1×e2 个 T 类型的元素组成。

二维数组下标表达式

```
id [e1][e2]
```

其中：

- id 是数组名，标明要访问哪个数组的元素。
- e1 和 e2 是两个整型表达式，既可以是常量表达式也可以是变量表达式。其中 e1 确定访问元素的行标，e2 确定列标。

如果进一步扩展数组的维数，两维数组的元素类型仍然可以是一个数组，从而构成三维数组。进一步还可以构造四维数组，五维数组……。若需要，在 C 程序中可以声明任意维数的数组。

n 维数组声明

```
T id [e1][e2]…[en];
```

其中：

- T 是数组的基本类型，即数组中每个元素的类型；
- id 是标识符，是数组名；
- e1，e2，…，en 是常量表达式，用方括号括起来，标识数组尺寸。

n 维数组下标表达式形式

```
id [e1][e2]…[en]
```

其中：

- id 是数组名，标明要访问哪个数组的元素。
- e1，e2，…，en 是整型表达式，既可以是常量表达式也可以是变量表达式。每个表达式与数组声明时的维度按顺序一一对应，每个表达式的值表示与之相对应的那维度上的下标值。

例如，有说明：

```
int x [5][2][26];
```

则 x 是一个 3 维数组。它的基类型是 int 型；第一维 5 个元素；第二维 2 个元素；第三维 26 个元素。

x[0][1][3]是 x 的一个下标变量，类型是 int 型。

按语法下标表达式中的表达式可以少写若干。例：x[0]下标表达式，它对应于一个二维数组。如果将三维数组 x 看成空间中的立方体，x[0]相当立方体的中一个坐标轴是确定的，而余下的两个维度是不确定的，是一个平面；平面对应于一个二维数组；所以 x[0]的类型是一个整型二维数组。相应的 x[2][1]的类型是一个整型一维数组。

6.3 程序设计实例

【例 6.3】 打印杨辉三角形的前 10 行。

杨辉三角形亦称 Pascal 三角形，它描述了二项式系数的规律，是我国南宋时期著名数学家杨辉发现的。杨辉把有关二项式系数的研究记载在他所著的《译解九章算法》(1261)。法国人 PASCAL 也有类似的结果(1650 年)，所以国外书刊中称 PASCAL 三角形，但比杨辉晚了近 400 年。

```
                1
             1     1
          1     2     1
       1     3     3     1
    1     4     6     4     1
 1     5    10    10     5     1
       …          …          …
```

图 6.3 杨辉三角形

杨辉三角形形式如图 6.3。该三角形的特点是：

- 从第 0 行开始编号，第 n 行诸数正好是二项式 $(a+b)^n$ 展开式各项的系数。
- 从第二行开始，每行数字除两端均是 1 外，其余数字正好是它上面一行中与它左右相邻的两数字之和。

打印该三角形，显然应该一行行的生成打印。PAD 如图 6.4 所示。

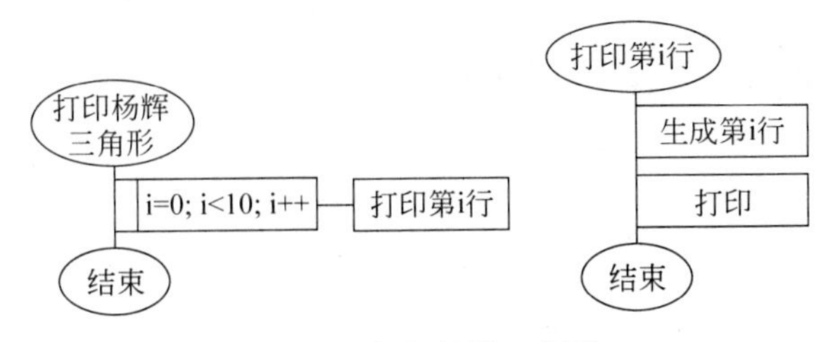

图 6.4　打印杨辉三角形

假设把第 i 行数据保存在数组 A 中。求精上述图 6.4 的 PAD。

先求精生成第 i 行。现在的问题是如何生成？使用二项式系数定理显然不好，因为这要计算组合组数：

$$C_n^m = \frac{n!}{m!(n-m)!}$$

n 稍大一点，运算量极大。下边利用杨辉三角形的特性，从第 i−1 行生成第 i 行。设第 i−1 行在数组 B 中，并考虑到将来生成第 i+1 行时，B 数组中应为第 i 行，可以得到如图 6.5 所示的算法。该算法当 i>1 时显然正确，当 i≤1 时也正确，请读者自己考虑为什么。

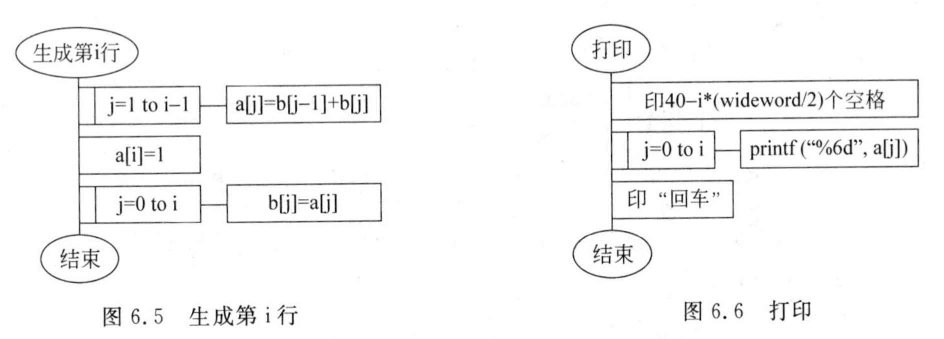

图 6.5　生成第 i 行　　　　图 6.6　打印

再求精"打印第 i 行"。把第 0 行的"1"输出在屏幕的第 40 列；各行数据中每个数占 6 位；第 i 行应从 40−i＊3 处开始显示。PAD 如图 6.6 所示，程序如下。

```
/* PROGRAM yanghui */                                        //L1
#include <stdio.h>                                           //L2
#define n 10                                                 //L3
#define wideword 6                                           //L4
int main(void){                                              //L5
    int a[11],b[11],i,j;                                     //L6
    for(i=0;i<n;i++){                                        //L7
        for(j=1;j<i;j++)                     //生成第 i 行    //L8
```

```
            a[j]=b[j-1]+b[j];                                         //L9
        a[i]=1;                                                       //L10
        for(j=0;j<=i;j++)                        //形成下一次的第 i-1 行  //L11
            b[j]=a[j];                                                //L12
        for(j=0;j<=40-i*(wideword/2);j++)        //打印第 i 行          //L13
            printf("%c",' ');                                         //L14
        for(j=0;j<=i;j++)                                             //L15
            printf("%6d",a[j]);                                       //L16
        printf("\n");                                                 //L17
    }                                                                 //L18
    return 0;                                                         //L19
}                                                                     //L20
```

程序执行过程中，假设已打印了前5行的杨辉三角，即i控制的循环已经执行了5遍(i取之范围是[0,4]闭区间)，马上就要进行下一次循环。这时数组a和b保存的内容如图6.7所示。

下标	0	1	2	3	4	5	6	7	8	9	10
a	1	4	6	4	1						
b	1	4	6	4	1						

图6.7　打印完5行杨辉三角时数组a,b内容

进入循环i值为5，第8～9行j控制循环，j变化范围是[1,4]闭区间，所以数组a,b如图6.8所示。

下标	0	1	2	3	4	5	6	7	8	9	10
a	1	5	10	10	5						
b	1	4	6	4	1						

图6.8　i值为5时，执行完第8～9行时，数组a,b的内容

执行第10行，a[5]=1。进入第11～12行j控制循环，j变化范围是[1,5]闭区间，所以数组a,b如图6.9所示。

下标	0	1	2	3	4	5	6	7	8	9	10
a	1	5	10	10	5	1					
b	1	5	10	10	5	1					

图6.9　i值为5时，执行完第11～12行时，数组a,b的内容

最后将当前数组下标为[0,i]闭区间内元素的值输出。

【例6.4】 编程序，从终端键盘输入100个整数，然后按从小到大的顺序输出。

解：该问题的算法很简单。首先用一个循环顺序输入100个整数，设为a0、a1、a2、…、a99；然后把这100个整数按从小到大的顺序排序；最后用一个循环输出排好序的序列，每行10个整数。

求精排序：可以采用所谓的“主元排序”方法，其思想是：

- 首先在 a0、a1、…、a99 中选一个最小元素 aj，把 aj 与 a0 交换；
- 然后在 a1、a2、…、a99 中选一个最小元素 aj，把 aj 与 a1 交换；
- 然后再在 a2、a3、…、a99 中选一个最小元素 aj，把 aj 与 a2 交换；

⋮

依次类推。一直进行到在 a98、a99 中选一个最小的，放在 a98 中为止。

按该算法，得到如图 6.10 所示的 PAD。

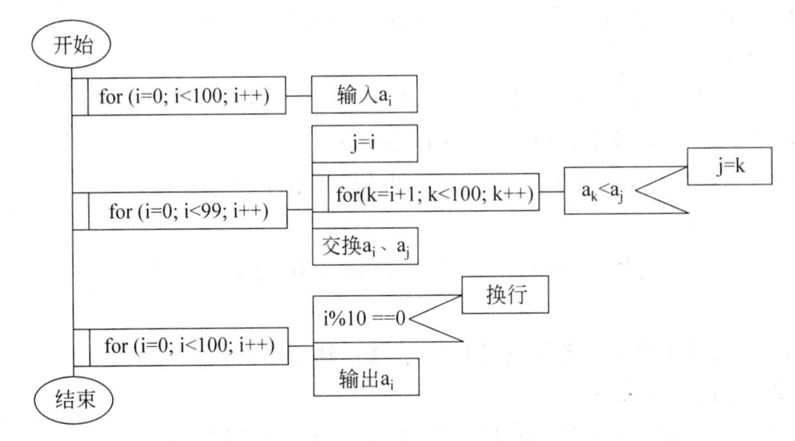

图 6.10 按序输出 100 个整数

编出程序如下：

```
#include <stdio.h>                                                   //L1
#define M 100                                                        //L2
int main (void) {                                                    //L3
    int i, j, k, r,a[M];                    //数组从 0 开始编下标        //L4
    printf("please input integer:\n");      //输入                    //L5
    for (i=0; i<M; i++)                                              //L6
        scanf("%d",&(a[i]));                                         //L7
    for (i=0; i<M-1; i++) {                 //排序                    //L8
        j=i;                                                         //L9
        for (k=i+1; k<M; k++)                                        //L10
            if (a[k]<a[j]) j=k;                                      //L11
        r=a[i];                             //交换 ai 和 aj 的值        //L12
        a[i]=a[j];                                                   //L13
        a[j]=r;                                                      //L14
    }                                                                //L15
    printf("\n answer:\n");                 //输出                    //L16
    for (i=0; i<M; i++){                                             //L17
        if (i%10==0)                                                 //L18
            printf("\n");                                            //L19
        printf("%6d",a[i]);                                          //L20
    }                                                                //L21
```

```
    printf("\n");                                                    //L22
    return 0;                                                        //L23
}                                                                    //L24
```

假设数组 a 有 4 个元素，即 M 值是 4，分别为从键盘读入 7,2,11,6 共四个整数，则数组 a 的内容如图 6.11(a)所示。

- 第一次进入 i 控制循环，i=0；j=0；进入第 10 行 k 控制的循环，k 的变化范围是[1,3]闭区间，开始扫描整个数组，寻找最小元素。
  - ✓ k=1,j=0,a[k]<a[j](2<3) 为真，j=1；在已扫描过的两个元素中 2 最小，下标是 1，用 j 标识；
  - ✓ k=2,j=1,a[k]<a[j](11<2) 为假，不执行第 11 行语句；
  - ✓ k=3,j=1,a[k]<a[j](6<2) 为假，不执行第 11 行语句；
  - ✓ k=4 退出 k 循环，这时经过扫描已经找到最小的元素是"2"，它的下标是 1。

下标	0	1	2	3
a	7	2	11	6

(a)

下标	0	1	2	3
a	2	7	11	6

(b)

下标	0	1	2	3
a	2	6	11	7

(c)

下标	0	1	2	3
a	2	6	7	11

(d)

图 6.11 主元排序示例

交换 a[i]和 a[j]的值(a[0]↔a[1])，将"2"放在最前面，这时数组 a 如图 6.11(b)所示。

- 第二次进入 i 控制循环，i=1；j=1；进入 k 控制的循环，k 变化范围是[2,3]闭区间，开始扫描整 i 后的元素，寻找其中最小元素，即数组第二小的元素。其下标用 j 标识，j 为 3；交换 a[1]↔a[3]。数组 a 如图 6.11(c)所示。
- 第三次进入 i 控制循环，i=2；j=2；找到下标 1 后的最小元素是"7"，下标是 3。交换 a[2]↔a[3]。数组 a 如图 6.11(d)所示。
- i 值为 3，3<M−1 为假，退出 i 控制的循环。第 16～22 行打印排序后的数组。

【例 6.5】 编一个函数，用"冒泡法"法对整数组 A 进行排序。

"排序"亦称"分类"，是计算机科学中研究的一类重要课题，有很多有效的算法。例 6.4 给出了一个排序算法，可以称为主元排序。下边是冒泡排序算法。设数组 A 的说明如下：

```
#define n 100
int a [n];
```

"冒泡"排序的思想是：

从头至尾扫描被排序数组 A(i 从 0 到 n−2)，比较 A 数组的所有相邻元素 a[i]、a[i+1]，若 a[i]>a[i+1]则交换 a[i]、a[i+1]。如此反复进行，直到某一次扫描，没有数据交换为止，便完成了对数组 A 的排序。至多扫描 n 次就可以使数组 A 完成排序，所以该算法能够终止。

用一个布尔型变量 flag 标志一次扫描过程中是否有数据交换。每次扫描开始令 flag=false，假设没有数据交换；然后，当有数据交换时令 flag=true；最后在一遍扫描结束后，若 flag＝true 则说明本次扫描有数据交换，还应进行下一次扫描，否则扫描终止。

按上述思想得到图 6.12，并编出程序如下，请注意，这里只给出排序函数 sortofup 的定义。

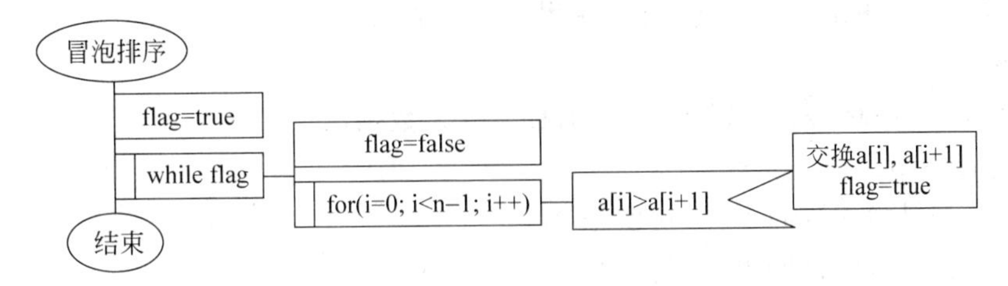

图 6.12　冒泡排序

```
void sortofup (int n, int a[]) {
    int i, r;
    bool flag;
    flag=true;
    while(flag) {
        flag=false;
        for (i=0; i<n-1; i++)       //由于 i+1 最大是 n-1 在数组下标范围内,所以 i 最大 n-2
            if (a[i] >a[i+1]){
                r=a[i]; a[i]=a[i+1]; a[i+1]=r;                 //交换
                flag=true;                                       //标志有交换
            }
    }
}
```

【例 6.6】　顺序检索。

“检索”与“分类”是互相联系在一起的，也是计算机科学中研究的一类重要课题，我们仍然以整数组 A 为背景介绍两种较常见的检索算法。设 A 数组的说明与例 6.5 排序中一样。

“顺序检索”的思想最简单：

顺次用欲检索的数 key 与数组 A 中元素 a[0]、a[1]、…、a[n－1]逐一进行比较。有两种可能的结果：

- 找到一个 j 使 key＝＝a[j]：找到，位置为 j，函数 search 带着位置 j 返回，j<n；
- 直到结束，没有使 key＝＝a[j]：未找到，函数 search 带回的值 j 值将大于等于 n。

该思想如图 6.13 所示，并编出函数如下：

```
int search (int n, int a[ ], int key){
                                //key 为检索关键字
    int j;                      //返回位置
    for (j=0; j<n && key!=a[j]; j++);
    return j;
}
```

顺序检索
for (j=0; j<n && key!=a[j]; j++)
return j
结束

图 6.13　顺序检索

这个程序中第3行是一个很怪的语句。在for循环控制部分后边没有循环体，仅使用一个分号(;)。一个孤立的分号，不缀在任何符号之后，称为“空语句”。空语句表示无任何操作，只占有一个语句位置。该检索过程的循环体也确实不需要任何操作，但按语法for控制部分后应该是一个语句，所以使用一个空语句。

【例 6.7】 对半检索。

“对半检索”亦称“两分法检索”，其前提条件是数据已经排序。设数组A已按递增排序，检索过程中用到三个变量：

lower：记录检索区间下界，初值是0；

upper：记录检索区间上界，初值是n－1；

j：标记当前检索位置。

假设a[0]≤key≤a[n－1]。对半检索的思想是，令j＝(lower＋upper)/2判断：

key＝＝a[j]：已经找到，位置为j；函数search带着j返回；

key＞a[j]：key在a[j]与a[upper]之间，检索区间缩小一半，lower＝j＋1；

key＜a[j]：key在a[lower]与a[j]之间，检索区间缩小一半，upper＝j－1。

以图6.14、图6.15、图6.16示意该过程如下。

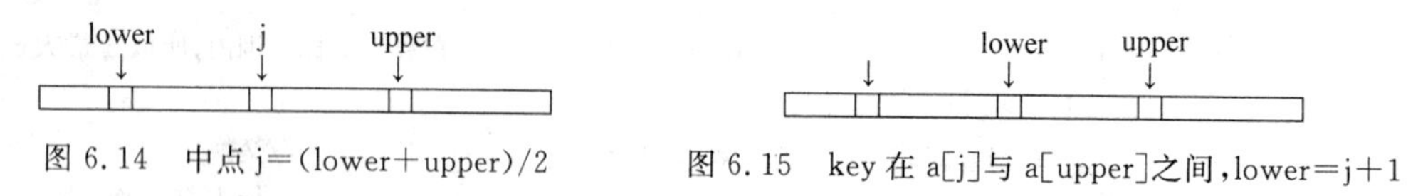

图 6.14　中点j＝(lower＋upper)/2　　　图 6.15　key在a[j]与a[upper]之间，lower＝j＋1

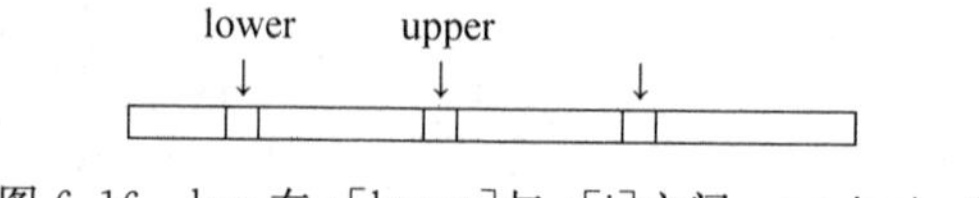

图 6.16　key在a[lower]与a[j]之间，uppei＝j－1

重复上述过程。重复的终止条件为upper－lower ＜ 0。当循环终止时表示未找到，函数返回 －1。

该算法如图6.17所示，编出函数如下：

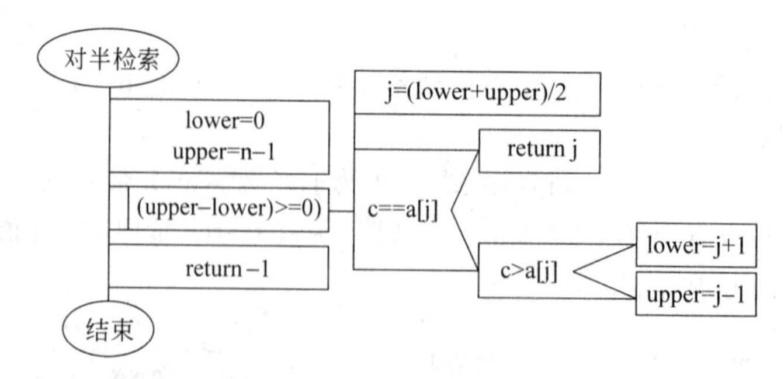

图 6.17　对半检索

```
int half_search (int n, int a[ ], int key){          /* key为检索关键字 */
    int lower,upper,j;
    lower=0;
    upper=n-1;
```

```
    while (upper-lower>=0) {
        j=(lower+upper)/2;                          /* 两分 */
        if (key==a[j])
            return j;                               /* 已经找到,位置为 j */
        else
            if (key >a[j])
                lower=j+1;          /* key 在 a[j+1]与 a[upper]之间, lower=j+1 */
            else
                upper=j-1;          /* key 在 a[lower]与 a[j-1]之间, upper=j-1 */
    }
    return -1;
}
```

【例 6.8】 编一个函数,求两矩阵乘积。

解:设有矩阵 A_{m*p}、B_{p*n},则其乘积矩阵 C_{m*n} 的元素 C_{ij} 为

$$\sum_{k=1}^{p} A_{ik} B_{kj}$$

则求积矩阵 C 的算法可以描述为:首先考虑一行一行的求,得到 i 循环;然后对于一行,应该一个元素一个元素的求,得到 j 循环;最后求一个元素,就是第 4 章例 4.8 求向量内积的算法;最终得到图 6.18 算法。

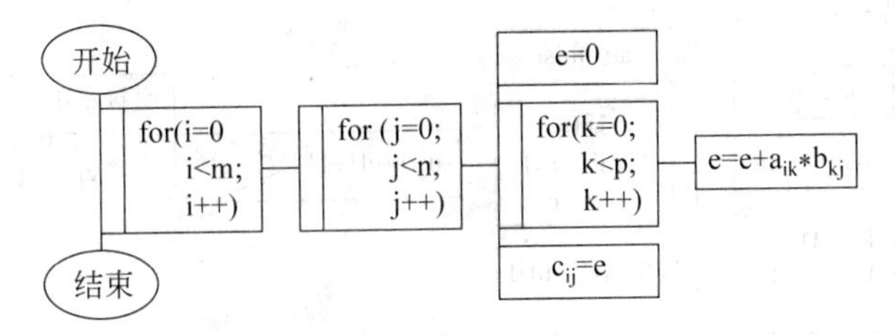

图 6.18　求矩阵积的算法

```
#define m 10
#define n 20
#define p 30
float a [m][p], b [p][n], c [m][n];
//写成函数形式,这样可以不关心输入,认为数据在主程序中准备好了
int matrixproduct (void) {
    float e;
    int i, j, k;
    for (i=0; i<m;i++)
        for (j=0; j<n; j++) {
            e=0;
            for (k=0; k<p; k++)  e=e +a[i][k] * b[k][j];
            c[i][j]=e;
        }
    return 0;
}
```

6.4 成绩排序——数组初值

【例 6.9】 编程序，输入一个班 50 名学生的程序设计课程成绩，按成绩由高到低的顺序输出每名学生的成绩。

解：排序算法我们已经介绍过两种，该问题使用哪种都可以。例如用整数数组 u 保存 50 名学生的成绩，使用冒泡法排序。现在问题是，排序后输出时要随之输出相应每个成绩是哪个学生的成绩。可以另外使用一个整数数组 v，保存每名学生的学号，开始时顺序保存 1、2、…、50 这 50 个整数，对应 u 数组从 u[0]到 u[49]顺序保存学号为 1 到 50 的学生的考试成绩。在排序时，每当对 u 数组数据进行移动时，都相应移动 v 数组中对应位置上的数据；当 u 排好序后，v 数组对应元素便记录了 u 数组中对应元素原来成绩学生的学号。

按以前所学知识，v 数组中初始数据 1、2、…、50，可以使用一个循环写入。本节介绍另一种方法——数组初值。可以像简单变量初值一样，在声明数组时同时给数组赋以初值。

按上述思想得到图 6.19，并编出程序片段如下。

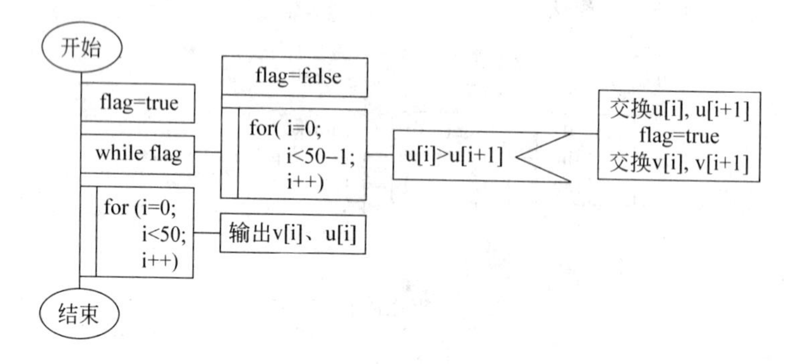

图 6.19　成绩排序

```
#include <stdio.h>
int main(void){
    int i,r,s,u[50],v[50]={ 1,2,3,4,5,6,7,8,9,10,
                          11,12,13,14,15,16,17,18,19,
                          20,21,22,23,24,25,26,27,28,29,
                          30,31,32,33,34,35,36,37,38,39,
                          40,41,42,43,44,45,46,47,48,49,50};
    bool flag;
    for (i=0;i<50;i++){                           //输入
        printf("please input %d : ",i+1);
        scanf("%d",&u[i]);
    }
    flag=true;                                    //冒泡排序
```

```
    while (flag) {
        flag=false;
        for (i=0; i<49; i++)
            if (u[i] >u[i+1]){
                r=u[i]; u[i]=u[i+1]; u[i+1]=r;          //原始数组操作
                flag=true;                              //标志单元
                s=v[i];  v[i]=v[i+1]; v[i+1]=s;         //序号数组操作

        }
    }
    printf("answer:\n");                                //输出
        for (i=0;i<50;i++)
            printf("%4d %4d\n",v[i],u[i]);
    return 0;
}
```

在程序例 6.9 中，使用了给数组赋初值的方法，使数组 v 在程序运行之前便取得值 1～50。像简单变量一样，可以在声明时给数组赋以初值。被赋以初值的数组在程序开始执行时，便取得了相应初值。

 **带初值的一维数组声明**

```
T id [e]={v1, …, vn};
```

其中：

- T 是数组的基本类型，即数组中每个元素的类型；
- id 是标识符，是数组名；
- e 是一个常量表达式，用方括号括起来，标识数组大小；
- $v_1, \cdots, v_n$ 是数组的初值。

如例 6.9 中的数组 v，对应一维数组的初始化算子形式是一对花括号"{"、"}"括起来的常量表达式表，各个常量表达式间用逗号分隔。再如

```
int a[5]={ 0,1,2,3,4 };
```

声明 5 个元素的 int 类型数组 a，并且 a 中各个元素的初值分别是 0、1、2、3、4。

 **带初值的二维数组声明**

```
T id [m] [n]={  {v11, …, v1n},
                {v21, …, v2n},
                       ⋮
                {vm1, …, vmn} };
```

其中：

- T 是数组的基本类型，即数组中每个元素的类型；
- id 是标识符，是数组名；
- m，n 是常量表达式，用方括号括起来，标识二维数组行列大小；

- $\{v_{11},\cdots,v_{1n}\},\{v_{21},\cdots,v_{2n}\},\cdots,\{v_{m1},\cdots,v_{mn}\}$分别是数组第1行，第2行，…，第m行的一维数组初值，用一对花括号（{ }）括起来。

例如：

```
int a[3][5]={{ 0,1,2,3,4 },
             { 1,2,3,4,5 },
             { 2,3,4,5,6 } };
```

声明3行5列的int类型二维数组a，并且a中各个元素的初值分别如下表所示。

	0	一	二	三	四
0	0	1	2	3	4
一	1	2	3	4	5
二	2	3	4	5	6

- 对应三维数组的初值是由一对花括号（{、}）括起来的二维数组初值列表。各个二维数组初值间用逗号分隔。
- 对应四维数组初值是由一对花括号（{ }）括起来的三维数组初值列表。各个三维数组初值间用逗号分隔，如此等等。

6.5 表示姓名——字符串

【例 6.10】 编程序，输入一段以“#”为结束符，由大写字母组成的正文，每个单词不超过10个字符。统计该段正文中出现单词“CHINA”的次数。

解：该问题的解法可以如下考虑。从头到尾逐步输入给定正文的每个单词，保存在数组中；对每个单词判断其是否与“CHINA”一致，如果一致则出现次数加一；整段文字结束后，最终输出统计数据，得如图6.20所示的PAD。

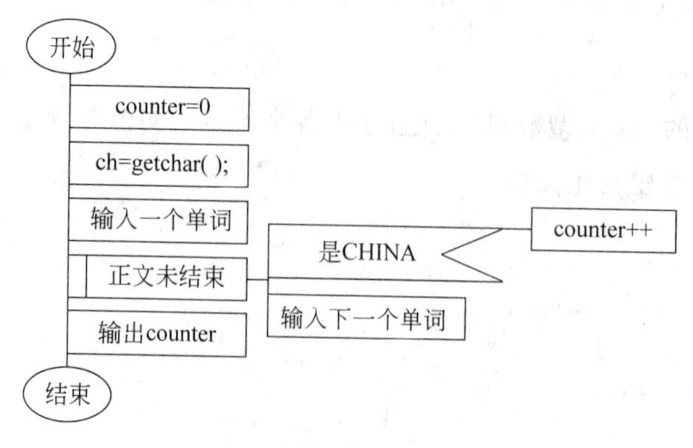

图6.20 单词统计

现在问题是一个单词怎样保存？使用什么数据结构？显然应该使用数组，数组的成分类型是字符。成分类型是字符的数组称“字符串”，字符串具有一些特殊性质。

求精判断一个单词是否与“CHINA”一致，可以使用C标准库string.h中提供的strcmp函数实现(详见6.5.3节)。

求精读入一个单词。应该先滤掉前导空白(非字母字符)，再读入所有连续的字母。再考虑到正文结束的判断，若当滤掉前导空白时已经到达正文末尾(遇到结束符)，则返回单词长度为“0”；否则正常读入一个单词，返回单词的长度。描述为图6.21所示的PAD。

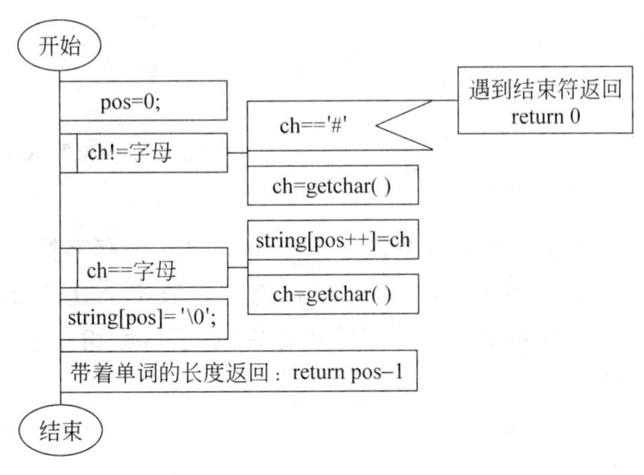

图6.21　读入单词

使用字符数组，该问题编出程序如下。

```
#include <stdio.h>
#include <string.h>
char ch;                                   //保存当前读入字符
char string[11];                           //text 保存正文；string 保存一个单词
int readword();                            //函数原型
/* 主函数 */
int main(void){                            //主函数
    int counter=0;                         //计数器清零
    int j;                                 //字符串首、尾
    ch=getchar();
    j=readword();
    while (j>0) {
        if (strcmp(string,"CHINA")==0)     //判断输出
            counter++;
        j=readword();
    }
    printf("\nThere are %d\n",counter);
    return 0;
}
/* 读入一个单词函数 */
int readword(){
    int pos=0;
```

```
    while (!((ch>='A')&&(ch<='Z'))) {          //滤掉前导空白
        if (ch=='#')return 0;                  //遇到结束符
        ch=getchar();
    }
    while ((ch>='A')&&(ch<='Z')){              //顺序读入一个字符串
        string[pos++]=ch;
        ch=getchar();
    }
    string[pos]='\0';
    return pos;                                //带着字符串长度返回
}
```

字符数组与字符串有着密切的关系。通常用字符数组保存字符串,可以说字符数组与字符串是一个概念。在C语言中,把字符串作为字符数组来处理,反之字符数组也被当作字符串来看。也可以认为字符串是常量字符数组;字符数组是字符串变量。本节讲述有关字符串的一些操作。

6.5.1 初始化

可以使用6.4节讲的一般方法对字符数组初始化,例如:

```
char  st[]={'t','h','i','s',' ','i','s',' ','a',' ','s','t','r','i','n','g','\0'}
```

定义17个元素的字符数组st,并且赋以初值

```
this is a string\0
```

⚠ **"\0"是代码值为0的字符,在C语言中,定义该字符为字符串结束符。字符串结束符是必须的**:有时是系统自动添加;有时则需要程序员手动添加,如例7.8字符串复制。也可以直接使用字符串为字符数组赋初值,如下声明与上述声明等价。

```
char  st[]="this is a string";
```

也定义17个元素的字符数组st,并且赋以同样的初值,其中字符串结束符"\0"是自动加的。

6.5.2 I/O

在格式化I/O中,C语言用格式符%s控制字符串的输入输出。把%s用在printf和scanf函数的格式串中,可以直接控制输入或输出一个字符串。当然,字符串以字符"\0"为结束符。在上述说明下,函数调用

```
scanf("%s", string);
```

输入一个字符串,送到字符数组string中。假如执行该语句时,键盘输入china,则string数组得到值如下:

string:	c	h	i	n	a	\0	0	0	0	0	0	0	0	0	0	0	0

可以看到,操作结果,把 china 送入字符数组 string 中,string 数组不足的元素补 0。

函数调用

```
printf("%s", string);
```

把 string 中保存的字符串输出,当然该字符串以“\0”为结束符。如果 string 中仍然是上述结果,则在终端屏幕显示

```
china
```

6.5.3 运算

在 C 语言的标准库头文件 string.h 中提供了字符串上关系运算、判等运算和赋值运算的函数,这些函数在运算过程中不涉及参与运算字符串长度是否相等。

- 关系运算

字符串比较大小的函数原型

```
int strcmp(const char * st1, const char * st2);
```

其功能是比较字符串 st1 和 st2 按字典序排列时的大小:如果字符串 st1 的值大于 st2,函数返回 1;如果字符串 st1 的值等于 st2,函数返回 0;否则,字符串 st1 的值小于 st2,函数返回−1。

设字符串变量 st 有值"china"。则

```
strcmp(st, "chin")                          得 1
strcmp(st, "china")                         得 0
strcmp(st, "0123456789")                    得 1
strcmp("this is a string","this's a string")   得-1
```

- 赋值运算

字符串复制的函数原型

```
char * strcpy(char * st1, const char * st2);
```

其功能是将 st2 字符串的内容复制到字符串 st1 中,并将字符串 st1 的首地址作为函数返回值;其中 st1 应是一个字符型数组(一个变量字符串,详见第 7 章)。例如

```
strcpy(st, "beijing");
```

得到结果

st:	b	e	i	j	i	n	g	\0	0	0	0	0	0	0	0	0	0

注意字符串上运算符的使用

- 字符串上不允许进行“+”、“-”等四则运算。
- 赋值运算绝对不能直接使用赋值运算符“=”。

```
S=string
```

的意义是把 string 的地址送入变量 S 中。

- 比较两个字符串大小等的关系运算也绝对不能直接用关系运算操作符:

==、!=、<、>、<=、>=

这些关系运算符是比较两个字符串的地址值的大小关系。

6.6 类型定义

C 语言提供了丰富的数据类型,包括简单数据类型、构造型数据类型等。这些数据类型有些是基本数据类型,有些是用户自定义的数据类型。到目前为止,对用户自定义的数据类型,都是直接定义它的结构,并直接说明相应类型的变量。类型定义可以给用户自定义类型起名字,或给已经有名字的类型定义别名。类型定义以保留字 typedef 为引导,C 语言把 typedef 归于存储类说明符。已经学过的各种数据类型使用 typedef 的形式如下。

6.6.1 定义已有类型的别名

 **定义类型名**

```
typedef T id;
```

其中:

- typedef 是关键字,标明是类型定义语句。
- T 是已有类型。
- id 是 T 的别名;经过此定义后,T 将由 id 代表。

例如:

typedef int INTEGER;

typedef float REAL;

分别为类型 int 和 float 定义别名 INTEGER 和 REAL,如此,“INTEGER m,n;”相当于“int m,n;”,而“REAL u,v,w;”相当于“float u,v,w;”。

6.6.2 定义数组类型名

 **定义数组类型名**

```
typedef T id [n];
```

其中:

- typedef 是关键字，标明是类型定义语句；
- T 是已有数组的基本类型；
- id 是数组类型名；
- n 是数组长度。

例

```
typedef int ta[10];
```

说明了类型 ta，它是一个 10 个元素的 int 类型的数组类型，“ta a;”相当于“int a[10];”，“ta b[10];”相当于“int b[10][10];”。

6.6.3 定义枚举类型名

 **定义枚举类型名**

```
typedef enum id {…} name;
```

或

```
typedef enum {…} name;
```

或

```
enum id {…};            //说明枚举标签 id
typedef enum id name;//通过枚举标签标识具体类型结构
```

其中：

- typedef 和 enum 是关键字，分别标明是类型定义语句和枚举类型声明；
- id 是枚举标签；
- name 是定义的类型名。

如下三个类型定义是等价的，都是定义 tcolor 为一个枚举类型类型名。

- typedef enum color {red,yellow,blue} tcolor;
- typedef enum {red,yellow,blue} tcolor;
- enum color {red,yellow,blue};
  typedef enum color tcolor。

不管有上述哪个类型定义，如下四个声明是等价的，都是声明一个枚举类型变量 c。

- tcolor c;
- enum color c;
- enum {red,yellow,blue}c;
- enum color{red,yellow,blue}c。

⚠ **读者一定要把类型名与变量名区别开。**一个类型可以有名字，它只是表示一种数据结构的框架，而不存在一个实体，不给它分配存储空间。只有变量才是一个实体，它具有一块存储空间，并且该块存储空间的结构是相应数据类型的。任何一个类型可以有多个变量，每个变量都具有一块存储空间。

“类型定义”定义一个标识符是某类型的名字，只定义了相应框架的一个同义语。即所定义的标识符具有相应类型表示的框架结构。它没有一个实体，没有一块存储空间，亦即没有具体表示一个变量。变量在变量声明中声明。

本章小结

本章介绍批量数据组织——使用数组组织数据，开始接触构造型数据类型。包括数组声明、下标表达式、多维数组、数组初值、字符串，另外还讲述了类型定义。重点掌握使用数组组织数据。

习题 6

6.1 编函数，判断任意给定的两维整数组(100×100)中是否有相同元素。

6.2 编函数，判断给定整数矩阵是否关于主对角线对称。

6.3 编函数，把矩阵 A 转置 A'，存入 A 中。

6.4 编一个函数，把给定一维数组的诸元素循环右移 j 位。

6.5 数列 x 顺序由 2000 以内各个相邻素数之差组成。求 x 中所有和为 1898 的子序列。

6.6 编函数，把整数组中值相同的元素删除得只剩一个；并把剩余元素全部串到前边。

6.7 编函数，找出给定两维整数组 A 中所有鞍点。若一个数组元素 A[i,j]正好是矩阵 A 第 i 行的最小值；第 j 列的最大值则称其为 A 的一个鞍点。

6.8 两维数组 $A_{10\times10}$ 的每行最大元素构成向量 B；每列最小元素构成向量 C，求 B·C 内积。

6.9 编函数，把给定的整数数组中 0 元素全部移到后部。且所有非 0 元素的顺序不变。

6.10 编函数，求给定两维整数组中出现频率最高的数。例在(2,3,4,3,5,7,5,5)几个数中 5 出现频率最高。

6.11 用实数数组存储多项式，数组的 i 个元素存储多项式的 i 次幂的系数，如多项式

$$6.7x^5 - 10.8x^3 + 0.49x^2 + 2.7$$

表示为

0	1	2	3	4	5
2.7	0	0.49	10.8	0	6.7

分别编函数，实现上述存储方式的多项式的加法、乘法。

6.12 设多项式

$$P(x) = a_n x^n + a_{n-1} x^{n-1} + \cdots + a_1 x + a_0$$

的系数和幂次存于如下表中：

幂次	幂次	幂次	…	幂次
系数	系数	系数	…	系数

例

$$P(x) = 3.0x^5 + 4.2x^3 + 2.1x^2 + 7$$

保存成

5	3	2	0
3.0	4.2	2.1	7

设计保存多项式的数据结构并编一个函数计算多项式的值。

6.13 编函数,按下述方法对数组 A 进行排序:首先把 A 数组的前半和后半分别进行排序,然后再将排好序的两半按序合并。

6.14 编函数,先对任意给定的 $m*n$ 阶整数矩阵的每行按递增顺序排序,然后再按行以每行第一个元素为关键字以递增顺序排序。使

$$a_{11} < a_{12} < \cdots < a_{1n}$$
$$a_{21} < a_{22} < \cdots < a_{2n}$$
$$\vdots$$
$$a_{m1} < a_{m2} < \cdots < a_{mn}$$

且

$$a_{11} < a_{21} < \cdots < a_{m1}$$

6.15 编函数,对任意给定的 $m*n$ 阶整数矩阵按行进行递增排序,使

$$a_{11} < a_{12} < \cdots < a_{1n} < a_{21} < a_{22} < \cdots < a_{m1} < a_{m2} < \cdots < a_{mn}$$

6.16 数组 A 未排序;今有一个索引数组 B 保存 A 的下标。编程序,不改变数组 A,只改变数组 B 完成对 A 的排序,如图 6.22 所示。

6.17 编程序,把自然数列 1、2、3、4、5、…成螺旋形放入方阵 A_{mm} 中,并打印该方阵。如五阶方阵 A_{55} 的形式如图 6.23 所示。

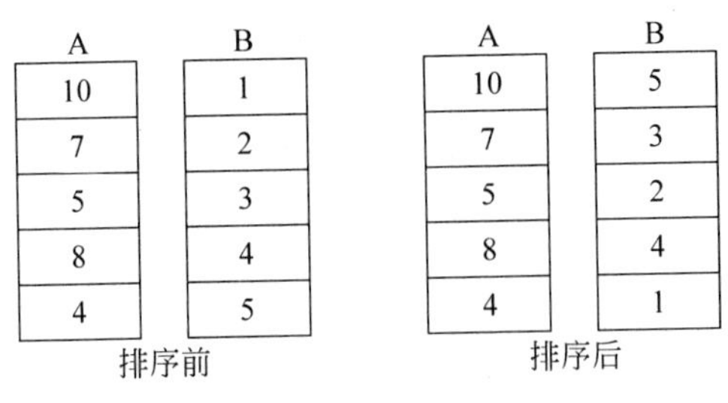

图 6.22 索引数组

1	2	3	4	5
16	17	18	19	6
15	24	25	20	7
14	23	22	21	8
13	12	11	10	9

图 6.23 五阶方阵 A_{55}

6.18 平面上有 100 个点,任意三个点均可构成三角形。编程序,求面积最大的三角形及其面积。

6.19 判断一个字符序列中(与),[与],{与}是否配对且互不相交。

6.20 编写函数 strchange 把给定的字符串反序。

6.21　编写函数 strcat 把给定的两个字符串连接起来。

6.22　编程序，从键盘上输入两个字符串，比较该两个字符串，输出它们中第一个不同字符的ASCII 码之差以及符号位置。例如，若输入 abcdef 和 abcefgh 则输出 s1[4]－s2[4]＝－1。

6.23　一个正文包含的每个字不超过 10 个字符，全文不超过 1000 个字。编程序处理该正文，统计并输出每个字的出现次数，并找出及输出出现次数最高的字。

6.24　编一个函数，把给定的整数翻译成长度为 10 的字符串。

6.25　整理名字表。编程序，输入任意顺序的名字表，将其按字典顺序排序并输出。

6.26　编函数，判断给定的十进制正整数在二进制中是否是回文数。回文数是指正读和反读都相同的数，例，768464867 就是十进制中的回文数。

6.27　编一个函数，对给定的正整数 m，n 输出 n/m 的十进制小数，直到出现循环为止，并指明循环节。

6.28　约瑟夫(Josephus)问题：

古代某法官要判决 n 个犯人死刑，他有一条荒唐的逻辑，将犯人首尾相接排成圆圈，然后从第 s 个人开始数起，每数到第 m 个犯人，则拉出来处决；然后再数 m 个，数到的犯人再处决；……；但剩下的最后一个犯人可以赦免。编程序，给出处决顺序，并告知哪一个人活下来。

6.29　密码文(密文)解密。

密文由字符序列组成，解密后产生的字符序列称原文。解密算法是把密文 s1，s2，…，sn 看成一个环(如图 6.24 所示)。解密时先按 s1 的 ASCII 码 n，从 s1 开始在环上按顺时针方向数到第 n 个字符，即为原文的第一个字符，从环上去掉该字符；然后取下一个字符的 ASCII 码 n，并从下一个字符开始在环上按顺时针方向数到第 n 个字符，即为原文的第二个字符，从环上去掉该字符；依此类推，直到环上没有字符为止，即可得到原文。用字符数组 A 存放密文环，不许使用其他工作数组，编程序，对给定的密文进行解密，解密后的原文仍存放在数组 A 中。

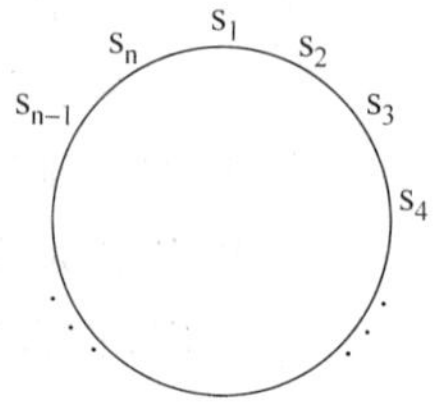

图 6.24　密文环

第7章　指　针

指针(pointer)是高级程序设计语言中一个重要的概念。正确灵活运用指针,可以有效地表示和使用复杂的数据结构;并可动态分配内存空间,节省程序运行空间,提高运行效率。但是如果不能正确理解和使用指针,指针将是程序中最危险的成分,由此带来的后果可能是无法估量的。

7.1　指针与变量

为了理解指针的含义,必须弄清楚数据在内存中是怎样存储的,又是怎样被访问的。如第1章1.1.2节所述,内存被操作系统组织成由一个字节一个字节顺序连接构成的一个线性表,其中每个字节,操作系统都给一个编号,即**内存地址**。高级语言的编译器在对源程序编译时会为每个变量,在内存分配一块存储区,该存储区的起始地址就是相应变量的地址,该存储区保存的内容就是相应变量的值。

内存地址通常是一个十六进制数字序列,这个序列由多少位十六进制数构成,是由操作系统位数决定的。需要注意,操作系统的位数是指比特位,现在主要有32位和64位两种。例如,“0X0018FF44”就是32位系统的内存地址,由8个十六进制数构成。VC6.0中变量地址是32位。

例如有如下变量声明,编译过程中,编译器将这些变量存放在的**栈区**(stack)内。栈区是由内存高地址向低地址扩展。各种编译器对每个变量所占空间大小规定各不相同,如VC6.0规定,float型和int型变量各占用4字节;所以才会得到如图7.1所示的内存分配示意(有关栈区内容将在12章进行详细介绍)。

```
float c=3.14;
int v=27,u=32;
int * p=&v;
```

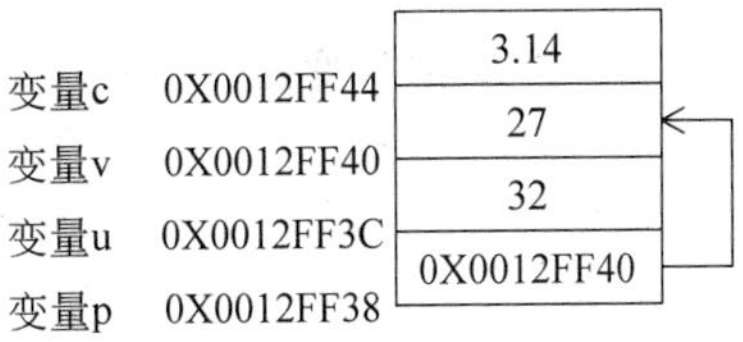

	地址	内容
变量c	0X0012FF44	3.14
变量v	0X0012FF40	27
变量u	0X0012FF3C	32
变量p	0X0012FF38	0X0012FF40

图7.1　变量存储分配

想要学好指针,就必须清楚地理解分配给变量的内存区域、该内存区域的地址、该内存区域保存的内容以及它们之间的关系。某个变量的指针就是给它所在内存区域的首地址。

变量c被分配在0X0012FF44开始的4个字节的内存区域中。0X0012FF44是该存储区域的地址,同时也是变量c的地址,也称0X0012FF44是变量c的指针;该内存区域中存储的浮点数 3.14 是该存储区域的内容，也是变量 c 的值。

变量 v 被分配在 0X0012FF40 开始的四个字节的内存区域中。0X0012FF40 是该存储区域的首地址，同时也是变量 v 的地址，也称 0X0012FF40 是变量 v 的指针；该内存区域中存储的整数 27 是该存储区域的内容，也是变量 v 的值。

变量 p 被分配在 0X0012FF38 开始的四个字节的内存区域中。0X0012FF38 是该存储区域的首地址，同时也是变量 p 的地址，也称 0X0012FF38 是变量 p 的指针；该内存区域中存储的 0X0012FF40 是该存储区域的内容，也是变量 p 的值。p 是指向 int 类型变量的指针类型变量，目前它指向 int 类型变量 v，所以变量 p 的值是 int 类型变量 v 的地址，也就是 0X0012FF40，称 p 指向 v。

访问变量 v 的内容，一般直接使用变量 v 的名字，即**直接访问**方式。例如 v * 10 表示：用变量 v 的值(27)乘以 10，得 270。还可以通过间接方式访问一个变量的内容(使用值)，即通过指向相应变量的指针。比如访问变量 v 可以用方式

```
*p
```

来实现。算式 (* p) * 10 同样得到值 270。它通过指向 v 的指针变量 p，采用**间接访问**的方式实现对变量 v 的访问，取出变量 v 的值，参与运算。

可以认为地址与指针是同意语。变量的指针就是变量的地址，存放变量地址(指针)的变量是指针变量。

7.1.1 指针类型和指针变量

在 C 语言中，任何一个类型都伴随着一个指向本类型变量的指针类型。设有类型 T，则指向 T 类型变量的指针类型用

```
T*
```

表示。T 称为该**指针基类型**。

指针变量简称指针，是一种特殊的变量，它里面所存储的"值"被解释成为一个变量的地址，确切的说是计算机内存的一个地址。

 **声明指针变量**

```
T * p, * p, …, * p;
```

其中：

- ' * '标明是声明指针变量。
- T 是指针基类型。
- p 是标识符，是被说明的指针变量。

例如：

```
int * iptr1, * iptr2, x, y;      //说明指向 int 类型变量的指针 iptr1 和 iptr2
float * fptr;                    //说明指向 float 类型变量的指针 fptr
float    f=3.14;
```

指针基类型既可以是基本数据类型，也可以是构造型数据类型，甚至是指针类型，还可以是函数。经常简称"指向 T 类型变量的指针变量 v"为"v 指向 T 类型"或"T 类型的指针 v"等。

指针值是内存地址(宏观上讲是变量地址)。求取不同类型变量或常量地址的表达方式不同。简单类型变量、数组成员、结构体变量、联合体变量等，用求地址运算符"&"；数组的地址与其第一个元素(成员)的地址相同，用数组名字本身表示；函数的地址为函数的入口地址，用函数名字表示。设有操作：

```
iptr1=&x;                    //iptr1 指向变量 x
iptr2=&y;                    //iptr2 指向变量 y
fptr=&f;                     //fptr 指向变量 f,f 有初值 3.14
x=5;
y=8;
```

假设指针 iptr1 所占内存单元的地址为 0X0018FF44，则编译程序会根据变量声明的先后顺序为其在内存中分配空间，如图 7.2 所示。

如果执行 iptr1=iptr2；则 iptr1 和 iptr2 指向同一内存单元，如图 7.3 所示，其中虚线标出指针 iptr1 的变化。

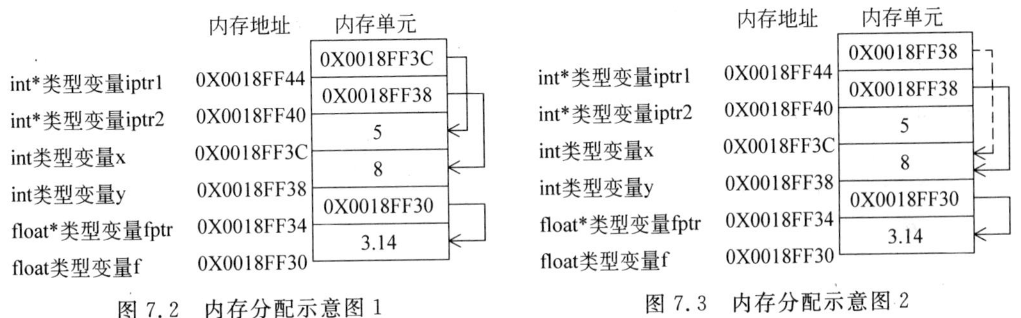

图 7.2 内存分配示意图 1　　　　图 7.3 内存分配示意图 2

7.1.2 指针所指变量

指针变量和指针所指变量是两个不同的概念。指针变量即指针，它本身存储某个内存地址(某个变量的地址)。指针所指变量为指针变量中所保存的内存地址对应的变量。设有程序片段：

```
int * iptr;
int i=3,j;
iptr=&i;
```

变量iptr 0X0018EF44 | 0X0018EF40
变量i 0X0018EF40 | 3
变量j 0X0018EF3C |

图 7.4 内存分配示意图 3

则内存分配如图 7.4 所示。

在图 7.4 中系统为 int 型指针变量 iptr 分配的内存单元地址为 0X0018EF44，iptr 本身值为内存地址，即 0X0018EF40。而地址 0X0018EF40 对应的是 int 型变量 i，则 int 型指针变量 iptr 所指变量为 int 型变量 i，即

iptr 指向 i。

运算符“*”访问指针所指变量的内容，称为**间接引用**运算符。若有语句

```
j= * iptr;
```

将把 iptr 所指内存单元(0X0018EF40)中的内容送入变量 j，此时 j 的值为 3。*iptr 表示指针变量 iptr 所指变量的内容。

一定要区分开指针变量和指针所指的变量；进一步，一定要区分开指针值和指针所指变量的值。

【例 7.1】 用指针变量实现：输入两个整数，按从大到小顺序输出。

```
#include <stdio.h>                                          //L1
int main(void){                                             //L2
    int i, j;                                               //L3
    int * pmax, * pmin, * p;                                //L4
    printf("Input two integer:");                           //L5
    scanf("%d%d",&i,&j);                                    //L6
    pmax=&i;                                                //L7
    pmin=&j;                                                //L8
    if (i<j){                                               //L9
        p=pmax;                                             //L10
        pmax=pmin;                                          //L11
        pmin=p;                                             //L12
    }                                                       //L13
    printf("max=%d, min=%d, max*min=%d\n",                  //L14
        * pmax, * pmin, * pmax * (* pmin));                 //L15
    return 0;                                               //L16
}                                                           //L17
```

假设输入 25、38，该程序运行到第 8 行末尾时，各个变量的状态如图 7.5 所示，当程序执行到第 13 行结束时，各个变量的状态如图 7.6 所示。可以看出变量 i、j 的内容并没有交换，而指向它们的指针变量 pmax 和 pmin 的内容交换了。

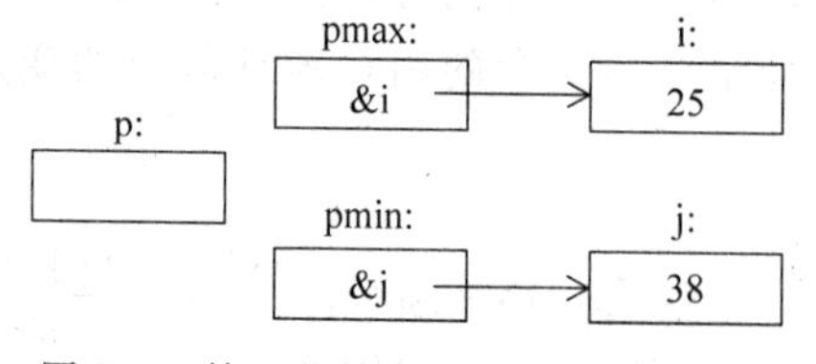

图 7.5 第 8 行结束时内存分配示意图

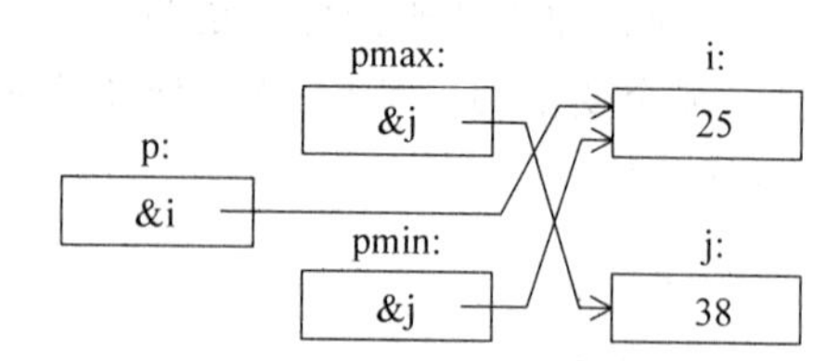

图 7.6 第 13 行结束时内存分配示意图

⚠ **读者需要注意符号“*”的用法。**根据“*”出现位置不同，所代表的意义也不同。

- 出现在变量声明中，“*”放在某个变量前面，代表是声明的变量是指针。如例 7.1 第 4 行的声明。

- 出现在表达式里则有两种含义,需要仔细区分:如果放在某个指针变量前面则表示指针的间接引用,如例7.1第15行的 * pmax 和 * pmin。如果出现在两个表达式中间,且两个表达式都可以算出值,这时代表是乘法符号,如 * pmax * (* pmin)。

7.1.3 空指针和无效指针

NULL是C指针类型的一个特殊值,称为"空",表示指针变量的值为空,不指向任何变量或函数。NULL值属于所有指针类型。NULL也可以用0代替,判断指针变量iptr的值是否为空可以使用

```
iptr !=NULL、iptr==NULL、iptr!=0、iptr==0
```

⚠ **保证指针在没有指向有效对象或函数时取值为空是一种良好的程序设计风格。**

【例7.2】 空指针导致运行错误的程序。

```
#include <stdio.h>                                   //L1
int main(void){                                      //L2
    int *p, *q, u, v;                                //L3
    q=&u;                                            //L4
    *q=3;                                            //L5
    p=&v;                                            //L6
    *p=*q;                                           //L7
    *p=5;                                            //L8
    p=q;                                             //L9
    *p=7;                                            //L10
    p=NULL;                                          //L11
    *p=3;                                            //L12
    return 0;                                        //L13
}                                                    //L14
```

整个程序编译和链接时都不会出现错误,但在执行时则会提示"Access Violation"的错误,如图7.7所示执行过程,这是执行错误的一种,主要是由于指针使用不当造成的。如果将程序第11~12行修改为

```
if (p !=NULL)
    *p=3;
```

则不会出现图7.7所示错误。

无效指针(invalid pointer)是一个指针值无效,它既没有指向确定的变量或函数,也不是NULL。这时指针值和预期值不一致;程序员不能有效控制指针所访问的内存空间,将无法预知程序运行走向,带来不可估量的后果;因此程序中存在无效指针,不是好的程序设计风格。程序中出现无效指针的情况很多,比较常见如第1章图1.34中的程序第4行,访问指针p时,p没有指向有对象,所以才会出现执行错误。

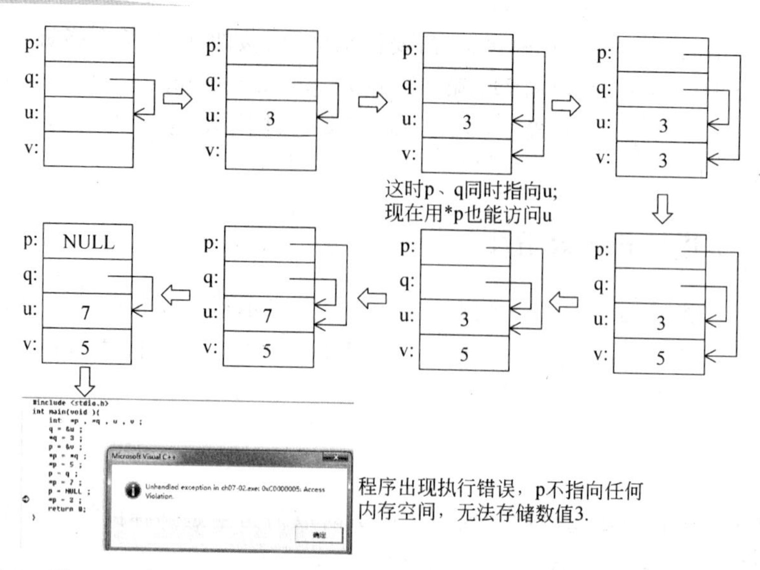

7.7　例7.2程序第4行～第12行代码，逐行执行时内存分配示意图及错误提示

【例7.3】　无效指针导致运行错误的程序。

```
#include<stdio.h>
int main(void){
    int * p,q=1;
    * p=q;                    //p没有指向有效对象,所以无法访问,出现执行错误
    return 0;
}
```

访问空指针或无效指针所指向的内容当然是错误的。

7.1.4　指针运算(&、*、=)

涉及指针的运算包括前边已经接触过的赋值运算“=”、求变量地址运算“&”、访问指针所指变量内容的运算“*”。本节还将介绍算术运算“+”、“-”、判等运算和关系运算。

1. 求地址 &

“&”运算符用来求被操作对象的地址。例如：&x表示变量x在内存中的存放地址，若x的地址为0X0016FF40，则&x的值为0X0016FF40。“&”的优先级为15。

2. 取内容 *

“*”与“&”互为逆运算。“*”运算访问地址表达式所指变量。例如：“x=*p”是将指针p所指变量的值送入变量x中；“*p=5”是将5送入指针p所指变量中。“*”的优先级也为15。

3. 赋值=

可以把一个指针值赋值给某个指针变量。所谓指针值是指向某变量指针(变量的地址)或函数的指针。例如：

```
int * px, x;
px=&x;                          //指针 px 指向变量 x
px=NULL;                        //为 px 赋空指针
px=(int * )4800;                //将地址 4800(对应十六进制 0X12C0)赋给 px,而非整数值 4800
```

指针赋值时指针基类型必须一样。如下所示,即使 int 和 float 类型在普通类型变量是赋值兼容的,如第 3 行语句可以进行赋值;但是 px 和 pf 的指针基类型分别是 int 和 float,指针类型是不相容的,所以不能进行赋值。

```
int x=3, * px=&x, y=5, * py=y;
float f=4.5, * pf=&f;
* px= * pf;                     //* pf= * px 都是正确的
px=pf;                          //pf=px 都是错误的
py=px;                          //正确,指针基类型相同
```

7.2 指针与数组

指针与数组有着密切的关系。数组名是数组的首地址,也就是 a[0]的地址;指针值也是一个地址,如果一个指针 p 指向数组的首地址,即指向 a[0],则 p 与 a 表示的是同一个对象。事实上,在 C 中把指针和数组当作同一个概念看待,数组名是指针,指针也是数组。可以认为数组名是常量指针。

7.2.1 用指针标识一维数组

在 C 中,数组名是指针,指向数组的首元素(下标为 0 的元素),也就是数组第一个元素的地址。可以把这个指针值送入指针变量中。例如:

```
int a[5];
int * iptr
iptr=a;                //也可以使用 iptr=&(a[0])
```

则 a、&a[0]、iptr 均表示同一内存地址,即存放数组第 1 个元素的地址,如图 7.8 所示。

图 7.8 指向数组元素的指针

数组名不代表整个数组,而是数组的首地址,即第一个元素的地址。上述“iptr=a”不是把整个数组 a 全部送入 iptr 中,而是把数组 a 的首地址(即 a[0]的地址)送入 iptr 中。

访问数组 a 的第 i 个元素既可以使用数组名 a,也可以使用指针变量 iptr。在执行“iptr=a”操作后,如下表示方式相互等价。

```
a[i]    * (a+i)    iptr[i]    * (iptr+i)
```

数组名是一个常量指针。单独出现时,只能出现在赋值号的右侧,不能出现在赋值号左侧。如

```
iptr=a;
```

是正确的，而

```
a=iptr;
```

是错误的，因为 a 是一个数组名，是个常量。常量值是不变的，不能出现在赋值号的左侧。

【例 7.4】 指针与数组之间的关系。

```
#include <stdio.h>
int main(void){
    int a[5], i, * p;
    for(i=0;i<5;i++){                    //用下标表达式直接访问数组元素
        printf("please input a[%d]=",i);
        scanf ("%d",&(a[i]));
    }
    for(i=0;i<5;i++)                     //用指针计算数组元素地址再间接访问数组元素
        printf("%2d", * (a+i));
    printf("\n");
    for(p=a;p<a+5;p++)                   //用指向数组元素的指针间接访问数组元素
        printf("%2d", * p);
    printf("\n");
    return 0;
}
```

程序运行后，在输入阶段显示：

```
please input a[0]=1
please input a[1]=2
please input a[2]=3
please input a[3]=4
please input a[4]=5
```

其中等号后的数字是输入的。在输出阶段，输出结果是：

```
1 2 3 4 5
1 2 3 4 5
```

通过该例题可以看出几种访问数组元素的方式是等价的。

7.2.2 指针运算（＋、－、＝＝）

1. 加＋（＋＋）

如果指针值指向数组的一个成分，C 允许对相应指针值加上一个整数表达式。设指针 p 指向数组变量 a 的一个成分，把指针 p 与一个整数 k 相加，得到的结果值仍然是一个指针值；该值指向的是“数组 a 从 p 原来所指成分开始，向数组尾部移动 k 个成分后的成

分”。例如若有

```
int * p, * q, * r,a[100];
p=&(a[10]);
```

则

```
q=p+3;
```

将使得 q 指向 a[13]。

与前文一样“p++”表示“p=p+1”。

2. 减一(--)

指针的减法运算包括：指针值减去一个整数表达式和两个指针值相减。

- 如果指针值指向数组的一个成分，“-”的含义与“+”完全类似，只不过指针 p 与一个整数 k 相减，是向数组首部移动 k 个成分，不再赘述。
- 如果两个指针指向的对象是同一个类型的，则可以进行相减运算。得到的结果是整数类型的值，为两个指针值之间的距离。例如

  ```
  int * p, * q, * r,a[100];
  p=&(a[10]);
  q=&(a[5]);
  ```

  则 p-q 得 -5；而 q-p 得 5。

⚠ **指针加减运算是有限制的**。若 p 指向的不是数组元素，或 p+k 或 p-k 后超出数组 a 范围，其行为是未定义的，将产生不可预料的结果；不能针对函数指针或 void * 类型指针进行加减运算；不允许两个指针间进行加法运算；不允许不相容的两个指针值相减。事实上只有两个指针指向同一个数组中的元素，做相减运算才有意义。

3. 关系运算

C 还可以针对兼容类型的指针进行关系运算，得到的结果是 bool 类型的 true 或 false。针对指针的关系运算包括：

- 判断两个指针值是否相等或不相等(==或!=)；
- 比较两个指针值的大小关系(>、>=、<、<=)。

例如：

px<py，判断 px 所指向的存储单元地址是否小于 py 所指向的存储单元地址。

px==py，判断 px 与 py 是否指向同一个存储单元。

px==0、px!=0、px==NULL、px!=NULL，都是判断 px 是否为空指针。
一定要注意，参与关系运算的指针值是否是兼容类型的，如果 p 指向一个 int 类型变量，而 q 指向一个 float 类型变量，进行 p 与 q 的比较是错误的。

【例 7.5】 输入一个字符串，求其长度。

```
#include <stdio.h>
int  main(void){
```

```
    char str[255], * p;
    int  v;
    printf("please input string:");
    scanf("%s",str);
    p=str;
    while(* p!='\0')                              //求字符串尾位置
        p++;
    printf("The string length is %d \n", p-str);  //尾一头=长度
    return 0;
}
```

程序运行若输入：

```
abcdef
```

则输出结果为

```
The string length is 6
```

 **指针运算时必须注意指针的当前值。**

比如有

```
int  a[10], * iptr;
iptr=a;
```

若访问 a 数组的第 i 个元素，如下几种写法都是等价的，这在前边已经介绍过。

a[i]、* (a+i)、iptr[i]、* (iptr+i)

但是，是否任何时刻这四种写法都等价呢？回答是否定的，比如若有语句“iptr=&(a[2])”被执行后，则上述 iptr[i]、* (iptr+i)访问的是数组元素 a[i+2]，而不是 a[i]，它们与 a[i+2]、* (a+i+2)等价。写程序时要特别注意指针变量的当前值，有时由于忽略指针变量的当前值，会使程序产生严重错误，而且 C 语言对数组越界的访问根本不检查，不提供任何提示，使得这种错误还十分难于查找。

7.2.3 用指针标识多维数组

本节以 int 型二维数组为例，说明多维数组与指针之间的关系，以及怎样用指针表示多维数组及其元素。其他类型和多于二维的情况，读者可以从这里的叙述扩展得到。

1. C 数组元素的存储分配方式

在 C 中，按“行优先”原则分配数组元素的存储空间。设有声明：

```
int * aptr, a[M][N],x;
```

对数组 a 来说，它的各个元素被分配的内存空间的顺序是：

首先分配第 0 行元素；

然后分配第 1 行元素；

⋮；

最后再分配第 M－1 行元素，

每行元素的分配当然是按下标值从小到大进行。设 m＝3，n＝4，并从首地址 0X0018FF30 开始分配内存空间，则数组 a 的存储分配如图 7.9 所示。

a下标变量	内存地址	内存
a[2][3]	0X0018FF5C	
a[2][2]	0X0018FF58	
a[2][1]	0X0018FF54	
a[2][0]	0X0018FF50	
a[1][3]	0X0018FF4C	
a[1][2]	0X0018FF48	
a[1][1]	0X0018FF44	
a[1][0]	0X0018FF40	
a[0][3]	0X0018FF3C	
a[0][2]	0X0018FF38	
a[0][1]	0X0018FF34	
a[0][0]	0X0018FF30	

图 7.9　数组 a[3][4]存储分配示意图

2. 用成分指针访问二维数组元素

可以直接使用指针变量访问二维数组的元素。在下述声明：

```
int * aptr, a[M][N],x;
```

基础之上，可以直接用 aptr 访问 a 的元素。使用方法是首先使 aptr 指向 a 的某个元素 a[i][j]，然后以该元素的地址为基点，计算所要访问的数组元素的相对地址，并进行访问。

最常用的地址基点是 a 数组的第一个元素 a[0][0]，例如

```
aptr=&(a[0][0])  或  aptr=a[0]  或  aptr= * a
```

当使用数组基类型指针 aptr 来访问数组 a 中的元素时，C 编译器实际上是将 a 当成一维数组看待，成分指针每加一或者减一，实质都是移动一个数组元素的位置；所以元素 a[u][v]是 a 的第 u＊n＋v 个元素(第一个元素记为 0)。在上述赋值运算的前提下，则 a[u][v]的地址为“aptr＋u＊N＋v”，其中 N 是 a 的列数，即一行有多少元素。

若想把 a[u][v]的值送入变量 x 中，可以使用赋值运算：

```
x= * (aptr+u * N +v)                //等价于 x=a[u][v]
```

若想把某表达式 e 的值送入数组 a 的元素 a[u][v]中，可以使用赋值运算：

```
* (aptr+u * N +v)=e                 //这个运算等价于 a[u][v]=e
```

具体讲，计算公式“aptr＋u＊N＋v”是：

基点＋行数＊每行元素个数＋剩余行的零头元素个数

在图 7.9 中，a[2][1]的地址是：

- 基点 aptr；
- 加上整行数乘以每行元素个数：(行标为 2，前边有第 0 行和第 1 行，所以整行数为 2；每行元素个数就是 a 的声明中的列标 n，即 4)；
- 加上最后一行剩余行的零头元素个数。(下标为 1，前边有第 0 个元素，所以零头数为 1)。

得到 a[2][1]的位置是：

```
aptr+2*4+1
```

针对多维数组，则在上述公式上继续扩充。例有三维数组声明

```
int  a[M][N][P],*ptr;
```

则下表变量 a[i][j][k]的地址计算公式是

```
i*(N*P)+j*P+k
```

若有赋值运算 ptr=&(a[0][0][0])，则可以通过 *(ptr + i*(N*P)+j*P+k)访问 a[i][j][k]。

【例 7.6】 编函数，将一个 M 行 N 列的二维整型数组所有元素按递增排序。

```
void sortofup (int n, int* a) {                     //x是二维数组行数,y是数列数
    int i, r;
    bool flag;
    flag=true;
    while(flag) {
        flag=false;
        for (i=0; i<n-1; i++)                       //n是数组a的尺寸
            if (a[i]>a[i+1]){
                r=a[i]; a[i]=a[i+1]; a[i+1]=r;      //交换
                flag=true;                          //标志有交换
            }
    }
}
```

假设有声明

```
int p[10][15];
```

则数组 a 的长度就是 10*15，以它作为实参调用函数 sortofup，可以用如下任何一种形式：

```
sortofup(10*15,&(p[0][0]))
sortofup (10*15,p[0])
sortofup (10*15,*p)
```

不难发现，例 7.5 的程序与例 6.5 的程序，本质上一样。唯一不同在于第二个形参 a 的类型，例 6.5 中是一个整型一维数组名

```
void sortofup (int n, int a[ ])
```

而例 7.5 中是一个整型指针

```
void sortofup (int n, int* a)
```

本质上“int a[ ]”和“int * a”都要求实参传递一个地址给形参 a，所以这两种声明可以看成是等价的。为什么一维数组排序的函数也能用来排序二维数组，甚至更多维数组？其主要原因是 C 数组元素的存储分配方式，不论多少维的数组，经过 C 编译器，其都组织成一

个如图 7.9 所示的一维线性表,完全可以按照一维数组进行处理。但需要注意第二个参数的类型,例如

```
sortofup (10 * 15,p)
```

调用该函数则错误! 编译时将给出错误信息“实参 p 类型与形参 a 类型不相容”。根据“int p[10][15];”的声明,可以将 p 分解来看: p 是一个一维数组,这个数组有十个元素,每个元素是一个一维行向量;每个行向量有十五个元素,每个元素是 int 类型;这样一来,可以得到每个行向量的类型是 int * ,而 p 是由这些 int * 类型行向量构成的一维数组,则 p 的类型就是 int * *(指向指针的指针),所以便一起才会提示“实参 p 类型与形参 a 类型”不相容。

本例中,形参 a 是一个 int 型指针,要求实参传递 p 中第一元素 p[0][0](int 型)的地址/指针。则实参可以是: &(p[0][0])、p[0]和 * p。

7.2.4　指针数组

声明一维指针数组

```
T * p[n], * p[n], …, * p[n];
```

或

```
T * (p[n]), * (p[n]), …, * (p[n]);              //运算符" * "的优先级低于运算符"[ ]"
```

其中:

- * 标明是声明指针变量;T 是指针基类型。
- p 是标识符,是被说明的指针数组变量;
- n 是一个整型常量表达式,规定数组大小。

这个声明形式,声明了一个指针数组 p,如图 7.10 所示。

即 p 本身是一个指针常量,指向 n 个元素的数组,数组的每个元素是指针。指针数组没什么特殊的,是由指针构成的数组。数组中每个元素都是指针。例 7.6 的程序中定义了指针数组 n,n 包含 5 个元素,其中每个元素都是整型指针。

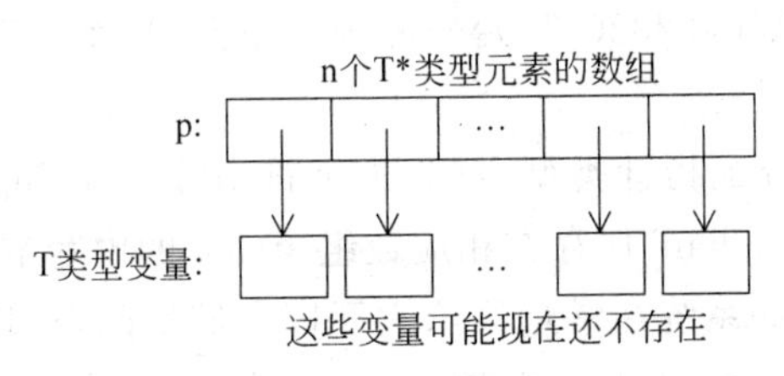

图 7.10　指针数组

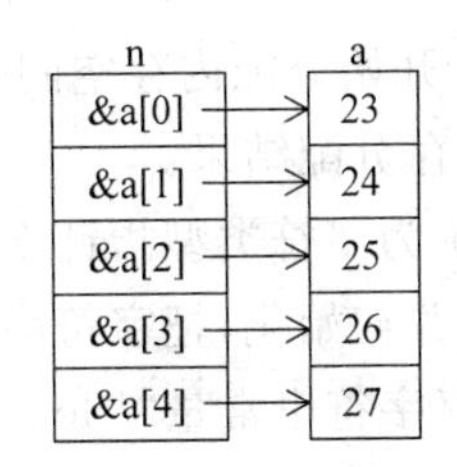

图 7.11　指向指针的指针 p、指针数组 n 与数组 a 的关系

【例 7.7】　指针数组与数组的关系,如图 7.11 所示。

```
#include <stdio.h>
```

```
int main(void) {
    int * n[5],i,a[5]={23,24,25,26,27};
    for(i=0; i<5; i++)
        n[i]=&(a[i]);
    for(i=0; i<5; i++)
        printf("%4d", * n[i]);
    return 0;
}
```

程序运行结果将输出：

```
23 24 25 26 27
```

7.3 指针与字符串

字符串分为常量和变量，如单独出现的"I love China"就是一个常量字符串；保存在字符数组中的字符串是变量字符串。这里有必要说明一下，C编译器在为变量和常量分配内存的时候是分开的；如常量字符串一般存放在内存静态区，而变量字符串是存放在内存栈区，具体内容第12章将有详细叙述。

标识字符串最重要的就是字符串的首地址，也就是字符串第一个字符的地址，即一个字符类型的指针；因此，C语言中使用字符指针来标识字符串。该字符串可能是变量字符串即字符数组，也可能是常量字符串。不同的是常量字符串，因为存放在内存静态区，只能使用字符指针标识；变量字符串存放在栈区，既可以使用字符指针标识，也可以使用字符数组访问。例如，

```
char  * sp="I love China", * sv;
char  string[ ]="He is an Indian";
```

定义两个字符型指针变量sp、sv以及一个字符数组变量string；并对变量作初始化，使sp指向字符串"I love China"，string初始化为"He is an Indian"。这里设变量从0X0018FF30开始分配内存空间，常量从0X0042202C开始分配内存空间，这个声明产生图7.12的内存分配结果。

编译系统为字符类型指针变量sp、sv分配指针类型空间；为字符串数组string分配字符型空间，并初始化，把字符串"He is an Indian"保存在相应数组string的内存空间中。

为了保存字符串常量"I love China"编译系统在常量区给它开辟存储空间，这块存储空间的结构与字符数组相同；并初始化字符类型指针变量sp，使它指向字符串常量"I love China"。

字符串"I love China"是常量字符串，只有通过指向它的指针变量才能访问它，它本身没有名字，sp绝对不是它的名字。目前sp指向它，当然也可以用其他指针变量指向它，sp也可以用于其他用途。例如，下述赋值运算：

```
sv=sp;
sp=string;
```

使得 sv 指向字符串“I love China”，而 sp 又去指向另一个字符串，如图 7.13 所示。使用字符数组 sp 可以访问相应字符串，也可以参与一切与字符串有关的运算。例如，

```
printf("%s\n",sp);
```

将打印出

```
He is an Indian
```

而

```
sp[3]
*(sp+3)
```

的值都是字符“i”。

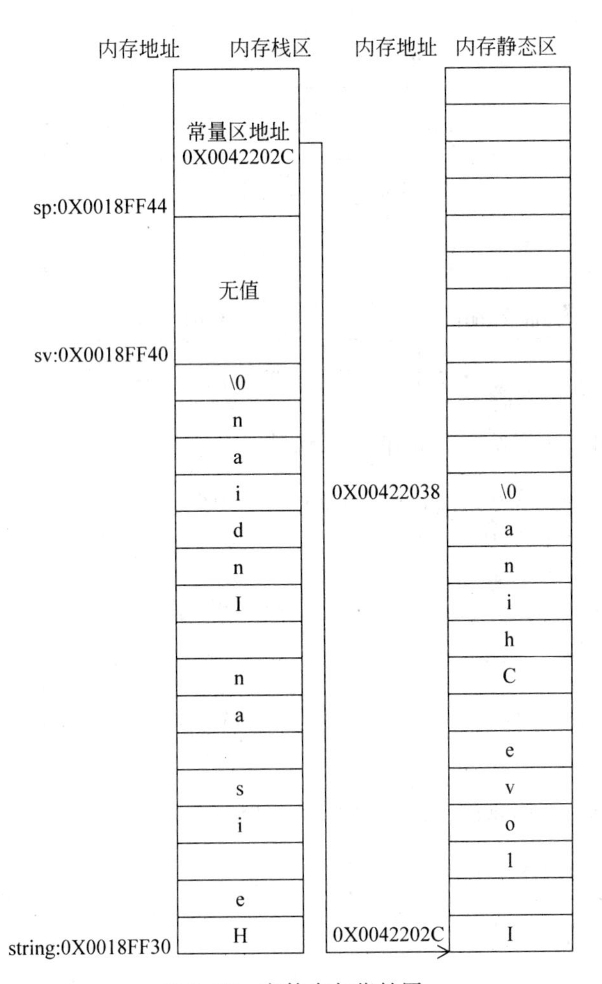

图 7.12 字符串与指针图

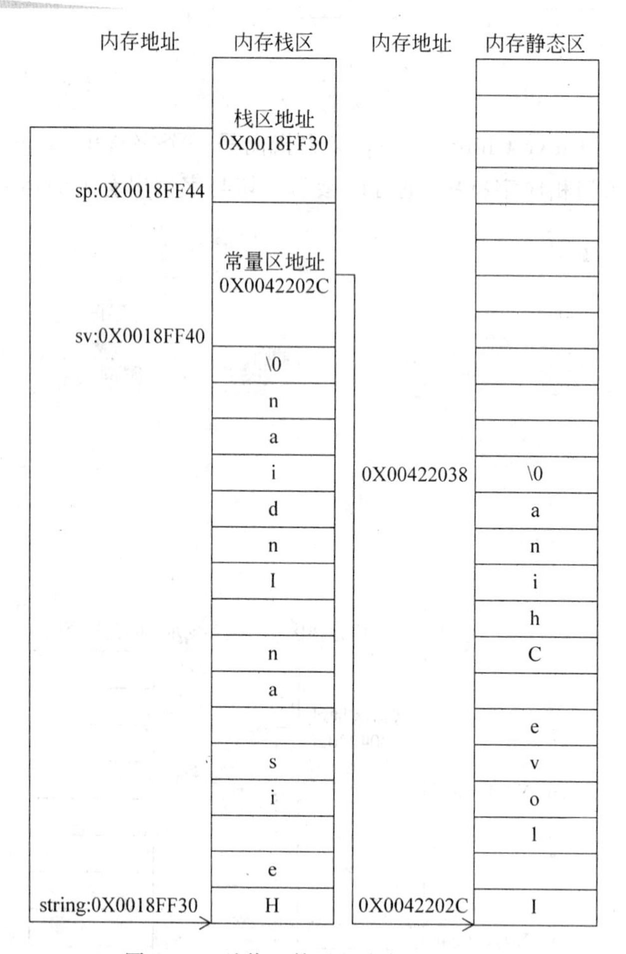

图 7.13　赋值运算后的字符串与指针

【例 7.8】 编函数把给定字符串复制到另一个字符串。

```
void str_copy(char * str1,char * str2){        //复制函数
    while(* str1!='\0'){
        * str2= * str1;
        str1++;                                  //指针向后移动
        str2++;
    }
    * str2='\0';                                 //复制结束后,在 str2 加上字符串的结束符号
}
```

【例 7.9】 编函数比较两个给定字符串大小。

```
int str_cmp(char * str1, char * str2){
    do {
        if (* str1> * str2)                      //比较当前字符
            return 1;                            //str1 长或 str1 当前字母大于 str2
            else if (* str1< * str2)
```

```
        return-1;                                //str2长或str1当前字母小于str2
    }while (*(str1++)!='\0'&&*(str2++)!='\0');   //注意此处"++"运算的作用
    if (*str1=='\0' && *str2=='\0')              //两个串全部结束,长度相同
        return 0;
    if (*str1=='\0' && *str2!='\0')              //str2长
        return -1;
    if (*str1!='\0' && *str2=='\0')              //str1长
        return 0;
}
```

不论字符串指针还是字符数组,访问整个字符串时都要十分小心,有些操作是正确的,有些操作是错误的。举例如下,请读者从中深刻体会字符串指针和字符数组的各种用法。

```
(1) char  str[20]="I am a teacher";     //正确,初始化数组str
(2) char  str0[20], str[20]="I am a teacher";
    str0=str;                           //错误,给指针常量赋值,数组不能整体赋值
(3) char  str[20];
    str="I am a teacher";               //错误,给指针常量赋值,数组不能整体赋值
(4) char  str[20];
    str[ ]="I am a teacher";      //错误,给指针常量赋值;"str[ ]"出现在"="左端,意义不明
(5) char*str;
    str="I am a teacher";               //正确,给指针变量赋值,str指向常量字符串
(6) char  str[20];
    scanf ("%s",str);                   //正确,输入字符串
(7) char*str;
    scanf ("%s",str);                   //错误,str不指向任何变量,输入字符串无处放
(8) char*str,str0[20];
    str=str0;
    scanf ("%s",str);                   //正确,输入字符串数据从str0[0]开始存放
(9) char*str,str0[20];
    str=str0+5;
    scanf ("%s",str);                   //正确,输入数据将从str0[5]开始存放
(10) char  str[20]="I am a teacher";
     printf ("%s",str);                 //正确,打印:I am a teacher
(11) char*str="I am a teacher";
     printf ("%s",str);                 //正确,打印:I am a teacher
(12) char*str="I am a teacher";
     str=str+5;
     printf ("%s",str);                 //正确,打印:a teacher
(13) char*str="x=%d  y=%f\n";
     printf (str, x, y);                //正确,相当于:printf ("x=%d  y=%f\n", x, y);
```

【例7.10】 把若干给定的字符串按字母顺序排序并输出。

```
#include <stdio.h>
#include <string.h>
```

```
char * name[ ]={"basic","programming","great wall","language","computer"};
void sort_string(char * arr_str[ ],int);          //函数原型
void out_string(char * arr_str[ ],int);           //函数原型
int main(void){
    sort_string(name,5);
    out_string(name,5);
    return 0;
}
void sort_string(char * arr_str[ ],int n){       //主元排序
    char * temp;
    int i,j,k;
    for (i=0; i<n-1; i++){
        k=i;
        for (j=i+1; j<n; j++)
            if (strcmp(arr_str[k], arr_str[j]) >0)
                k=j;
        temp=arr_str[i];                          //全部为指针赋值,实现指针交换
        arr_str[i]=arr_str[k];
        arr_str[k]=temp;
    }
}
void out_string(char * arr_str[ ],int n){        //输出
    int j;
    for (j=0;j<n;j++)
        printf("%s\n", arr_str[j]);               //输出指针变量 arr_str[j]所指字符串
}
```

该程序的声明部分产生如图 7.14 所示的数据结构。

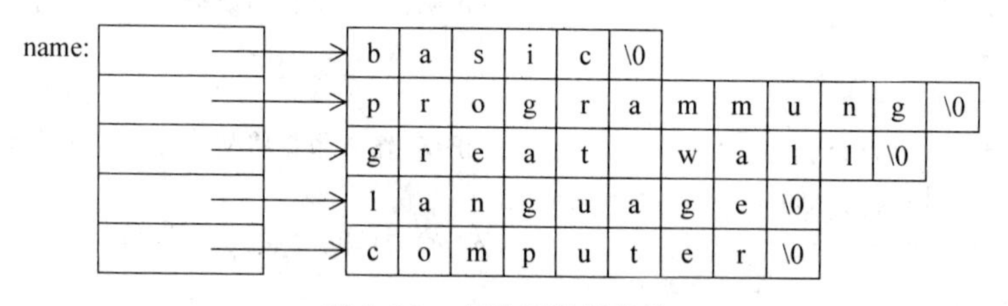

图 7.14　声明后数据结构

经过 sort_string 处理后结果如图 7.15 所示。

最后,运行结束产生如下输出:

```
basic
computer
great wall
language
programming
```

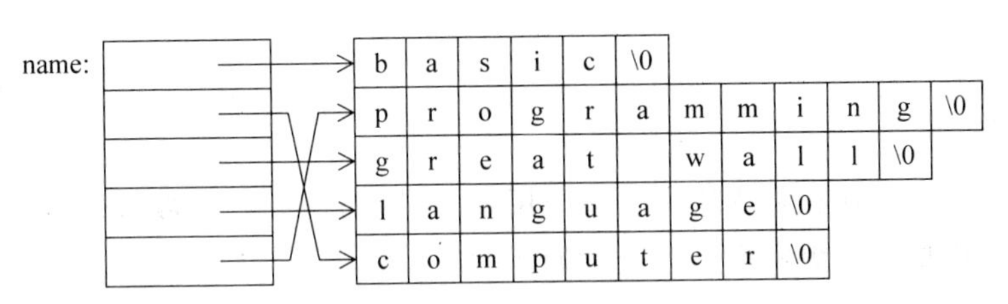

图 7.15　排序处理后数据结构

7.4　指向指针的指针

如果一个指针变量所指向的变量仍然是一个指针变量，就构成指向指针变量的指针变量，简称指向指针的指针。在图 7.16 中，变量 p 指向一个变量，该变量仍然是指针类型的，它指向一个 int 类型变量。

指针的指针p　指针s　int型变量v
p:

图 7.16　指向指针的指针

声明指针的指针

```
T **p,**p,…,**p;
```

其中：

- ＊标明是声明指针变量；
- T 是指针基类型；
- p 是标识符，是被说明的指针变量。

如下程序片段构造图 7.16 的结构。

```
int **p, * s, v;
p=&s;
s=&v;
v=300;
```

其中声明符“**p”声明了指向指针变量的指针变量 p。使用 s 访问 v 内容的形式是＊s，这是读者已经熟悉的，使用 p 访问 v 内容的形式是**p，这个间接寻址运算的意义是：

- p 是指针变量，它的值是“指向 int 类型的指针变量”；
- ＊p 取上述 p 的内容，得到一个指针值，该指针值“指向 int 类型变量”；
- **p 即“＊(＊p)”再取上述“＊p”的内容，得到一个 int 类型的值。

对“int **p”的解释是：由于“＊”是从右向左结合的，所以该声明相当于

```
int* (*p)
```

该形式表示“＊p”是“int＊”类型，即指向 int 类型变量的指针类型，而 p 是指向它外层类型(即“int＊”类型)变量的指针类型变量。

给 v 赋值的下述三个语句等价：

```
v  =300;
*s =300;
**p=300;
```

指向指针的指针在实际程序中有很大用处，程序的命令行参数就使用了指向指针的指针。经常使用指针数组实现指向指针的指针。设有程序片段

```
char  c1[ ]="copy",c2[ ]="jilin.dat", c3[ ]="changchun.dat", c4[ ]="beijing";
char * aptr[4],**ptr1,**ptr2;
ptr1=aptr;
ptr2=&(aptr[0]);
*ptr1=c1;
*(ptr1+1)=c2;
aptr[2]=c3;
ptr1[3]=c4;
```

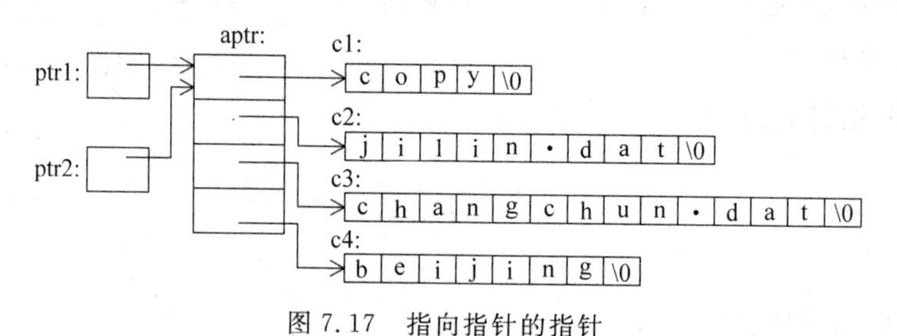

图 7.17　指向指针的指针

图 7.17 描述了上述程序片段产生的结果。

- 数组 aptr 是一个指针数组，它的每个元素值是一个指针，指向一个 char 型变量，数组名 aptr 是一个指向指针的指针(指针常量)；
- 变量 ptr1，ptr2 也是指向指针的指针(指针变量)。

如下操作都是访问 c3 的第 8 个元素，得到字符值“u”。

```
c3[7]、*(c3+7)
aptr[2][7]、ptr1[2][7]、ptr2[2][7]
*(aptr[2]+7)、*(ptr1[2]+7)、*(ptr2[2]+7)
(*(aptr+2))[7]、(*(ptr1+2))[7]、(*(ptr2+2))[7]
*(*(aptr+2)+7)、*(*(ptr1+2)+7)、*(*(ptr2+2)+7)
```

本章小结

本章主要介绍指针的概念与操作，并对指针与数组关系进行详细介绍。重点掌握指针变量与指针所指变量之间、指针与数组之间的关系。只有掌握好这两种关系才能够正确理解指针概念以及操作，从而正确使用指针。

习 题 7

7.1 设有如下声明

```
int  ival=1024, * iptr;
float  * fptr;
```

判断下列运算的合法性,并说明理由。

```
ival= * iptr;          * iptr= &ival;
ival=iptr;             iptr= &ival;
* iptr=ival;           fptr=iptr;
iptr=ival;             fptr= * iptr;
```

7.2 举例说明下述几个声明的意义。

```
int * p;               int * (p[ ]);
int * * p;             int * p[5];
int a[ ];              int * (p[5]);
int a[5];
int * p[ ];
```

7.3 说明下列声明的意义。

```
char  s[6]="pascal";
char  s[ ]="pascal";
char  * s="pascal";
char  s[ ]={'p','a','s','c','a','l',0};
char  * s[2]={"pascal","fortran"};
```

7.4 编函数,分别求给定字符串中大写字母、小写字母、空格、数字、其他符号的数目。

7.5 编函数,把给定字符串的从 m 开始以后的字符复制到另一个指定的字符串中。

7.6 编函数 insert(char * s1;char * s2;int v),在字符串 s1 的第 v 个字符处插入字符串 s2。

7.7 编函数,用指针作参数,实现把字符串 str1 复制到字符串 str2。

7.8 编函数 str_delete(char * s,int v,int w),从字符串 s 的第 v 个字符开始删除 w 个字符。

7.9 编函数,用指针作参数,实现字符串 str 反向。

7.10 编函数,分别利用指针传递参数,实现两个字符串变量的交换。

7.11 编函数,用指向指针的指针,实现对给定的 n 个整数按递增顺序输出,要求不改变这 n 个数原来的顺序。

7.12 编函数,对给定的 n 个整数进行位置调整。调整方案是:后面 m 个数移到最前面,而前面的 n－m 个数顺序向后串。

7.13 编函数,输入一个字符串,如

```
123bc456  d7890 * 12///234ghjj987
```

把字符串中连续数字合并，作为整数存入 int 类型数组中，并输出。

7.14 编程序，把 1、2、3、4、5、6、7、8、9 组合成三个 3 位数，要求每个数字仅用一次，使每个 3 位数为完全平方数。

7.15 编程序，把 1、2、3、4、5、6、7、8、9 组合成三个 3 位数 m1、m2、m3，要求每个数字仅用一次，使得 m2=2*m1 并且 m3=3*m1。例如：m1=192；m2=384；m3=576。

7.16 编函数，用指针形式访问数组元素，把给定的 int 类型矩阵转置。

7.17 编函数，把给定的 int 类型的 5×5 矩阵中最大元素放在中间；按序分别把四个最小元素放在四个角上，顺序是：左上、右上、右下、左下。

7.18 编程序。建立两个 4×4 的整型数组，其中的元素可以由随机函数生成，并将这两个数组按行、列输出；并编函数，将两个数组作为参数，计算矩阵的乘法并输出结果。

7.19 编程序。建立一个学生姓名的序列。用字符数组来保存每个学生的姓名，要求在程序运行时能够随意增加或删除学生姓名的记录；同时要求此序列能够按照姓名的字母顺序排列打印出来。

7.20 已知有指针数组形式给出的字符串列表 table。编函数，输入一个字符串，查 table 表，若查到输出该串位置，否则输出 0。

第 8 章　表单数据组织——结构体

8.1　保存成绩单——结构体

【例 8.1】 在某学生成绩管理系统中，学生成绩单结构如图 8.1 所示。为简化处理，这里假设只有三科成绩，分别是语文、数学和英语，且排列顺序已定。

姓名(32 个字符的字符串)
学号(一个整数的序号)
性别(枚举：male、female)
语文成绩(一个整数)
数学成绩(一个整数)
英语成绩(一个整数)

姓名：
学号：
性别：
语文成绩：
数学成绩：
英语成绩：

图 8.1　成绩单卡片

编程序，从终端输入 100 张卡片保存起来；然后根据用户不断输入的学号，检索相应学生姓名、性别、三科成绩，并输出，直到输入学号小于或等于零。

解：由题目要求，显然程序分成两部分：输入、检索。输入 100 张卡片，显然是一个循环，输入一张保存一张；检索也可以采用最简单的顺序检索。整个程序逻辑比较简单。

现在的问题是用什么数据结构保存成绩单，显然应该把每张成绩单描述为一个数据，统一处理。问题是每张成绩单中包含六个子数据，每个子数据的类型不同，用前面学的数据组织方式显然解决不了问题。

现实世界中有很多这类数据：一个数据项由多个子数据组成，而每个子数据的类型可能不一样。本章介绍一种数据组织方式——**结构体**(structure)，使用结构体可以描述这一类由不同类型子数据项组成的数据。结构体类型是构造型数据类型。

用结构体类型描述成绩单，编出如下程序。

```
#include <stdio.h>
#define L 100
enum gender_type {male, female};                //性别枚举类型
struct record{                                  //成绩单结构体类型
    char name[32];
    int stuno;
    enum gender_type gender;
```

```
    int Chinese;
    int math;
    int English;
}grouprecord[L];
/* 函数原型 */
struct record  inputrecord(void);             //输入一张卡片函数原型
void searchrecord(int);                       //检索函数原型
void out_answer(struct record * );            //输出结果函数原型
/* 主程序 */
int main(void){
    int i;
    int searchno;
    //输入部分
    for (i=0;i<L;i++)
        grouprecord[i]=inputrecord();
    //检索部分
    printf("\n\nstart search:");
    printf("\nplease input the wanted student number:");
    scanf("%d", &searchno);
    while (searchno>0) {
        searchrecord(searchno);
        printf("\nplease input the next student number:");
        scanf("%d", &searchno);               //输入欲检索的下一个学号
    }
    return 1;
}
                                              //主程序结束
/* 输入一张成绩单函数 */
struct record inputrecord(void){
    struct record one;
    int k;
    printf("\nnew record: ");
    printf("\nplease input student name:");
    scanf("%s", one.name);
    printf("\nplease choose gender 1.male 2.female:");
    scanf("%d",&k);
    while(k!=1&&k!=2){
        printf("please choose gender 1.male 2.female:");
        scanf("%d",&k);
    }
    switch (k){
        case 1: one.gender=male;break;
        case 2: one.gender=female;break;
    }
    printf("\nplease input the student number:");
```

```
    scanf("%d", &(one.stuno));
    while(one.stuno<=0){                        //成绩单录入过程中输入无效学号
        printf("\n Now it is in input phase, please a valid student number:");
        scanf("%d", &(one.stuno));
    }
    printf("\nplease input the mark of Chinese:");
    scanf("%d", &(one.Chinese));
    printf("\nplease input the mark of math:");
    scanf("%d", &(one.math));
    printf("\nplease input the mark of English:");
    scanf("%d", &(one.English));
    return one;
}
/* 检索函数 */
void searchrecord(int  searchno) {
    int k;
    for (k=0; k<L; k++) {
        if (grouprecord[k].stuno==searchno){
            out_answer(&grouprecord[k]);
            printf("\nFind it!\n");
            return;
        }
    }
    printf("\nNot find it\n");
}
/* 输出检索结果函数 */
void out_answer(struct record* card){
    printf("Name:%s\n", card->name);
    printf("No: %d\n", card->stuno);
    printf("Gender:");
    switch (card->gender){
        case female:printf("female\n");break;
        case male:printf("male\n");break;
    }
    printf("Chinese:%d\n",card->Chinese);
    printf("math:%d\n",card->math);
    printf("English:%d\n",card->English);
    printf("\n");
}
```

8.2 结构体类型

程序例 8.1 中使用结构体保存成分类型不同的成绩单数据。类型 struct record 有五种不同类型的成分,分别保存成绩单不同类型的五个成分。

与数组一样，结构体也是变量的集合，但其中成分变量有可能类型不同，像例 8.1 中的那样。这样的例子很多。比如，一个人的自然情况表可能如图 8.2 所示，包含名字（字符串型）、年龄（整型）、出生时间（三个整型）、性别（枚举）等。

名字：	年龄：	出生时间　　年　月　日	性别：

图 8.2　人的自然情况表

8.2.1　定义结构体类型

结构体类型是**分量**(components)的集合。分量也称**成员**(member)、**成分**(element)、**域**(field)，分量类型可以不同。

定义结构体类型

结构体类型定义如图 8.3 所示。

形式一	形式二

struct {
T id, …, id;
…
T id, …, id;
}
	struct sid {
	T id, …, id;
	…
	T id, …, id;
	}

图 8.3　结构体类型定义

其中：

- struct 是保留字，引导一个结构体类型定义。
- 每个 T 是一个类型说明符，可以是任意类型的任何形式的类型说明符。它说明后面诸标识符 id 的类型。
- 每个 id 是一个成员声明符，具体声明结构体类型的一个分量，它最终涉及的标识符是该分量的名字；要求在整个结构体类型定义内，诸 id 中声明的各个分量的名字互不相同；每个 id 的类型是它前面的 T 表记的类型。
- sid 是一个标识符，称**结构体标签**，起标记该结构体类型作用。

【例 8.2】 一个人的自然情况表可以如下定义结构体类型：

```
enum  gender_type { male, female };           //性别枚举类型
stnut date{
    int year;
    int month;
    int day;
};
struct  person {
    char  name[10];
    int  age;
    enum  gender_type  gender;
    struct  date  birthdate;                  //日期类型 date 在例 8.1 中已经定义
};
```

与数组类型一样，结构体类型定义也可以嵌套。在例 8.2 中：

- date 是一个结构体类型，包含三个成分，如图 8.4 所示。
- person 有四个成分，成分 name 为数组类型，成分 age 为 int 类型，成分 gender 为枚举类型，成分 birthdate 仍为一个结构体类型，如图 8.5 所示。

year:	整数
month:	整数
day:	整数

图 8.4　date 定义

name:	字符数组	
age:	整数	
gender:	枚举	
birthdate:	year:	整数
	month:	整数
	day:	整数

图 8.5　person 定义

结构体类型引用

```
sruct  sid
```

- struct 是保留字，标明是结构体类型引用。
- sid 是一个已经声明过的结构体标签，具体含义是按照结构体类型定义形式二给出。

如在例 8.1 和例 8.2 的结构体类型定义的意义下，下述形式都是结构体类型引用，使用它们将分别标记相应结构体定义。

```
struct  date
struct  record
struct  person
```

结构体类型定义和结构体类型引用统称"结构体类型说明符"。使用结构体类型说明符可以定义结构体类型的类型名，还可以声明结构体类型变量。

8.2.2　定义结构体类型名

定义结构体类型名

定义结构体类型名如图 8.6 所示。

形式一	形式二	形式三

typedef struct {
T id, …, id;
…
T id, …, id;
} tid;
	typedef struct sid {
	T id, …, id;
	…
	T id, …, id;
	} tid;
		struct sid {
		T id, … , id;
		...
		T id, …,id;
		};
		typedef struct sid tid;

图 8.6　定义结构体类型名

其中：

- typedef 是保留字，标明是定义类型名；
- struct 是保留字，引导一个结构体类型说明符；
- 每个 id 是标识符，是结构体分量的名字；

- 每个 T 是一个类型说明符，说明结构体分量的类型；
- sid 是结构体标签；
- tid 是一个标识符，为结构体定义的类型名。

如在例 8.1 结构体说明的基础上，例 8.3 是一些结构体类型名定义。

【例 8.3】 定义结构体类型名。

```
typedef  struct  date {
    int year,month,day;
} datetype;                                        //日期结构体类型
typedef  struct {                                  //书号结构体类型
    char catalogue;
    int order;
}booknotype;
typedef  struct record  recordtype;                //成绩单结构体类型
```

第一个类型定义使用完整形式的结构体类型定义，定义类型标识符 datetype；第二个类型定义使用不带结构标签的结构体类型定义，定义类型标识符 booknotype；第三个类型定义使用结构体类型引用，定义类型标识符 recordtype。

8.3 结构体变量

8.3.1 定义结构体变量

到目前为止，仅仅讲述了结构体类型的结构，类型定义、类型名的定义等，还没有引进结构体变量，还没有引进具体的结构体。只有变量才具有实体，才能保存数据。例 8.1 的 one 是结构体变量，能够保存一张成绩单的数据；grouprecord 是 100 个结构体变量组成的数组，能够保存 100 张成绩单数据。使用结构体变量，必须声明。

 **声明结构体变量**

定义结构体变量如图 8.7 所示。

其中：

- typedef 是保留字，标明是定义类型名；
- struct 是保留字，引导一个结构体类型说明符；
- 每个 id 是标识符，是结构体分量的名字；
- 每个 T 是一个类型说明符，说明结构体分量的类型；
- sid 是结构体标签；
- tid 是一个标识符，为结构体定义的类型名；
- vid 是一个标识符，是结构体变量的名字。

例如在例 8.1 中

```
struct record one;
```

<table>
<tr><th colspan="2">直接使用结构体类型定义</th><th>使用结构体类型引用</th></tr>
<tr><td>struct {
T id, …, id;
…
T id, …, id;
} vid, …, vid;</td><td>struct sid {
T id, …, id;
…
T id, …, id;
} vid, …, vid;</td><td>struct sid {
T id, …, id;
…
T id, …, id;
};
struct sid vid, …, vid;</td></tr>
<tr><th colspan="3">使用typedef定义的结构体类型名</th></tr>
<tr><td>typedef struct {
T id, …, id;
…
T id, …, id;
} tid;

tid vid, …, vid;</td><td>typedef struct sid {
T id, …, id;
…
T id, …, id;
} tid;

tid vid, …, vid;</td><td>struct sid {
T id, …, id;
…
T id, …, id;
};
typedef struct sid tid;
tid vid, …, vid;</td></tr>
</table>

图 8.7　定义结构体变量

声明结构体变量 one,使用的是结构体引用的方式声明。还可以直接用结构体定义直接声明 one(当然在例 8.1 程序中没有使用这两种方式)。

```
struct record{
    char name[32];
    ⋮
} one;
```

或

```
struct {
    char name[32];
    ⋮
} one;
```

8.3.2　结构体类型数组

结构体类型的数组和简单类型数组,在数组组织和在内存中存储的方式是完全一样的,不同的是结构体类型数组的每个元素都是一个结构体变量。

例如,在例 8.1 中声明的数组 grouprecord[L]就是一个结构体数组;又如例 8.1 代码中“grouprecord[i]=inputrecord()”中的“grouprecord[i]”就是数组的元素,其下标是 i,类型是“struct record”类型。程序中不仅可以使用如下形式声明数组

```
struct record{
    char name[32];
    ⋮
}grouprecord[L];
```

或

```
struct {
    char name[32];
    ⋮
} grouprecord[L];
```

还可以使用“struct record grouprecord[L]”声明。不论哪种方式,在访问结构体数组成分时都使用如“grouprecord[i]”的形式,所得到变量的类型是数组的基类型。

8.3.3　指向结构体的指针

指向结构体的指针,与指向简单变量的指针在本质上并没什么不同,它们都是一个地址。不同的是:结构体指针所标识的内存地址内存储的是某个结构体类型变量,普通变量指针所标识的内存地址存储的是一个简单类型的变量。

例如，在例 8.1 中输出检索结果函数 out_answer 中的 card 就是一个指向结构体变量的指针变量。可以使用形式“struct record * card”声明 card。还可以使用如下形式声明 card。

```
struct record{
      char name[32];
      ⋮
} * card;
```

或

```
struct {
      char name[32];
      ⋮
} * card;
```

这三种形式都声明图书卡片类型的指针变量 card。card 可以指向图书卡片类型的结构体变量。比如，

```
card= &one                  //one 是 struct record 类型
card= &grouprecord[i]       //grouprecord是 struct record类型的数组
card=grouprecord            //一维结构体数组 grouprecord的首地址
```

8.3.4 访问结构体变量的成分

访问结构体变量的一个成分，使用**成员选择表达式**（component-selection-expression）。成员选择表达式包括“直接成员选择”和“间接成员选择”两类。

 **直接成员选择**

```
r.w
```

其中：

- r 是后缀表达式，最终计算出一个结构体类型的普通变量；
- w 是 r 所属结构体类型中的一个成员名字。

例如，例 8.1 中的 one.name、one.stuno、one.gender 等是直接成员选择表达式，直接成员选择表达式针对一般的结构体变量。

 **间接成员选择**

```
p->w
```

其中：

- p 是后缀表达式，最终计算出一个指向结构体变量的指针变量；
- w 是 p 所指向结构体变量所属类型中的一个成员名字。

例如，例 8.1 中的 card－>name、card－>stuno、card－>gender 等是间接成员选择表达式，当然也可以首先对指针变量进行取内容运算，然后使用直接成员选择。

例如上述举出的例 8.1 的三个间接选择表达式还可以写成如下形式。由于优先级的原因，这里的括号是必须的。

```
(* card).name、(* card).stuno、(* card).gender
```

⚠ **直接成员选择和间接成员选择是可以嵌套的**。由于成员选择表达式本身也是一个变量访问，它是相应成分类型的一个变量，它与成分类型的其他变量一样，凡是可以使用那些变量的地方都可以使用成员选择表达式。对于嵌套结构体，可以认为"成员选择表达式"仍然是一个"后缀表达式"，所以可以继续应用"成员选择表达式"的规则访问里层的成分。在例 8.2 声明基础上，若有 struct person one， * pone=&one；则

```
one.birthdate.year
pone->birthdate.day
```

等等都是合法的成员选择表达式。

- one 是普通结构体变量，因此使用直接访问的方式 one. birthdate 访问变量 one 的成分 birthdate，该成分是 struct date 类型的结构体变量，可以进一步访问其内的整型成分变量 year。
- pone 是结构体指针，所以使用间接访问的方式 pone—>birthdate 访问 pone 所指向的结构体变量中的 birthdate 成分，该成分仍然是 struct date 类型的结构体变量，可以进一步访问其内的整型成分变量 day。

【例 8.4】 设计表示复数的结构体类型，给出复数加法，乘法函数。

```
typedef  struct  complex {                                    /* 复数类型 */
    float  real_part,imaginary_part;
} complex_type;
complex_type  complex_add (complex_type x, complex_type y) {     /* 复数加法 */
    complex_type add;
    add.real_part=x.real_part+y.real_part;
    add.imaginary_part=x.imaginary_part+y.imaginary_part;
    return  add;
}
complex_type  complex_mul (complex_type x, complex_type y) {     /* 复数乘法 */
    complex_type product;
    product.real_part=x.real_part * y.real_part
                     -x.imaginary_part * y.imaginary_part;
    product.imaginary_part=x.real_part * y.imaginary_part
                           +x.imaginary_part * y.real_part;
    return  product;
}
```

本章小结

本章讲述构造数据类型——结构体类型。包括结构体类型、结构体变量、结构体成分变量——成分选择表达式。

习 题 8

8.1 建立1990—2000年日历数组，每天一个成分，记录年、月、日、星期等信息。

8.2 声明描述日期(年、月、日)的结构体类型。编函数，以参数方式带入某日期，计算相应日期在相应年是第几天，并以函数值形式带回。说明所编函数的调用方式和使用方法。

8.3 某单位进行选举，有5位候选人：zhang、wang、zhao、liu、miao。编一个统计每人得票数的程序。要求每个人的信息使用一个结构体表示，五个人的信息使用结构体数组。

8.4 某县欲掌握本县在校就读的大学生情况，以便引进人才。描述某县近几年在校就读大学生情况的统计表包含有如下说明和定义：

```
struct  campusesidence {                    //学校信息
    char  address[128];                     //地址
    char  telephone[16];                    //电话
};
struct  regisdata {                         //登记资料
    char  college[12];                      //学校
    int  class;                             //年级
    float  gradeaverage;                    //平均成绩
    char  adviser[6];                       //导师
};
struct  student {                           //学生情况表
    char  name[8];                          //姓名
    struct  campusesidence  campus;         //学校信息
    struct  regisdata  registration;        //登记资料
};
struct  student  studenttab[50];            //学生情况表数组
```

分别编写如下函数：

① 输入该表；

② 按学校+学生名字排序；

③ 按平均成绩排序；

④ 按电话号码排序。

8.5 编函数，求多边形周长。多边形各顶点坐标以结构体形式给出。

8.6 利用结构体类型描述扑克牌。编函数，对任意给定的一副牌排序(去掉王牌；假定梅花<方块<红桃<黑桃)。

8.7 利用结构体类型描述扑克牌。编程序，实现摆12个月的游戏。

8.8 为例8.1编写修改指定学号卡片的函数。

8.9　平面上的点由直角坐标系给出，建立描述平面上一点位置的数据类型，并编一个函数，求任意三点构成的三角形的外接圆。

8.10　某仓库库存管理程序保存如下信息：

① 产品编号；

② 产品名称；

③ 产地；

④ 计量单位；

⑤ 单价；

⑥ 数量。

说明描述一种商品的数据类型；若把库存信息保存在数组上，编程序实现如下功能：

① 输入数据，建立库存商品数组；

② 统计库存商品总价值；

③ 打印库存商品明细表；

④ 修改指定商品信息。

8.11　银行账目数组包含：账号、姓名、单位、地址、当笔交易额、交易时间、余额。编程序完成如下功能：

① 输入账目信息，建立银行账目数组；

② 按账号，显示每个账户的账目；

③ 显示指定时间内的所有交易。

8.12　设计描述学生成绩单（包括学号、姓名、4门课程）的数据类型，编出如下函数：

① 统计每个人的各门功课（设只有4门课）的成绩及总成绩；

② 统计全班每门课程的平均分；

③ 输入一个学生的信息；

④ 输出一个学生的信息。

8.13　学生成绩表包含如下信息：学号、姓名、考试科目、平时作业成绩、期中成绩、期末成绩、课程成绩。建立描述一个学生一科成绩的数据类型。若

课程成绩＝平时作业成绩×10％＋期中成绩×30％＋期末成绩×60％

且全部学生的全部科目的考试成绩都以这种形式保存，分别编出实现如下功能的函数：

① 输入平时作业成绩、期中成绩、期末成绩，计算课程成绩；

② 某个学生的成绩单，该成绩单包括该学生所有考试科目的课程成绩；

③ 某课程的成绩单，该成绩单包括所有参加本课程考试的学生的成绩；

④ 某课程的不及格学生名单及其成绩；

⑤ 平均成绩统计表。该表把所有学生按平均成绩递减顺序输出。

8.14　一家公司用计算机管理会计账目，其中应收款账文件记录所有欠款单位的欠款明细账，每一条记录按发货日期顺序记载着如下信息：

欠款单位　发货单号　发货日期　金额

编程序，为该公司打印出图 8.8 形式的账龄分析统计表。

欠款单位

发货单号	发货日期	<=30天额	31~60天额	61~90天额	>90天额
…	…	…	…	…	…
…	…	…	…	…	…
合计					

图 8.8　账龄分析统计表

8.15　定义表示学生信息的数据类型 person，该类型记录姓名、出生时间、地址、身份证号码、获得学分总数和所学专业。

设计保存学生信息的数据结构；分别设计输入、输出函数；利用这两个函数构造人员管理系统，该系统具有一般人事管理系统的录入、修改、查询、删除、统计功能。查询要求可以按姓名、学生学号查询；统计要求可以按学生所学专业、学分统计。

第 9 章　再论函数

本章进一步讲述函数参数、作用域等与函数有关的较深入的内容。最后第 13 章我们还将介绍有关函数更深入的内容。

9.1　参　　数

9.1.1　传递直线方程系数——指针作参数

第 5 章例 5.2 的程序中传递斜截式直线方程的两个系数时让人感到十分别扭，本想通过函数 lines 将直线方程的斜率和截距计算出来，并传递给主函数；但由子函数只能有唯一的一个返回值，所以不得不将方程截距作为函数返回值，方程斜率则使用全局变量来传递。事实上使用指针作为函数参数，就可以解决此问题。

【例 9.1】 改写例 5.2 的程序，求三角形重心。

```
#include <stdio.h>                    //括入标准输入输出函数库头文件              //L1
/* 求中线：参数：三角形三个顶点 r、s、t 的 x、y 坐标 */                             //L2
void  lines(float xr,float yr,float xs,float ys,float xt,
            float yt,float * a, float * b){                                  //L3
    float xu,yu;                      //中点 u 坐标                              //L4
    xu=(xs+xt)/2;                     //求 st 边的中点 u                         //L5
    yu=(ys+yt)/2;                                                            //L6
    //求过 r、u 两点的直线方程                                                   //L7
    * a=(yr-yu)/(xr-xu);              //计算系数 a;用指针参数带回主程序            //L8
    * b=yr- * a * xr;                 //计算系数 b;用指针参数带回主程序            //L9
}                                                                            //L10
int main(void) {                      //主函数                                  //L11
    float  xa,ya,xb,yb,xc,yc;         //分别保存三角形三个顶点点的 X、Y 方向坐标   //L12
    float  a1,b1,a2,b2;               //分别表示中线 AD、BE 的方程系数            //L13
    float  xo,yo;                     //重心 O 的坐标                            //L14
    //输入三个点的 X、Y 方向坐标 346  360  416  108  116  212                   //L15
    printf("please input xa,ya,xb,yb,xc,yc:\n");                            //L16
    scanf("%f%f%f%f%f%f",&xa,&ya,&xb,&yb,&xc,&yc);                          //L17
    lines(xa,ya,xb,yb,xc,yc,&a1,&b1);           //求 BC 边的中线 AD             //L18
    lines(xb,yb,xa,ya,xc,yc,&a2,&b2);           //求 AC 边的中线 BE             //L19
```

```
        xo=(b2-b1)/(a1-a2);                          //求 AD、BE 交点 O          //L20
        yo=a1*xo+b1;                                                          //L21
        printf("重心坐标: x=%10.3f  y=%10.3f \n",xo,yo);    //打印输出          //L22
        return 0;                                                             //L23
    }                                                                         //L24
```

在该程序中，求三角形一个边上中线的函数 lines 用指针参数 a 和 b 代替了原来的全局量和函数值来传递计算结果。使用形式是：

• 在函数声明中，增加形参 a，b，并把它声明成指针类型，构成指针参数；

```
void  lines(float xr,float yr,float xs,float ys,float xt,float yt,float* a, float* b)
```

• 在函数调用中，用变量的指针（地址）作实参，对应相应形参。对应 BC 边中线 AD 有：

```
lines(xa,ya,xb,yb,xc,yc,&a1,&b1);          //求 BC 边的中线 AD
```

• 在函数声明中，对形参 a，b 以间接寻址方式赋值，把值直接送入实参指针所指向的变量中。

```
*a=(yr-yu)/(xr-xu);              //计算系数 a;用指针参数带回主程序
*b=yr-*a*xr;                     //计算系数 b;用指针参数带回主程序
```

下面以函数调用 lines（xa，ya，xb，yb，xc，yc，&a1，&b1）为例，讲解指针参数的传递过程。

① 程序从 main 函数第 12 行开始执行，首先为 main 函数内的变量分配内存空间，读入三点坐标，此时内存如图 9.1 左上子图所示。

② 第 18 行调用函数 lines，则系统保留当前运行环境，为调用的函数开辟空间，形实参结合如图 9.1 左下子图所示。

③ 在 lines 函数内部执行第 4 至第 9 行代码，其中在 8 行、第 9 行，同过 *a 和 *b 间接访问到 main 函数中变量 a1 和 b1，内存如图 9.1 右下子图所示。

④ 在 lines 函数内部执行第 10 行，函数退出。释放被调用函数，恢复 main 函数运行状态，内存如图 9.1 左上子图所示。可见 main 中 a1 和 b1 变量值已经发生变化。

如例 9.1，应用指针参数，其作用是相当大的。由于在函数内部，指针参数变量可以指向它调用处（外层程序）的其他变量，它起到了其他程序设计语言中变量参数的作用。

如下例 9.2 程序的功能是对随意输入的两个整数，按由小到大的顺序输出。函数 swap 的功能是交换两个整数变量的值。

【例 9.2】 指针作参数的作用。

```
#include <stdio.h>                                  //L1
void swap(int*,int*);                               //L2
int main(void){                                     //L3
    int x,y;                                        //L4
    printf("input two integer:");                   //L5
    scanf("%d %d", &x,&y);                          //L6
    if(x>y)                                         //L7
```

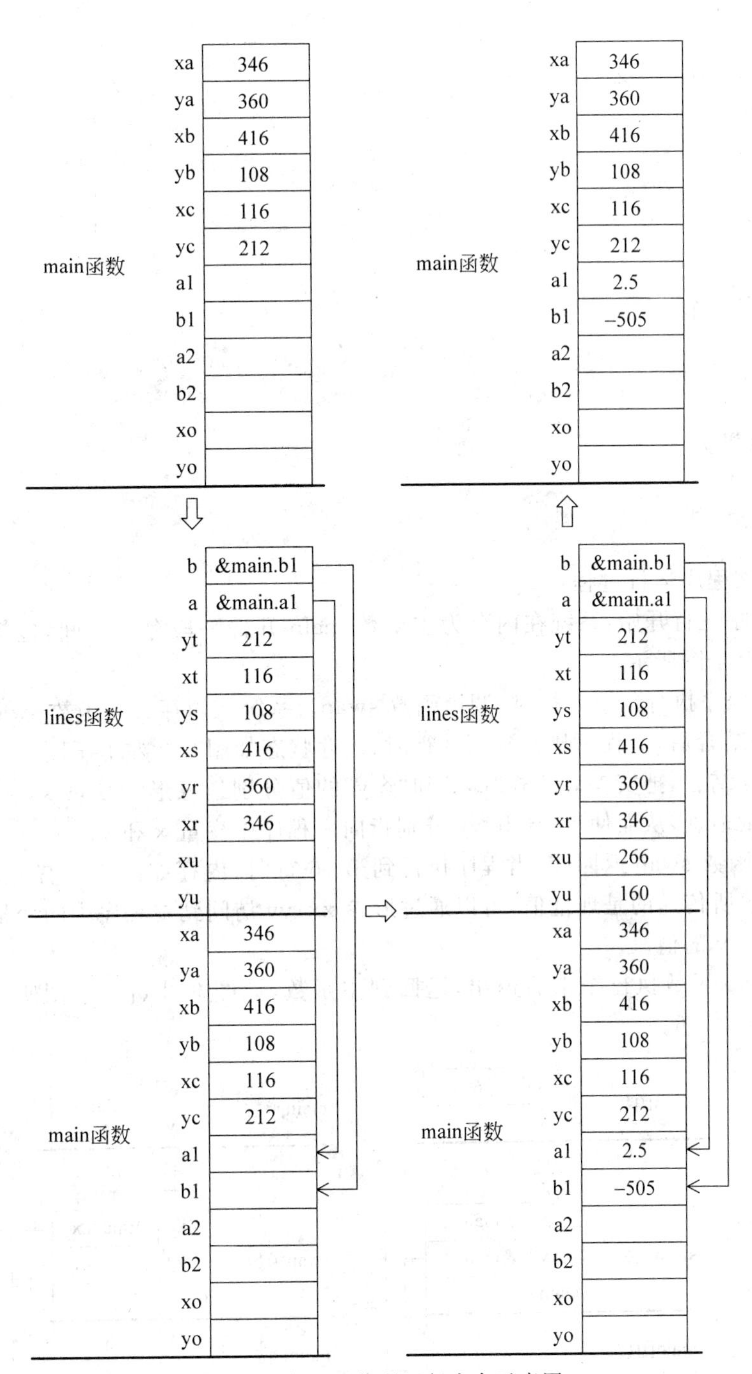

图 9.1　例 9.1 代码运行内存示意图

```
        swap(&x,&y);                                  //L8
    printf("\n%d\t%d\n",x,y);                         //L9
    return 0;                                         //L10
}                                                     //L11
void swap(int * xx,int * yy){                         //L12
    int temp;                                         //L13
    temp= * xx;                                       //L14
    * xx= * yy;                                       //L15
    * yy=temp;                                        //L16
}                                                     //L17
```

本程序执行,当输入:

```
6 3
```

时,输出结果为:

```
3 6
```

分析该程序运行过程:

① 程序运行开始,系统在内存为主函数 main 开辟一段存储空间,包括变量 x、y,如图 9.2 左上子图所示。

② 当程序执行到第 8 行时,调用函数 swap。系统在内存又为函数 swap 分配一段空间,形实参结合后,当程序执行到第 8 行时,内存状态如图 9.2 左下子图所示。注意这时,通过形实参结合,把实参表达式“&x”和“&y”的值分别送入形参变量 xx、yy 中。其传递的值是变量地址,从而使得 xx 和 yy 分别指向主程序中变量 x 和 y。

③ 从函数 swap 返回前,当程序执行到第 16 行时,内存如图 9.2 右下子图所示。因为指针参数所传递的是地址值,可以通过形参 xx、yy 访问到主程序中的变量 x、y,所以交换了变量 x、y 的值。

④ swap 函数执行结束后退出,返回到主函数,如图 9.2 右上子图所示,执行 printf 函数,输出:3　6。

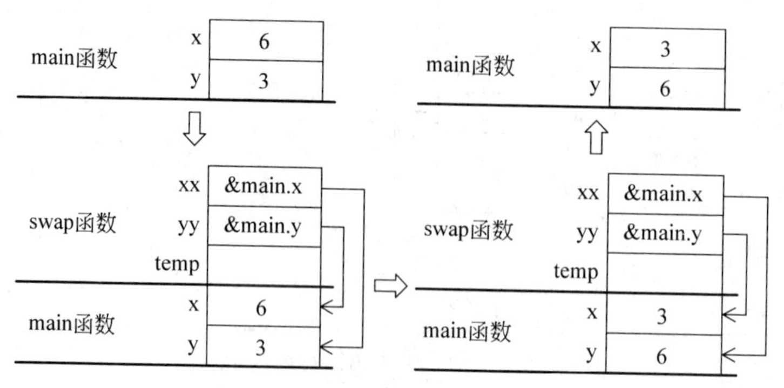

图 9.2　例 9.2 代码运行内存示意图

如果 swap 函数不是使用指针做参数,将无法交换变量 x、y 的值,如例 9.3 所示。

【例 9.3】 C 函数的参数都是值参。

```
#include <stdio.h>                              //L1
void swap(int, int);                            //L2
int main(void){                                 //L3
    int x,y;                                    //L4
    printf("input two integer:");               //L5
    scanf("%d %d", &x,&y);                      //L6
    if(x>y)                                     //L7
        swap(x, y);                             //L8
    printf("\n%d\t%d\n",x,y);                   //L9
    return 0;                                   //L10
}                                               //L11
void  swap(int xx, int yy){                     //L12
    int temp;                                   //L13
    temp=xx;                                    //L14
    xx=yy;                                      //L15
    yy=temp;                                    //L16
}                                               //L17
```

本程序执行，当输入：

```
6  3
```

时，输出结果仍为：

```
6  3
```

分析该程序运行过程：

① 程序运行开始，系统在内存为主函数 main 开辟一段存储空间，包括变量 x、y，如图 9.3 左上子图所示。

② 当程序执行到第 8 行时，调用函数 swap。系统在内存又为函数 swap 分配一段空间，形实参结合后，当程序执行到第 12 行时，内存状态如图 9.3 左下子图所示。注意这时，通过形实参结合，把实参“x”和“y”的值分别送入形参 xx 和 yy 中。接下来在 swap 函数内部将以 xx 和 yy 参与运算，并不会影响主函数中 x 和 y 的值。

③ 从函数 swap 返回前，当程序执行到第 17 行时，内存如图 9.3 右下子图所示。因为函数传递的是值，主函数中 x 和 y 的值并没有因 xx 和 yy 值得改变而改变。

④ swap 函数执行结束后退出，返回到主函数，如图 9.3 右上子图所示，执行 printf 函数，输出：6　3。

⚠ **注意 C 中函数都是值参**。C 中形实参结合时，是将实参表达式内的值计算出来复制给形参，形参得到值后，在被调用函数内部只依赖于形参进行运算，而不会主动去修改实参。通过指针作参数，可以传递变量的地址值，使得被调用函数内部变量可以引用函数外部的变量，改变函数外部变量的值。请读者体会例 9.2 和例 9.3 的不同，从而体会指针作参数产生的作用。

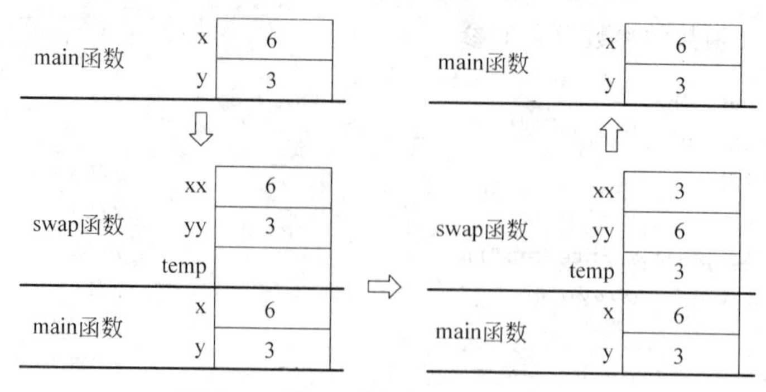

图 9.3 例 9.3 代码运行内存示意图

9.1.2 对任意数组排序——数组作参数

第 6 章已经编写过“数组排序”程序，但是都是使用全局量传递计算结果数组，不能对任意数组进行排序。使用数组参数可以解决该问题。

【例 9.4】 利用数组参数重写第 6 章例 6.5，用“主元排序”法对整数组 A 进行排序，使之能对任意整数数组排序。

```
void sort (int a[ ], int n) {
    int i,j,k,r;
    for (i=0; i<n-1; i++) {
        j=i;
        for (k=i+1; k<n; k++)
            if (a[k] <a[j])  j=k;
        r=a[i];
        a[i]=a[j];
        a[j]=r;
    }
}
```

在该程序中，把被排序数组和数组长度作为函数的参数。调用时，实际被排序数组对应形参 a；数组长度对应形参 n。

读者已经知道，数组名实际是一个指针。所以数组名作实参传送给形参的是一个指针值(地址值)，当然相应形参应是指针类型的。使用数组作参数一般形式是：

(1) 形参用数组声明，如下例子说明形参 x 是 10 个元素的数组。

```
int  f (float x [10])
```

(2) 实参用数组名对应形参，例如若有声明

```
float  a[10];
```

则用如下形式调用函数

```
f(a)
```

函数调用 f(a)把数组 a 的首地址送入形参 x 中，在函数执行期间，形参 x 指向实参数组 a，

用 a 参与进一步运算。

⚠ **C 程序中数组作参数，实际传递的是一个指针值即地址值**。数组参数传递的不是整个数组值，而是数组的首地址，即数组名的值。在函数内不给形参开辟数组存储空间，只给它开辟一个指针空间。数组与指针有极其密切的关系。数组作参数，传递给形参实际是实参数组的首地址，就是把实参数组名送入形参，在函数内使用形参数组实际是使用实参数组名开始的那片存储区。

C 程序是把数组参数当作指针来处理。也就是说，数组作参数，形参是一个指针类型变量；实参数组名实际也是一个指针值；参数结合时，把实参指针值送入形参中，实际是把数组首地址送入形参，使得形参指向实参数组的第一个元素。在上述例子中，经过函数调用、参数结合后，形参 x 指向 a[0]。

数组参数可以有各种变形。

(1) 省略数组形参最外层的尺寸

最外层的尺寸对计算数组元素的地址不起作用，在对数组参数的形参声明时，可以省略最外层尺寸。事实上即使声明最外层尺寸，这个尺寸也不起作用。前述 f 函数定义说明符可以使用形式

```
int  f (float x[ ])
```

这种形式的形参声明与前边所述形式等价，形参的具体尺寸由函数调用时的实参数组决定。多维情况也是这样。例如

```
int  q (float y[ ][20])
```

声明两维数组参数 y，y 每行 20 个元素，具体多少行由实参数组决定。设有声明

```
float  u[10][20], v[15][20];
```

则函数调用 q(u)，进入函数 q 执行时，形参 y 表记实参数组 u，它是 10 行 20 列的数组；而函数调用 q(v)，进入同一个函数 q 执行时，形参 y 表记实参数组 v，它是 15 行 20 列的数组。

(2) 形实参可以使用不同形式

假设已有变量声明：

```
float  b[20], * p=b                    //与 p= &b[0];等价
float  c[15], * q=c;                   //与 q= &c[0];等价
```

则形实参可以使用如下不同的形式，其意义都是用数组 b 和 c 作为实参调用函数 f，其本质是传递一个地址值，也就是指针值。数组、指针作为参数的不同形式如表 9.1 所示。

表 9.1　数组、指针作为参数的不同形式

函数原型	数组名作实参	指针作实参	首地址作实参
数组名作形参 int f(float x[ ])；	f(b)；f(c)	f(p)；f(q)；	f(&b[0])；f(&c[0])；
指针作形参 int f(float * x)；	f(b)；f(c)	f(p)；f(q)；	f(&b[0])；f(&c[0])；

下边再举几个数组参数的例题，请读者从中体会各种参数形式的用法和意义。

【例 9.5】 编函数,把给定数组中的 n 个整数反序存放。

解:该程序的逻辑结构比较简单,就不画 PAD 了。下边的例子也如此。

```
void  inv(int x[ ],int n){
    int temp,i,j;
    for(i=0;i<=(n-1)/2;i++){
        j=n-1-i;
        temp=x[i];
        x[i]=x[j];
        x[j]=temp;
    }
}
```

设有声明“int a[10]”,则可以用“inv(a,10)”调用该函数。若还有声明“int * ptr”和操作“ptr=a”,则也可以用“inv(ptr,10)”调用该函数。该函数还可以用指针形式编成:

```
void inv(int * x,int n){
    int temp, * i, * j;                          //j 从后向前变化,i 从前向后变化
    for(i=x,  j=x+n-1; i<=x+(n-1)/2; i++,j--){
        temp= * i;                               //temp 保存 i 所指数组元素 x[i]的值
        * i= * j;                                //x[j]的值送入 x[i]
        * j=temp;                                //把 temp 中保存的 x[i]的值送入 x[j]
    }
}
```

这个函数与前一个完成同样功能,可以使用相同的方式调用。

【例 9.6】 编函数,从 n 个整数中找出最大和最小的数。

```
void max_min_value(int x[ ], int n, int * max, int * min){
    int * p;
    * max= * min= * x;                      //把 x[0]送入 max、min 所指变量中
    for(p=x+1; p<x+n; p++){                 //p 从 x[1]开始到 x[n-1]循环
        if (* p > * max)                    //求极大值,p 指向当前数组元素
            * max= * p;                     //max 指向极大值单元
        if (* p < * min)                    //求极小值
            * min= * p;
    }
}
```

设有声明

```
int  a[10], max_value, min_value;
```

则可以用

```
max_min_value (a,10, &max_value, &min_value);
```

调用该函数。若还有声明

```
int * ptr;
```

和操作

```
ptr=a;
```

则也可以用

```
max_min_value (ptr,10, &max_value, &min_value);
```

调用该函数。

9.1.3 成绩单检索——结构体作参数

回顾第 8 章例 8.1 中函数 searchrecord。若规定学号的第一位必须是一个字符,用来标识学生类别,则需要使用如下结构体表示学号

```
struct stunotab{
    char catalogue;
    int order;
}
```

相应检索函数也要做出修改,同理例 8.1 代码其他部分。

该查找函数在成绩单数组中检索某给定学号的成绩单,需要向函数传递给定的学号信息。函数 searchrecord 采用参数方式获取这些信息,定义形式是:

```
void searchrecord(struct stunotab search) {
    int k;
    for (k=0; k<L; k++) {
        if ((grouprecord[k].stuno.catalogue==search.catalogue)&&
            (grouprecord[k].stuno.order==search.order)){
            out_answer(&grouprecord[k]);
            printf("\n Find it! \n");
            return;
        }
    }
    printf("\nNot find it\n");
}
```

其中形参 search 是结构体类型的参数。在主函数 main 中调用该函数的函数调用形式是:

```
searchbook(searchno);
```

用结构体变量 searchno 作实参对应形参 search,把 searchno 的值传递给形参 search。在函数内部,search 具有主函数中 searchno 的值。参数传递结束,进入函数 searchrecord 后,search 是函数 searchrecord 的一个局部变量,与 searchno 无关。在 if 语句中,search. catalogue 和 search. order 使用 searchno 中传递过来的值。

在函数之间,通过参数传送结构体值有两种方法。

- 用指向结构体变量的指针作函数参数。

• 直接用结构体变量作函数参数。

第一种方式就是指针作函数参数，只不过相应指针是指向结构体类型变量的指针。与指向其他类型变量的指针没有任何区别，在9.1.1节已经介绍过，同时例8.1中的函数out_answer已经使用过这种方式。函数out_answer的定义说明符形式是：

```
void out_answer(struct record * card)
```

形参card是指针参数，将指向struct bookcard类型变量。函数调用

```
out_answer(&grouprecord[k])
```

把结构体变量grouprecord[k]的指针（地址）传递给card，使card指向grouprecord[k]。在函数内部，用card访问grouprecord[k]。在此不再赘述这种方式。

第二种方式与一般int类型、float类型参数一样，传递实参的值到形参中，在函数内部，形参是函数的一个局部变量，与实参无关。本节的searchrecord函数就是使用这种方式。

9.2 函 数 值

9.2.1 打印月份名——返回指针值的函数

【例9.7】 编程序，读入月份数，输出该月份英文名称。

解：该题目可以给出月份名字符串数组name，用月份号直接输出。现在换一种方式编该程序，用一个函数month_name求相应月份的名字字符串，然后调用该函数求出名字后，再输出。编出程序如下：

```
#include <stdio.h>
char * name[ ]={"illegal month", "January", "February", "March",     //字符指针数组
               "April", "May", "June", "July", "August", "September",
               " October", " November", " December"};
char * month_name(int);                          //函数原型
int  main(void) {                                //主函数
    int  n;
    char * p;
    printf("Input a number of a month:");
    scanf("%d",&n);
    p=month_name(n);                             //调用该函数,求相应月份的名字字符串
    printf("It is %s\n",p);                      //输出
    return 0;
}
char * month_name(int m) {                       //检索函数
    if (m<1 || m>12)  return  name[0];           //返回名字字符串指针
    else  return  name[m];
}
```

函数 month_name 的结果类型是“字符指针”，有一个 int 类型参数，带入月份数；返回相应月份的英文名称字符串的首指针。程序运行在输入阶段显示如下信息：

```
Input a number of a month:
```

如果这时输入

```
2
```

程序输出

```
It is February
```

⚠ **函数返回类型不允许是数组类型或函数类型**，除此之外允许一切类型，当然允许指针类型。如 month_name 就是指针类型函数(带回指针值的函数)。

例如

```
float * f(int x, int y)
```

按运算符优先级规定，“ * ”的级别低于“()”，因此

```
f(int x, int y)
```

是一个函数，它的类型是“float * ”，即函数 f 的类型是 float 类型指针。函数 f 是返回指针值的函数。在函数内，return 语句后边的表达式应该是“float * ”类型。比如若有声明

```
float  u, * v;
```

则，下述 return 语句都是正确的。

```
return  &u;
rerurn  v;
```

而语句

```
return  u;
```

是错误的。

 **声明指针类型函数**

```
TT * F (T  id, T  id, …, T  id){
    …
}
```

其中：

- TT * 是函数返回类型，TT 是指针类型的基类型；
- F 是函数名字；
- (T id,T id,…,T id)是参数列表，具体说明本函数的各个形式参数；

• {…}是复合语句,具体规定本函数的操作。

⚠ **C不允许把函数内部声明的局部变量指针(地址)作为返回值**,原因是这些局部变量会随着函数的退出而被释放掉;如果以其作为返回值,则无法保证返回值是否正确;所以C指针函数只允许返回全局变量指针、静态变量指针、堆内空间地址。

9.2.2 读入成绩单——返回结构体值的函数

回顾第8章例8.1中函数inputrecord。

```
struct record inputrecord(void){
    struct record one;
    int k;
    char ca;
    printf("\nnew card: ");
    printf("\nplease input student name:");
    ⋮
    printf("\n  please input abstract:");
    scanf("%s", one.remark);
    return one;
}
```

函数inputrecord的类型是struct record为一个结构体类型,表示函数返回值是一个结构体值。在inputrecord返回时,使用语句

```
return one;
```

返回。带着变量one的值返回,one正好是struct record类型的。函数将带着struct record类型的一个结构体值返回到主函数main中。

在主函数main中,以

```
grouprecord[i]=inputcard();
```

调用函数inputrecord。赋值语句把inputrecord带回的结构体值送入数组成分变量grouprecord[i]中。

函数的计算结果可能是一个结构体值。在C中,有两种途径能够把该结构体值通过函数名字带回调用函数的主程序。

• 使用指针。函数的结果类型是指向结构体类型变量的指针类型。
• 直接使用结构体类型。函数的结果类型是结构体类型,直接把一个结构体值带回调用函数的主程序。

第二种方式就是我们刚刚介绍的例8.1中inputrecord所用的方式。第一种方式就是返回指针的函数,只不过相应指针是指向结构体类型变量的指针,与其他类型返回指针的函数没有任何区别,在9.2.1节已经介绍过,此处不再赘述。

9.3 作 用 域

所谓**作用域**，就是使程序中声明的标识符有定义的区域。在一个标识符的作用域内，使用它是合法的。

作用域是一个静态概念，描述从程序静态行文上看，程序中一个被声明的标识符起作用的范围。表 9.2 列出各种 C 标识符的作用域。

表 9.2 C 标识符作用域

类　　别	声明的作用域
顶层标识符	从声明点到本源程序编译单位文本结束
函数定义中的形参	从声明点到函数体结束
函数原型中的形参	从声明点到函数原型结束
复合语句中声明的标识符	从复合语句中声明点到复合语句结束
语句标号	相应标号声明所在的整个函数体
预处理器的宏	从相应宏定义的 # define 命令到本源程序编译单位文本结束，或第一个取消相应宏定义的 # undef 命令

在 C 中，每个源程序编译单位，每个函数定义、函数原型、复合语句都各自构成一个作用域区域。C 规定：

- 在嵌套结构中，若里层区域的一个标识符与外层区域的某标识符同名，则外层标识符的作用域不包括里层那个同名标识符的作用域区域。
- C 程序中使用的任意一个标识符必须声明；并且必须先声明后使用；在同一区域内任何标识符不得重复声明。

【例 9.8】 下述应用都是错误的：

```
/* 标识符 k 没有声明 */
   int i, j;
   int  f(void) {
       ⋮
       k=i+j;
   }

/* 标识符 x 在同一作用域区域中重复声明 */
   float  f(int x) {
       int x;
       ⋮
   }

/* 第 3 行的标识符 c 将被替换为 2.0 */
   #define  c  2.0
```

```
    typedef  int t;
    t  c,d,e;
    ⋮
/* 标识符 index 和 t2 先使用,后声明 */
    #define  c  2.0
    t2  y [index];
    typedef t2  float;
    #define  index 10
    ⋮
```

9.4 局部量和全局量

由作用域规则可知，一个函数或复合语句引入的标识符只在本函数或复合语句内有效，在本函数或复合语句外，便失去了它的意义。称它们是局部于声明它们的那个函数或复合语句的，或称该标识符相对于声明它们的那个函数或复合语句来讲是**局部量**。

由作用域规则还可知：

- 任何顶层声明的标识符在所有函数内部以及复合语句都可以使用，只要在函数内部和复合语句中没有与它同名的其他声明。称顶层声明的标识符相对于函数和复合语句来讲是**全局量**。
- 若一个复合语句嵌套在一个函数或另一个复合语句之内，且某一个标识符在函数或其外层复合语句中声明，而且在内层复合语句中没有与相应标识符同名的声明，则函数或外层复合语句中关于这个标识符的声明在内层复合语句中仍然有效，即在内层复合语句中仍可使用这个标识符。称在函数或外层复合语句中声明的标识符相对于其内层复合语句来讲是**全局量**。

全局量和局部量是一个相对概念。某标识符相对于某复合语句是局部的，相对于其内层复合语句却是全局的；反之某标识符相对于里层某复合语句是全局的，但是相对于声明它本身的那个复合语句来讲却是局部的。

全局量在内层具有外层同样的意义，在内层对全局量的操作直接反应在外层程序中。下面举例，说明指针作参数、作用域、局部量和全局量。

【例 9.9】 编程序计算调合级数前 N 项和。要求结果是一个准确的分数 $\frac{A}{B}$ 形式。

$$H_n = \frac{1}{1} + \frac{1}{2} + \frac{1}{3} + \cdots + \frac{1}{n}$$

算法如图 9.4 所示，C 程序如下：

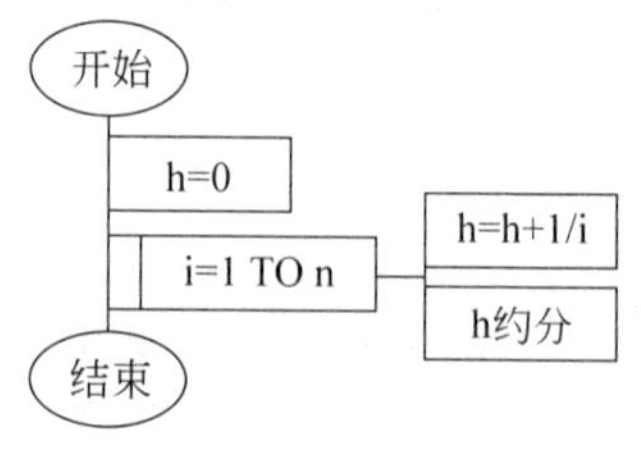

图 9.4 计算调合级数

```
/* PROGRAM the summation of a seriers */            //L1
#include  <stdio.h>                                 //L2
int a,b,n;                                          //L3
void add (int * e, int * f, int ii){                //L4
```

```
    * e= (* e) * ii + (* f);                                    //L5
    * f= (* f) * ii;                                            //L6
}                                                               //L7
int  gcd(int u, int v) {                                        //L8
    int  r;                                                     //L9
    r=v;                                                        //L10
    while (r!=0) {                                              //L11
        r=u %v;                                                 //L12
        u=v;                                                    //L13
        v=r;                                                    //L14
    }                                                           //L15
    return u;                                                   //L16
}                                                               //L17
void  reduce (int * x, int * y){                                //L18
    int  g;                                                     //L19
    g=gcd(* x, * y);                                            //L20
    * x= (* x)/g;                                               //L21
    * y= (* y)/g;                                               //L22
}                                                               //L23
int  main(void) {                                               //L24
    int i;                                                      //L25
    printf("please input the value of n:");                     //L26
    scanf("%d",&n);                                             //L27
    a=0;                                                        //L28
    b=1;                                                        //L29
    for (i=1; i<=n; i++) {                                      //L30
        add(&a, &b, i);                                         //L31
        reduce(&a, &b);                                         //L32
    }                                                           //L33
    printf("      %d\n", a);                                    //L34
    printf("  Hn=   ——\n");                                     //L35
    printf("      %d\n", b);                                    //L36
    return 0;                                                   //L37
}                                                               //L38
```

在该程序中：

- 变量 a、b、n，函数 main、add、reduce、gcd 是顶层声明，是全局量。它们的作用域是它们各自的声明符以后直到整个程序文件结束。
- 变量 i 在主函数 main 中声明，是 main 的局部量。它们的作用域是第 25 行它的声明符以后直到第 37 行。
- add 的形参 e、f、ii 在 add 中声明，是 add 的局部量。它们的作用域是第 4 行它们各自的声明符以后直到第 7 行。
- gcd 的形参 u、v 和在 gcd 内部复合语句中声明的变量 r 是局部于 gcd 的局部量。

它们的作用域是第 8、9 行它们各自的声明符以后直到第 17 行。

- reduce 的形参 x、y 和在 reduce 内部复合语句中声明的变量 g 是局部于 reduce 的局部量。它们的作用域是第 18、19 行它们各自的声明符以后直到第 23 行。

在本程序的执行过程中：

(1) 第 31 行调用函数 add 作加法。

- 以 &a、&b 作实参，对应函数 add 的形参 e、f，分别把 a、b 的地址送入指针形参 e、f 中。在 add 中，采用间接寻址为 *e、*f 赋值，因为 e、f 分别指向 a、b，实际就是给 a、b 赋值。
- 以 i 作实参对应形参 ii，把 i 的值送入 ii 之中，参与运算。
- 另外这个函数中还通过间接寻址 *e、*f 访问 a、b，用 a、b 的值参与运算。

(2) 第 32 行调用函数 reduce 作约分，参数结合以及信息传递类似 add。

(3) 第 20 行 reduce 函数体中调用函数 gcd，以 *x、*y 作实参对应形参 u、v，把两个整数值传入函数 gcd。在 gcd 内，虽然反复给形参变量 u、v 赋值，但是由于 C 语言参数的值参数特性，这些赋值不影响实参，不改变实参 x、y 的值。所以当从 gcd 返回 reduce 后，x、y 的值没有变化，保证了程序的正确性。

9.5 计算 $n!$——递归程序设计

【例 9.10】 编一个函数 factorial 计算阶乘 $n!$。

按过去程序设计思想，该函数应该写成：

```
int factorial (int n) {
    int  i,p;
    p=1;
    for (i=1; i<=n; i=i+1)
        p=p*i;
    return  p;
}
```

现在换一个角度考虑问题，$n!$不仅是

$$1*2*3*\cdots*n$$

还可以定义成

$$n!=\begin{cases}1 & \text{当 } n=0\\ n\times(n-1) & \text{当 } n>0\end{cases}$$

按照该定义，$n!$就是一个简单的条件语句和表达式计算，可以编出如下函数：

```
int factorial (int n) {
    if (n==0)
        return 1;
    else
        return  n*factorial(n-1);
```

```
}
```

问题是该函数对不对？在函数 factorial 内又调用函数 factorial 本身，行吗？回答是肯定的。首先按作用域规则，在函数 factorial 内又调用函数 factorial 本身是合法的；其次 C 系统保证上述调用过程执行的正确性，这就是**递归**(recursion)。

从静态行文角度看，在定义一个函数时，若在定义它的内部，又出现对它本身的调用，则称该函数是**递归**的或**递归定义**的。

从动态执行角度看，当调用一个函数时，在进入相应函数，还没退出(返回)之前，又再一次的调用它本身，而再一次进入相应函数，则称之为**递归**，或称之为对相应函数的**递归调用**。

称递归定义的函数为递归函数。上述函数 factorial 就是递归函数。若计算 5!，使用函数调用 factorial(5)，计算过程如图 9.5 所示。

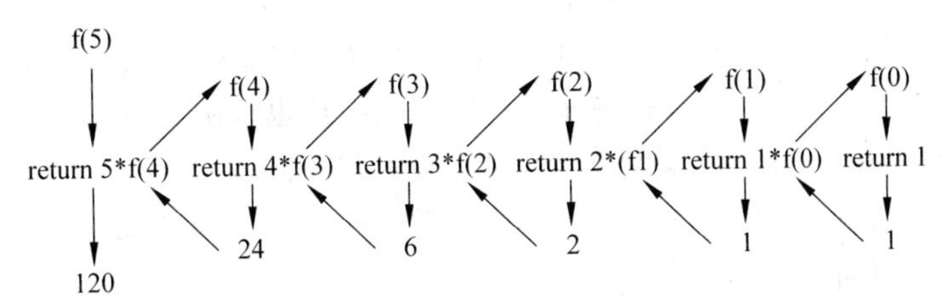

图 9.5 factorial(5)计算过程

实际问题有许多可以递归定义，采用递归方法来编程序十分方便和简单。

【例 9.11】 x 的 n 次幂，可以定义为

$$x^n = \begin{cases} 1 & \text{当 } n=0 \\ x \times x^{n-1} & \text{当 } n>0 \end{cases}$$

计算它的递归函数是：

```
float  power (float x, int n) {
    if (n==0)
        return  1;
    else
        return  x * power(x,n-1);
}
```

【例 9.12】 n 次勒让德多项式，定义为

$$p_n(x) = \begin{cases} 1, & n = 0 \\ x, & n = 1 \\ ((2n-1)xp_{n-1}(x) - (n-1)p_{n-2}(x))/n, & n > 1 \end{cases}$$

计算它的递归函数是：

```
float  p (int n, float x) {
    if (n==0)
        return  1;
    else  if (n==1)
```

```
            return  x;
        else
            return ((2*n-1)*x*p(n-1,x)-(n-1)*p(n-2,x))/n;
    }
```

递归程序设计的思想体现在：用逐步求精原则，首先把一个问题分解成若干子问题，这些子问题中有问题与原始问题具有相同的特征属性，至多不过是某些参数不同，规模比原来小了。此时，就可以对这些子问题实施与原始问题同样的分析算法，直到规模小到问题容易解决或已经解决时为止。也就是说，若将整个问题的算法设计成一个函数，则解决这个子问题的算法就表现为对相应函数的递归调用。

这里讲的只是一般规律和程序设计思想。实际使用时，设计递归函数要复杂得多。编写递归程序要注意：

- 递归程序漂亮、好看、好读、风格优美，但执行效率低。
- 计算 $n!$ 的函数既可以写成循环形式，也可以写成递归形式。但是有些循环程序写成递归很困难。反之，有些递归程序写成循环也很困难，甚至是不可能的。
- 终结条件。程序一定要能终止，不能无限递归下去。
- 使用全局量要特别小心。用不好，单元发生冲突，将导致程序出错。

【例 9.13】 汉诺(Hanoi)塔游戏。

该问题又称世界末日问题。相传，古印度布拉玛婆罗门神庙的僧侣们，当时作一种被称为 Hanoi 塔的游戏。该游戏是：在一个平板上，有三根钻石针；在其中一根针上有成塔形摆放的大小不等的 64 片金片；要求把这 64 片金片全部移到另一根钻石针上。移动规则是：

(1) 每次只允许移动一片金片；

(2) 移动过程中的任何时刻，都不允许有较大的金片放在较小的金片上面；

(3) 移动过程中，三根钻石针都可以利用，但是金片不许放在除钻石针以外的任何地方。

不论白天黑夜都有一个僧侣在移动。据说当 64 片金片全部从一根钻石针移到另一根钻石针上那天，就是世界的末日。到那时他们的虔诚信徒可以升天，而其他人则要下地狱。

当然这只是传说，按照规则把 64 片金片全部从一根针移到另一根针上，总移动次数是 $2^{64}-1$ 次，若一秒移动一次，不发生错误，日夜不停的移动，约需 5849 亿年。而太阳系的寿命仅有 100—150 亿年而已。

请编程序，打印金片的移动顺序。

不妨设三根钻石针顺次编号为 a、b、c；开始所有 64 片金片全部在 a 针上；现在要把它们移动到 b 针上；移动过程中 c 针可以利用，如图 9.6 所示。

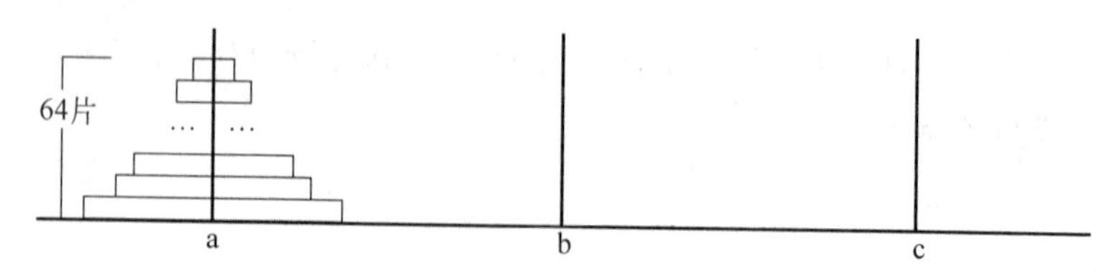

图 9.6　汉诺塔游戏初始状态

怎样进行移动？开始就遇到把 a 针最上边的金片先移到 b 针上，还是先移到 c 针上？没有任何根据作出决定，按一般方法是不好解决这个问题的。下边换一个角度来考虑该问题：

试想，若能够把 a 针上的 64 片金片全部移动到 b 针上，则在移动过程中一定有如图 9.7 所示的一种格局出现。

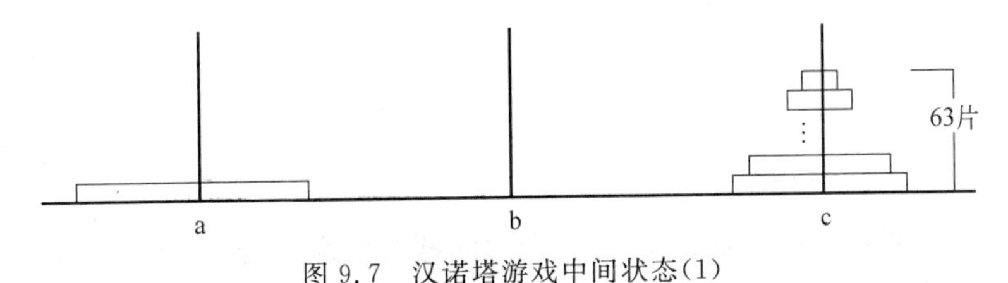

图 9.7 汉诺塔游戏中间状态(1)

就是说，必须能够先把 a 针顶部的 63 片金片移到 c 针上。现在，可以很容易的把 a 针上的一片金片移到 b 针上，如图 9.8 所示。

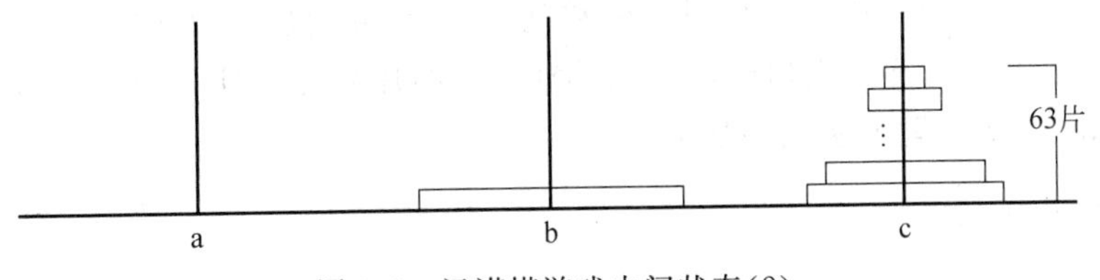

图 9.8 汉诺塔游戏中间状态(2)

然后，再按照把 a 针上的 63 片金片移到 c 针上的算法，把 c 针上的 63 片金片全部移到 b 针上。从而，完成了题目要求的工作，如图 9.9 所示。

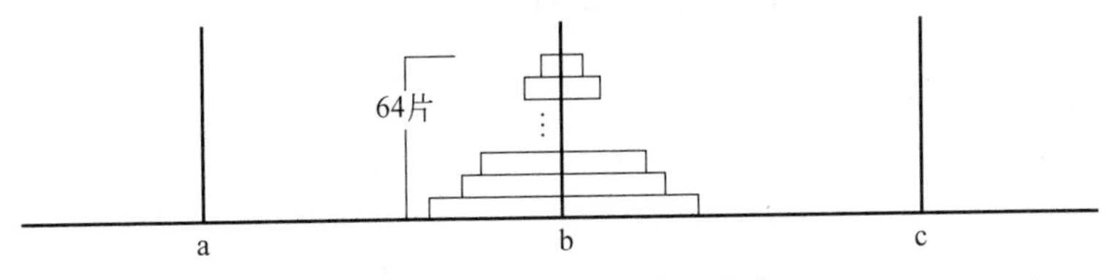

图 9.9 汉诺塔游戏结果状态

按这个想法，移动 64 片金片的问题可以被分解成：

(1) 把 a 针上的 63 片金片，从 a 针移到 c 针上，移动过程中 b 针可以利用；

(2) 把 a 针上的一片金片移到 b 针上；

(3) 把 c 针上的 63 片金片，从 c 针移到 b 针上，移动过程中 a 针可以利用。

到此，问题虽然没有解决，但是已经向解的方向前进了一步，移动 64 片金片的问题变成移动 63 片金片的问题了。这一步虽然很小，甚至是微不足道的，但是却是十分重要的。

步骤 2 很容易完成；步骤 1、3 的问题与原始问题具有相同的特征属性，只是规模小了，移动 64 片金片的问题变成了移动 63 片金片的问题了，另外还有一些参数不同。设想，若有一个函数

```
move(n, x, y, z)
```

能够完成："把 x 针上的 n 片金片，移动到 y 针上，移动过程中可以利用 z 针。"则上述原始问题可以描述成对 move 的调用：

```
move(64, a, b, c)
```

分解算法中的步骤 1、3 也可以分别描述成对 move 的调用：

```
move(63, a, c, b)
```

和

```
move(63, c, b, a)
```

现在，考虑 move 函数。按分解移动 64 片金片问题的思路，问题："把 x 针上的 n 片金片，移动到 y 针上，移动过程中可以利用 z 针。"可以被分解成：

(1) 把 x 针上的 n－1 片金片，从 x 针移到 z 针上，移动过程中 y 针可以利用；

(2) 把 x 针上的一片金片移到 y 针上；

(3) 把 z 针上的 n－1 片金片，从 z 针移到 y 针上，移动过程中 x 针可以利用。

按该分解算法，并考虑递归出口（显然，当移动金片的片数为 0 时，便不用移动了），最后得到完整的 Hanoi 塔问题解法程序如下：

```
/* PROGRAM hanoi */
#include  <stdio.h>
void  moveone (char u, char v) {
    printf ("%c ->%c\n", u, v);
}
void  move (int n, char x, char y, char z) {
    if  (n>0) {
        move(n-1, x,z,y);
        moveone(x,y);
        move(n-1, z,y,x);
    }
}
int  main(void) {
    int  n;
    printf("please input n:");
    scanf("%d", &n);
    move (n, 'a', 'b', 'c');
    return 0;
}
```

执行 hanoi 程序时不要输入太大的 n。当输入 3 时，输出结果如下：

```
a->b
a->c
b->c
```

```
a->b
c->a
c->b
a->b
```

它给出了当有三片金片时，金片的移动顺序。

本章小结

本章再论函数。讲述C参数(包括指针作参数、数组作参数、结构体作参数)、函数值(包括返回指针的函数、返回结构体值的函数)、作用域、局部量和全局量，以及递归程序设计。重点掌握C参数、递归程序设计。

习题9

9.1 确定下述程序的输出结果。

```
#include <stdio.h>
int a,b,c;
void p(int x, int y, int * z) {
    * z=x +y + * z;
    printf("%d  %d  %d\n",x,y, * z);
};
int main(void) {
    a=5; b=8; c=3;
    p(a,b,&c);
    p(7,a+b+c,&a);
    p(a * b,a/b, &c);
}
```

9.2 设有int类型变量x、y和如下三种swap函数。它们能否实现x、y值的交换？为什么？不改变各个函数中三条表达式语句，能否对程序进行修改，使之能够实现x、y值的交换？

```
① void  swap (int * xx,int * yy){                //主程序中用 swap(&x,&y)调用
       int * temp;
       * temp= * xx;
       * xx= * yy;
       yy= * temp;
   }
```

```
② void  swap (int * xx,int * yy){                //主程序中用 swap(&x,&y)调用
       int * temp;
```

```
        temp=xx;
        xx=yy;
        yy=temp;
    }
```

```
③ void  swap(int xx,int yy){                       //主程序中用 swap(x,y)调用
        int temp;
        temp=xx;
        xx=yy;
        yy=temp;
    }
```

9.3 在如下几种情况下，实参应该是怎样形式。

- 一般非指针类型变量作一般非指针类型形参的实参；
- 一般非指针类型变量作指针类型形参的实参；
- 指针变量作指针类型形参的实参；
- 指针变量作一般非指针类型形参的实参；
- 一般非指针类型形参变量作一般非指针类型形参的实参；
- 一般非指针类型形参变量作指针类型形参的实参；
- 指针类型形参变量作一般非指针类型形参的实参；
- 指针类型形参变量作指针类型形参的实参。

9.4 编函数，分别利用指针传递参数，实现两个字符串变量的交换。

9.5 编程序，利用指针参数，实现对读入的某个角度计算它的正弦、余弦、正切。

9.6 编写显示动态菜单信息，并带回用户选择结果的函数。用户以指针数组形式给出菜单信息，并作为函数参数。

9.7 编函数，使得仅通过此函数，便计算两个整数的加减乘除四种运算。

9.8 用递归计算斐波纳契序列第 n 项。该序列可以表示成

$$f(n)=\begin{cases}1 & \text{当 } n=1\\ 1 & \text{当 } n=2\\ f(n-1)+f(n-2) & \text{当 } n>2\end{cases}$$

9.9 编一个函数，计算

$$C(m,n)=C_m^n=\begin{cases}1 & \text{当 } n=0\\ m & \text{当 } n=1\\ C_m^{m-n} & \text{当 } m<2n\\ C_{m-1}^{n-1}+C_{m-1}^{n} & \text{当 } m\geqslant 2n\end{cases}$$

9.10 分别用递归和递推编出计算 Hermite 多项式的函数。Hermite 多项式定义为

$$H_n(x)=\begin{cases}1 & \text{当 } n=0\\ 2x & \text{当 } n=1\\ 2xH_{n-1}(x)-2(n-1)H_{n-2}(x) & \text{当 } n>1\end{cases}$$

9.11 编一个计算 Ackerman 函数的递归函数。其中输出函数参数 m、n 的输出语句作为此递归函数体的第一条语句，并写一个主程序输入 m、n 后调用该递归函数，对于 m=3，n=2 的情况执行该程序，观察递归调用层次及状况。Ackerman 函数定义为

$$\text{Ack}(m,n)=\begin{cases}n+1 & \text{当 } m=0\\ \text{Ack}(m-1,1) & \text{当 } n=0\\ \text{Ack}(m-1,\text{Ack}(m,n-1)) & \text{当 } m>0 \text{ 且 } n>0\end{cases}$$

9.12 编递归函数 int gcd(int u,int v)，计算整数 u、v 的最大公约数。

9.13 编函数，用递归方法求 n 个元素数组 a 的最大值。

9.14 设有数组声明 int a[100]，试编一个递归函数，求 a 的反序数组并仍保存在 a 中，即 a[1]与 a[100]交换，a[2]与 a[99]交换，a[3]与 a[98]交换，…，a[50]与 a[51]交换。

9.15 分别写一个函数，实现正整数的乘、乘幂运算。只准使用运算符“+”。

9.16 用递归实现函数 digint(n,j)，它返回整数 n 从右边开始的第 j 位数字。例

```
digit(25367,4)='5';
digit(31833,6)='0'。
```

9.17 写一个递归函数，计算下述序列到 x_0、x_1、…、x_n 出现周期。

$$x_0=d$$

$$x_{n+1}=(ax_n^2+bx_n+c)\%m$$

9.18 利用递归方法计算常系数多项式值。

$$a_mx^m+a_{m-1}x^{m-1}+a_{m-2}x^{m-2}+\cdots+a_2x^2+a_1x+a_0$$

9.19 写一个递归函数，实现在整型数组中进行顺序检索。

第 10 章　外部数据组织——文件

10.1　成绩单外部存储——文件

回顾例 8.1，当时成绩单管理程序把成绩单保存在数组中，仅保存 100 张成绩单，而且每次执行程序都要重新输入所有成绩单，这显然不合理。

- 若把所有成绩单保存在磁盘上，每次运行程序时不必再重新输入！
- 应该可以管理大量的成绩单，不能限制数量！

使用**文件**(file)可以解决这个问题。

【例 10.1】　使用文件保存成绩单数据，重新编写例 8.1 程序的函数。

解：设全部成绩单存放在文件 record.dat 中。检索函数对欲检索的书号采用顺序检索方式检索；检索到后输出；最后输出提示信息“search end!”。程序如下。

```
FILE * recordpointer;
//成绩单结构体同例 8.1,略
void out_answer(struct record * );                //输出检索结果函数原型,函数同例 8.1,略
void searchrecord(int);                           //检索函数原型
/* 主程序 */
int main(void){
    int searchno;
    recordpointer=fopen("record.dat","r");            //打开了文件 record.dat
    //输入部分——不必输入,数据保存在磁盘文件中
    //检索部分
    printf("Please input a wanted student number:");
    scanf("%d",&searchno);
    while (searchno>0) {
        searchrecord(searchno);                                  //检索
        printf("Please input another wanted student number:");   //输入下一个学号
        scanf("%d",&searchno);
    }
    fclose(recordpointer);                                       //关闭文件
    return 0;
}                                                                //主程序结束
```

```
/* 检索函数 */
void searchrecord(int search) {
    struct record card;
    rewind(recordpointer);
    while (!feof(recordpointer)) {
        fread(&card, sizeof(struct record),1, recordpointer);
        if (card.stuno==search){
            out_answer(&card);
            printf("\nFind it!\n");
            return;
        }
    }
    printf("\nNot find it\n");
}
/* 输出检索结果函数 */
void out_answer(struct record* card){
    printf("Name:%s\n", card->name);
    printf("No:%d\n", card->stuno);
    printf("Gender:");
    switch (card->gender){
        case female:printf("female\n");break;
        case male:printf("male\n");break;
    }
    printf("\n");
}
```

文件是为了某种目的系统地把数据组织起来而构成的数据集合体。从实现角度看，文件往往与外部设备、磁盘上的文件联系在一起，也就是与计算机操作系统的文件联系在一起。随着计算机硬件技术的不断发展，计算机应用范围不断扩展，计算机应用技术水平不断提高，人们往往需要加工处理各式各样的数据，连接各种各样的外部设备。这些数据和设备是千差万别的。为了处理的统一与概念的简化，操作系统把这些外部数据、外部设备一律作为文件来管理。程序设计语言中管理的文件，就是计算机操作系统中的文件。

10.2　文件概述

文件是程序设计中的一个重要概念，从不同的角度看文件可以分成不同的类别。从操作角度看，文件分为顺序文件和随机文件；从用户角度看，文件分为普通文件和设备文件；从文件内部编码方式看，文件分为ASCII文件和二进制文件。

1. 文件名

在例10.1中“record.dat”是文件名。文件名是文件的唯一标识，它的一般结构是：

主文件名.扩展名

其中的扩展名可以省略，但通常都保留。因为通过扩展名，可以判断文件类型。例如扩展名

.c　　C语言的源程序文件

.txt　文本文件

.doc　word文档文件

在文件名前还可以附加磁盘目录的路径信息，如：

E:\doc\programing\test.c

表示存储在磁盘E上doc节点下programing节点下的test.c文件。

文件名分为绝对文件名和相对文件名。上述从磁盘盘符开始描述的文件名称为绝对文件名。而从计算机操作系统中文件系统的某个节点开始描述的文件名称相对文件名，例如：

```
programing\test.c
test.c
```

分别表示相对于节点E:\doc的相对文件名和相对于节点E:\doc\programing的相对文件名。

2. 顺序文件和随机文件

文件分成两种模式——读模式和写模式。顺序文件的特点是：在任意时刻，一个顺序文件只能处于两种模式之一。当一个顺序文件处于读模式时，只能从该文件读数据。反之，当一个顺序文件处于写模式时，只能向该文件写数据。从操作角度看，顺序文件只能顺序操作。即对于读来讲，顺序文件只能从文件第一成分开始顺序的，一个成分接一个成分的读数据。而对于写来讲，顺序文件只能在文件尾一个成分接一个成分的向文件里写数据，每次写进的成分都放在文件末尾。在例10.1中，文件“record.dat”就是顺序文件。

而随机文件的特点是：对文件的操作是随机的。在同一时刻，既可以向文件中写，也可以从文件中读(文件没有读写模式之分)。另外，读写操作可以针对文件中任意成分进行。例如，第一次读了第100个成分；然后再读第3个成分；然后再用一个新的数据修改第50成分，将其写入第50个成分中；然后又读第200个成分，等等。这是允许的，并且是正确的。

3. 普通文件和设备文件

普通文件是指驻留在磁盘或其他外部介质上的一个有序数据集，可以是源程序文件、目标程序文件、可执行程序文件；也可以是一组待输入处理的原始数据或者是一组输出的结果。在例10.1中，文件“record.dat”就是普通文件。

设备文件是指与主机相联的各种外部设备，如显示器、打印机、键盘等。在操作系统中，把外部设备也作为文件来进行管理，把它们的输入、输出等同于对磁盘文件的读和写。通常显示器定义为标准输出文件，键盘是标准输入文件。

4. ASCII文件和二进制文件

ASCII文件就是ASCII码文件，也称为文本文件、TEXT文件。这种文件每个字符

对应一个字节，用于存放相应字符的ASCII码，也就是存放字符的存储形态编码。字符1、2、3、4的ASCII码分别为49、50、51、52(十六进制的31、32、33、34)，字符串"1234"的存储形式为：

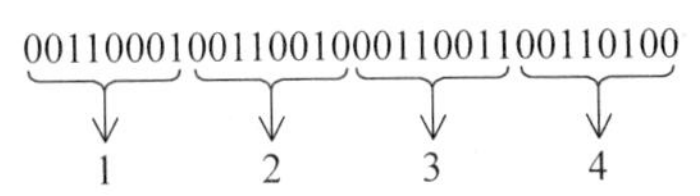

共占用4个字节。ASCII文件可以在屏幕上按字符显示，例如，源程序文件就是ASCII文件，用DOS命令TYPE可以显示文件的内容。由于是按字符显示，因此人能读懂文件内容。

二进制文件就是二进制码文件，它把数据按二进制编码方式存放到文件中。例如，数1234的存储形式为：

0000010011010010

只占二个字节。用TYPE命令显示二进制文件是无意义的，其内容无法读懂。在例10.1中，文件"record.dat"就是二进制文件。

5. 流式文件

C系统的文件操作，不区分文件类别。不论顺序文件还是随机文件、普通文件还是设备文件、ASCII文件还是二进制文件，C程序把文件一律都看成是"字节流"，以字节(每个字节可能是一个字符，也可能是一个二进制代码)为单位进行操作处理。而不像有的程序设计语言(PASCAL)那样，以记录为单位对文件进行操作。对字节流的操作，其输入输出的开始和结束都由程序控制，不受物理符号(如回车符)的影响。这种文件操作方式被称作"流式文件"。

6. 文件指针

在例10.1中，"recordpointer"就是文件指针。C系统为了处理文件，为每个文件在内存中开辟一个区域，用来存放文件的有关信息，如文件名、文件状态以及文件当前位置等。这个区域被作成一个称为FILE类型的结构体。FILE的类型由系统定义，保存在头文件stdio.h中，它的具体结构我们暂时不用关心。C程序中用指向FILE类型变量的指针变量(简称"文件指针")来标识具体文件。

 **声明文件指针变量**

```
FILE * id, …, id;
```

其中：

- FILE是头文件"stdio.h"中预先声明处理文件的结构体类型；
- *表明声明的变量是指针类型；
- id是标识符，是变量的名字。

例如，在例10.1中，

```
FILE * recordpointer;
```

声明了一个文件指针变量 recordpointer，以后在代码中就可以用 recordpointer 标识具体文件，对具体文件进行操作。

7. 文件读写位置标记

C 文件是一个流式文件，在该字节流上有一个隐含的暗标记，该标记总是指向文件中正要操作的字节，即下一个字节，称该标记为文件读写位置指针。例如：

```
□□□ …□.          指向文件首，即指向第 1 个字节；
↑
□□□□…□.          指向第 4 个字节；
   ↑
□□□ …□□.         指向文件尾；
         ↑
```

8. 几个常量

C 系统引进几个常量标记文件处理状态。最常用的是 EOF 和 NULL，它们是 stdio. h 中预定义的常量。

EOF：值为"－1"，习惯上表示文件结束，或文件操作出错；

NULL：值为"0"，习惯上表示打开文件失败等。

9. 文件操作

C 语言没有文件操作语句，C 语言的文件操作全部通过系统定义的库函数来实现。所谓"库函数"是指系统已经定义好，存放在"函数库"文件内，可以被用户直接调用的函数。这些库函数根据其功能的不同，存放在不同的函数库中。库函数本身并不属于语言，它是系统根据需要提供给用户使用的函数。C 标准定义了常用的函数库和每个函数库中常用的库函数。但是不同的编译系统提供的函数库不同，不同编译系统在每个函数库中提供的库函数也不同。为了提高程序的可移植性，用户应该只使用 C 标准定义的函数库和库函数。

对应每个函数库，都有一个头文件，在头文件中包含相应函数库中所有函数的函数原型。用户使用库函数时，需要把相应的头文件用 ＃include 命令括入到自己的程序文件中。＃include 命令有两种格式分别是：

- ＃include＜文件名＞：引用标准库头文件，编译器从标准库目录开始搜索。
- ＃include"文件名"：引用非标准库的头文件，编译器从用户的工作目录开始搜索。

双引号表示：先在程序源文件所在的目录查找，如果未找到则去系统包含文件目录查找，通常用于包括程序作者编写的头文件。

尖括号表示：先在系统包含文件目录中去查找（系统包含文件目录是由用户在设置环境时设置的），而不在源文件目录查找，通常用于包含系统中自带的头文件。

文件操作函数库的头文件是"stdio. h"，所以在用户程序中只要涉及文件操作，具体说只要涉及输入输出就应该把该文件括入程序，使用的程序行是：

```
#include <stdio.h>
```

这就是为什么前述各个章节的程序都含有这一行的原因。

⚠ 任何高级语言，对文件操作都应该遵循：

打开文件→操作文件→关闭文件

这一过程。

下面就遵循这个规则对文件的操作进行说明。

10.3　打开、关闭文件

例 10.1 主程序开始的程序行

```
recordpointer=fopen("record.dat","r");
```

是打开文件。称为以“读”模式打开文件 record.dat，打开后把 record.dat 的文件指针送入文件指针变量 recordpointer 中，在以后的程序运行过程中以 recordpointer 标识文件 record.dat。而主程序最后的程序行

```
fclose(recordpointer);
```

是关闭文件。它关闭指针变量 recordpointer 所指的文件。

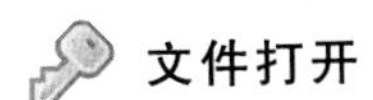

文件打开

```
fp=fopen(filename, mode);
```

其中：

- filename 是一个字符串，具体给出要打开的文件的文件名；
- mode 也是一个字符串，具体给出文件的打开模式，表 10.1 列出各种打开模式；
- fp 是文件指针变量，它的类型是 FILE *。

fopen 的功能是根据 mode 指定模式，打开由 filename 指定的文件。若函数操作成功，fopen 返回标识 filename 的文件指针，进行相关文件操作；否则，操作出错，fopen 返回空指针(NULL)，不标识任何文件。

表 10.1　文件打开模式

序　号	mode	含　义
1	"r"	以只读方式打开一个 ASCII 文件
2	"w"	以只写方式打开或新建一个 ASCII 文件，原有文件内容全部删除
3	"a"	同"w"，但是不删除原有文件内容
4	"r+"	以可读可写方式打开一个 ASCII 文件
5	"w+"	以可读可写方式打开或新建一个 ASCII 文件，原有文件内容全部删除

续表

序　号	mode	含　义
6	"a+"	同"w+",但是不删除原有文件内容
7	"rb"	以只读方式打开一个二进制文件
8	"wb"	以只写方式打开或新建一个二进制文件,原有文件内容全部删除
9	"ab"	同"wb",但是不删除原有文件内容
10	"rb+"	以可读可写方式打开一个二进制文件
11	"wb+"	以可读可写方式打开或新建一个二进制文件,原有文件内容全部删除
12	"ab+"	同"wb+",但是不删除原有文件内容

任何文件在操作结束之后,都应该执行文件关闭操作。

文件关闭

```
fclose(fp);
```

其中 fp 是一个文件指针。

fclose 的功能是关闭由文件指针 fp 指向的文件。如果操作成功,fclose 返回零;否则,fclose 返回一个负值(EOF);用户可以通过检测 fclose 返回值,确定文件是否关闭成功。

10.4　程序参数

10.4.1　基本概念

在前述所有例题代码中,所有 main 函数参数都是空的,那是不是 main 函数的参数只能是空呢？答案是否定的。main 函数本质上仍然是一个函数,是函数就可以有参数,main 函数的参数称为**程序参数**;只不过 main 函数比较特殊。它是程序的入口,由操作系统调用;所以 main 函数的参数都是由操作系统传递。一般带参数的 main 函数的声明形式如下,其中的参数可以命令行的方式给出,所以也称为**命令行参数**。

声明带参数的 main 函数

```
int main(int argc, char * argv [ ])
```

其中:

- argc 是整数类型,描述了命令行参数的个数,即操作系统传递给 main 函数多少个参数。
- argv 是字符指针数组,每个字符指针标识一个字符串,表记具体参数内容;其中 agrv[0]标识命令名字,即可执行文件名字。

例如,在命令行内输入:

```
assign  jilin.dat  Changchun.dat
```

运行程序时,系统开辟一个整数类型变量空间保存参数 argc。开辟一个指向指针的指针变量空间保存参数 argv;同时开辟一系列字符串空间,保存命令以及命令行上各个程序参数字符串;再开辟一个足够的指针数组空间,保存命令行上每个字符串的指针。最后产生如图 10.1 结构的程序参数信息。

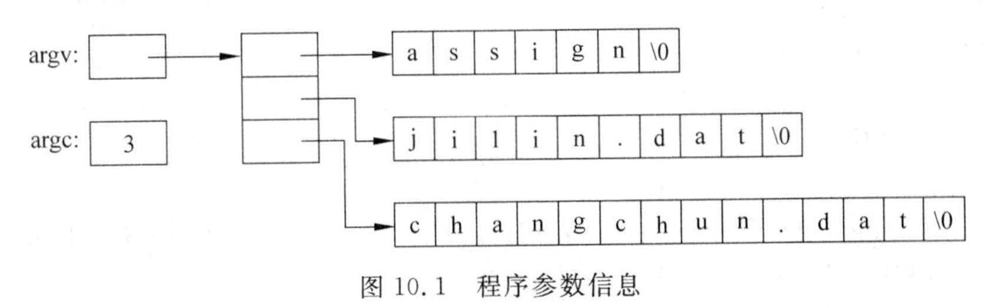

图 10.1　程序参数信息

⚠ 这里需要特殊说明一下 main 函数的返回类型,在 C99 标准中规定只有如下**两种正确声明 main 函数的方式**:

```
int main(void)
```

或者

```
int main(int argc, char * argv [ ])
```

如果不需要从命令行中获取参数,请用 int main(void);否则请用 int main(int argc, char * argv[ ])。主函数的返回值用于说明程序的退出状态。一般情况下,如果返回 0,则代表程序正常退出,否则代表程序异常退出。主函数返回值由操作系统接收,并做处理;这里我们并不涉及,所以书中所有例题代码中 main 函数返回值都设为 0。

下面将以文本复制功能,讲解命令行参数的使用。

【例 10.2】 实现 DOS 命令的文本文件复制功能。把某给定文件复制到另一个给定文件。

解:DOS 的文本复制命令格式是:

命令名　源文件名　目标文件名

使用命令行参数,由操作系统传入的参数一共有三个,分别是"命令名"、"源文件名"和"目标文件名"。假设命令名是"assign",则源程序文件名应为 assign.cpp;这是因为 VC6.0 编译得到的.exe 与源程序文件同名。编出程序如下:

```
//assign.cpp
#include <stdlib.h>
#include <stdio.h>
int  main(int argc, char * argv [ ]){  //执行方式:可执行文件名  源文件名 目标文件名 3
    FILE * inputfile;                                     //源文件指针
```

```
    FILE * outputfile;                                    //目标文件指针
    char  ch;
    if(argc!=3){                                          //参数个数不对
        printf("the number of arguments not correct\n");
        printf("\n Usage:  可执行文件名  source-file  dest-file\n");
        exit(0);                     //关闭所有文件,终止正在执行的程序,头文件是 stdlib.h
                                     //exit(1)表示异常退出;exit(0)表示正常退出
    }
    if ((inputfile=fopen(argv[1],"r"))==NULL){                //打开源文件失败
        printf("Cannot open source file\n");
        exit(0);
    }
    if ((outputfile=fopen(argv[2],"w"))==NULL){               //创建目标文件失败
        printf("cannot create destination file\n");
        exit(0);
    }
    ⋮                                                         //复制操作部分,暂时略
    fclose(inputfile);                                        //关闭源文件
    fclose(outputfile);                                       //关闭目标文件
    return 0;
}
```

运行该程序时,程序参数需要与实参结合,才能向 C 程序内传递信息。这些实际程序参数需要在程序运行时由操作员给定。给定实际程序参数的方法有直接和间接两种方法。

直接方法,是操作员通过命令行,直接和操作系统进行联系传递程序参数。间接方法则是通过 VC6.0,在 VC6.0 项目调试选项卡中设定,再有 VC6.0 和操作系统联系,传递参数。这两种方法正好对应了图 1.4 中用户和操作系统交互的两种途径。

10.4.2 命令行设定程序参数

假设例 10.2 的源程序文件“assign.cpp”存储在“F:\演示”文件夹下,经过 VC6.0 编译、链接阶段后,得到的可执行程序“assign.exe”程序存储在“F:\演示\Debug”文件夹下,同文件夹下有一个文本文件“source.txt”如图 10.2 所示。

(1) 在 windows 操作系统桌面上单击左下角的“开始”按钮。

(2) 选择“运行”选项。

(3) 在运行选项内执行“cmd”命令。这时系统将弹出“DOS 窗口”;在 DOS 窗口下执行 DOS 的“cd”和盘符命令,设定程序运行的当前“文件夹”位置“F:\演示\Debug”。这个位置必须与当前程序所在的文件夹位置以及数据文件所在的文件夹位置相匹配,如图 10.3 所示;通过 DOS 命令“dir/w”可见文件夹“F:\演示\Debug”内没有“target.txt”文件。

▸ 计算机 ▸ Store (F:) ▸ 演示 ▸

包含到库中 ▾　共享 ▾　刻录　新建文件夹

名称	修改日期	类型	大小
Debug	2014/3/4 10:29	文件夹	
assign.cpp	2014/3/4 9:46	C++ Source file	2 KB
assign.dsp	2014/3/4 10:26	Project File	4 KB
assign.dsw	2014/3/4 10:26	Project Workspa...	1 KB
assign.ncb	2014/3/4 10:26	VC++ Intellisens...	33 KB
assign.opt	2014/3/4 10:26	OPT 文件	48 KB
assign.plg	2014/3/4 10:26	HTML 文档	2 KB

▸ 计算机 ▸ Store (F:) ▸ 演示 ▸ Debug

包含到库中 ▾　共享 ▾　刻录　新建文件夹

名称	修改日期	类型	大小
assign.exe	2014/3/4 10:26	应用程序	177 KB
assign.ilk	2014/3/4 10:26	Incremental Link...	181 KB
assign.obj	2014/3/4 10:26	Object File	4 KB
assign.pch	2014/3/4 10:26	Precompiled He...	216 KB
assign.pdb	2014/3/4 10:26	Program Debug...	361 KB
source.txt	2014/3/4 10:29	Text Document	1 KB
vc60.idb	2014/3/4 10:26	VC++ Minimum ...	33 KB
vc60.pdb	2014/3/4 10:26	Program Debug...	44 KB

图 10.2　assign. cpp 和 assign. ext 所在文件夹

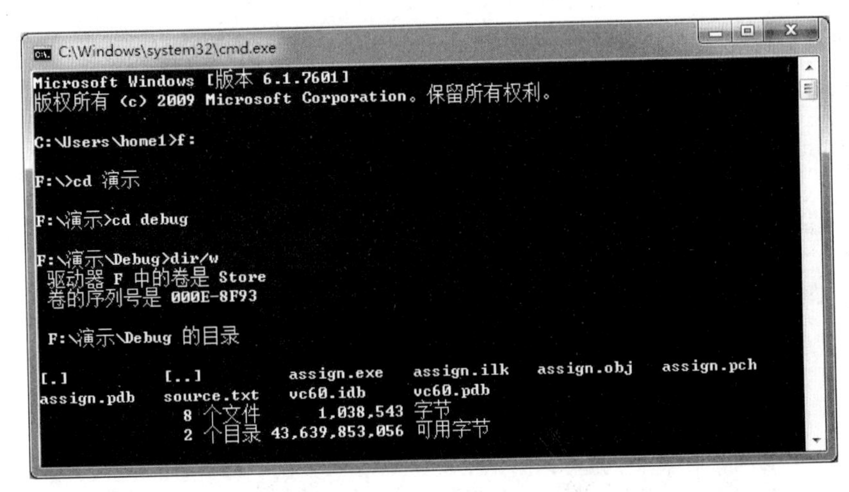

图 10.3　确定文件所在文件夹

(4) 键入命令行"assign source. txt target. txt"复制文件成功；通过 DOS 命令"dir/w"可见文件夹"F:\演示\Debug"内增加了"target. txt"文件；键入命令行"assign source. txt"，则输出提示信息，如图 10.4 所示。

综上所述，在 DOS 窗口下执行程序，命令行格式是：

可执行文件名　参数 1　参数 2　… 参数 n

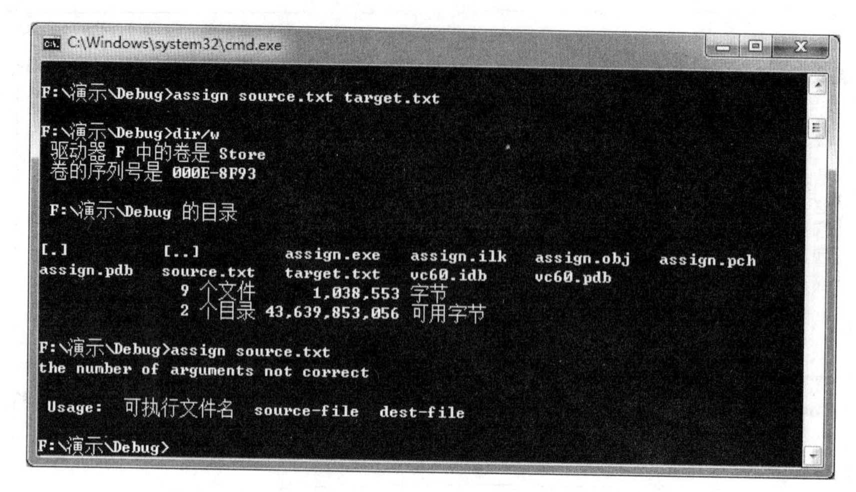

图 10.4 命令行执行结果

10.4.3 VC6.0 设定程序参数

在 VC++ 6.0 环境中给定程序参数方法是，当编译、链接完源程序后，在运行程序之前，按如下步骤进行：

（1）在 VC++ 界面主菜单下单击“工程”项，在下拉菜单中选择“设置 ALT+F7”项，如图 10.5 所示。

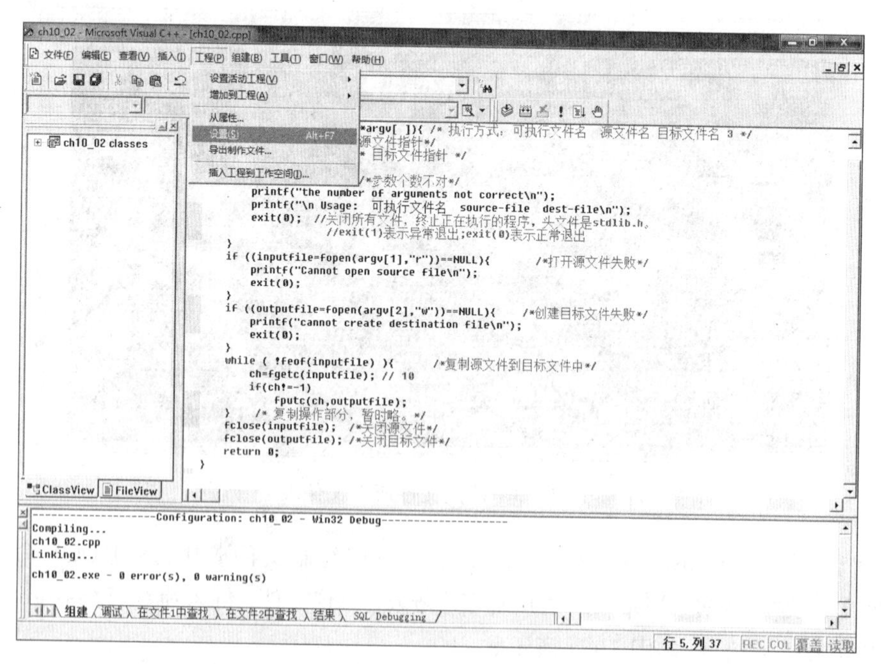

图 10.5 工程设置菜单

（2）完成上述第（1）步后，屏幕将出现如图 10.6 所示的界面。

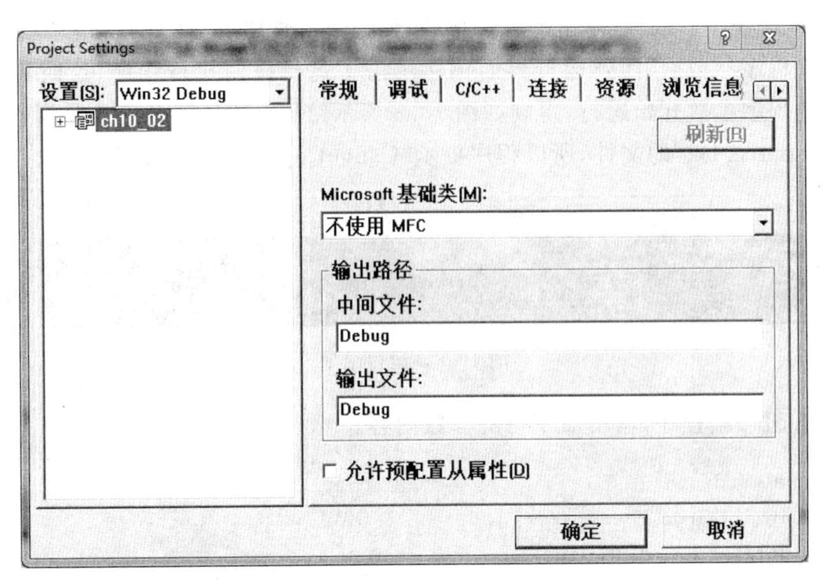

图 10.6　工程设定对话框—常规选项卡

(3) 在图 10.6 界面上选择“调试”选项卡;这时将弹出如图 10.7 所示的窗口。

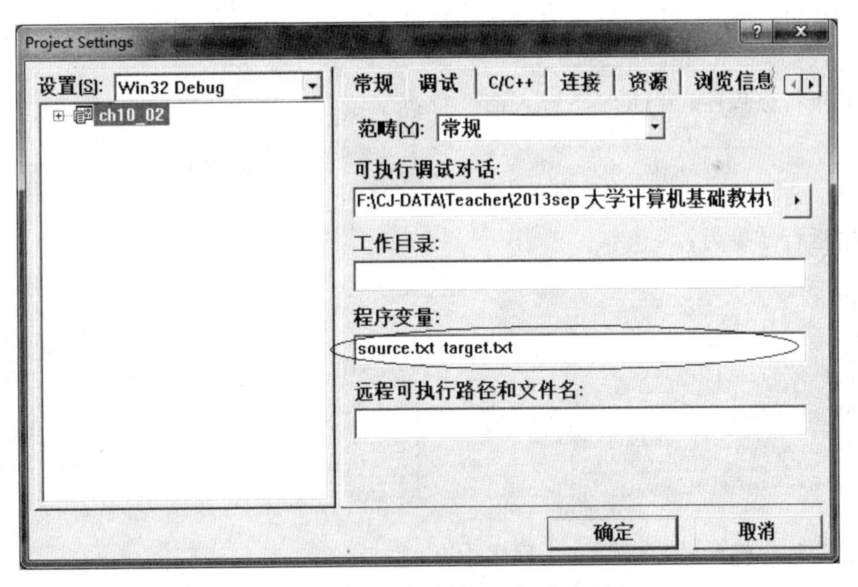

图 10.7　工程设定对话框—调试选项卡

(4) 在图 10.7 界面中可以设置“工作目录”、“程序变量”等。其中“程序变量”就是程序参数,操作员可以在“程序变量”栏填写程序运行时的所有“程序参数”,中间以空格分隔。需要读者注意,这里“程序变量”内填写的程序参数对应从 argv[1]开始后面的参数,不包括 argv[0]的内容,argv[0]的内容由 VC6.0 自动加上,传递给操作系统。如图 10.7 所示输入,source.txt 将被送到 argv[1]中,target.txt 将被送到 argv[2],整个程序共有 3 个参数。

(5) 填好“程序参数”后单击“确定”按钮，便完成了程序参数的设置。

设置完程序参数后，回到运行界面仍然单击 ! 运行按钮执行程序，这时程序便带着已经设定的程序参数开始运行，得到如图 10.8 所示结果。由于可执行文件所在文件夹内没有名为“source.txt”的文件，所以程序提示“Cannot open source file”后直接退出。

```
"F:\CJ-DATA\Teacher\2013sep 大学计算机基础教材\Code\ch10\Debug\ch10_02.exe" source...
Cannot open source file
Press any key to continue
```

图 10.8 运行结果

【例 10.3】 编程序，输出命令行的参数内容。

```
#include <stdio.h>
int  main(int argc,char * argv[ ]){
    printf("argc=%d\n",argc);
    printf("command name:%s\n",argv[0]);
    for(int i=1;i<argc;i++)
        printf("Argument %d: %s \n",i,argv[i]);
    return 0;
}
```

如果执行该程序，在 DOS 下键入命令行：

```
tt  se.txt  hope  ee  efe
```

程序运行结果为：

```
argc=5
command name:tt
Argument 1:se.txt
Argument 2:hope
Argument 3:ee
Argument 4:efe
```

为保障程序健壮性，在例 10.2 程序中有

```
if(argc!=3){                                          //参数个数不对
    printf("the number of arguments not correct\n");
    printf("\n Usage:  可执行文件名   source-file  dest-file\n");
    exit(0);
}
```

使用程序参数 argc 判断命令行中给定的参数个数是否正确。若不正确(3 个)，则给出信息，终止程序运行。

在例 10.2 程序中打开文件都使用如下类似的形式：

```
if ((inputfile=fopen(argv[1],"r"))==NULL){          //打开源文件失败
    printf("Cannot open source file\n");
    exit(0);
}
```

而不像例 10.1 那样简单的一行。

由图 10.1 可知，argv[1]指向字符串“jilin.dat”，程序的第 12 行打开由 argv[1]给定文件名的文件 jilin.dat，把文件指针送入 inputfile 中，这是基本功能。同时判断这个打开操作是否执行正确，若不正确（带回 NULL 值）则终止程序运行，因为再向下执行程序没有任何意义。

判断参数个数是否正确以及判断打开文件操作是否正确是十分必要的。这样做的目的是保证程序的健壮性。

10.5　字符读写

【例 10.4】　完善例 10.2 程序中的拷贝部分程序片段。

解：程序逻辑十分简单，一个个字符的从 input 文件读，向 output 文件写，直到 input 文件结束。程序片段如下：

```
while((ch=fgetc(inputfile))!=EOF){      //文本文件中所有字符 ASCII 码值都是非负的
    fputc(ch,outputfile);               //复制源文件到目标文件中
}
```

该程序片段使用了从文件读一个字符和向文件写一个字符的函数 fgetc 和 fputc。这两个函数的形式是：

 **从文件读取单个字符函数原型**

```
int  fgetc(FILE * fp);
```

其功能是从 fp 指向的文件中读取一个字符，同时将读写位置指针向前移动 1 个字节。如果操作成功，fgetc 返回读取字符的 ASCII 码；否则，出错或文件结束，fegetc 返回一个负值（EOF）。

 **向文件写入单个字符函数原型**

```
int  fputc(int  ch,  FILE * fp);
```

其功能是把字符 ch 写入 fp 指向的文件，同时将读写位置指针向前移动 1 个字节。如果操作成功，fputc 返回写入字符的 ASCII 码；否则，fputc 返回一个负值（EOF）。

【例 10.5】　创建某文本文件的副本，要求副本文件要有行号。

```
#include <stdlib.h>
#include <stdio.h>
#define SIZE 256
```

```
int main(int argc, char * argv[ ]){      //执行方式：可执行文件名  源文件名  目标文件名
    FILE * inputfile;                                          //源文件指针
    FILE * outputfile;                                         //目标文件指针
    char  ch;
    int  line=1;
    if(argc!=3){                                               //参数个数不对
        printf("the number of arguments not correct\n");
        printf("\n Usage: 可执行文件名 source-file dest-file\n");
        exit(0);                                               //退出
    }
    if ((inputfile=fopen(argv[1],"r"))==NULL){                //打开源文件失败
        printf("Cannot open source file\n");
        exit(0);
    }
    if ((outputfile=fopen(argv[2],"w"))==NULL){               //创建目标文件失败
        printf("Cannot create destination file\n");
        exit(0);
    }
    fprintf(outputfile, "%5d", line);                         //写入第一行行号
    while((ch=fgetc(inputfile))!=EOF){
        fputc(ch,outputfile);                                  //写入当前字符
        if (ch=='\n' || ch=='\r')
            fprintf(outputfile, "%5d", ++line);                //写入行号,行号增 1
    }
    fclose(inputfile);                                         //关闭源文件
    fclose(outputfile);                                        //关闭目标文件
    return 0;
}
```

10.6 字符串读写

【例 10.6】 使用字符串 I/O 函数创建某文本文件的副本，要求副本文件要有行号。

例 10.5 的程序还可以使用字符串 I/O 函数 fgets 和 fputs，编出更简洁的程序。假设源文件每行最长不超过 256 个字符。编出程序如下（省略了与前一个程序相似的部分）：

```
#define SIZE 256
int main(int argc, char * argv[]){
    char buf[SIZE];
    ⋮
    while(fgets(buf,SIZE,inputfile)!=NULL){             //复制源文件到目标文件中
        fprintf(outputfile, "%5d", line++);             //写入行号,行号增 1
            fputs(buf,outputfile);                      //写入字符串
    }
```

```
    ⋮
}
```

读/写字符串时，使用 fgets()和 fputs()函数。

从文件读取字符串函数原型

```
char * fgets(char * str, int  num, FILE * fp);
```

其功能是从 fp 指向的文件中读取一个字符串，并将此串保存在 str 指向的字符数组中。字符串的自然结束符是"换行符"和"文件结束符"。若读到 num－1 个字符后还没遇到结束符，则也强制结束，这时把 num－1 个读入的字符送入数组 str 中。读入结束后，在数组 str 的字符串末尾加字符串终止字符 NULL；并将文件读写位置指针向前移动实际读取的字节个数。

如果操作成功 fgets 返回 str 所标识字符数组的首地址；否则，fgets 返回空指针(NULL)。

向文件写入字符串函数原型

```
int  fputs(char * str, FILE * fp);
```

其功能是把 str 所指字符串(不包括字符串结束符 NULL)写入 fp 指向的文件，同时将读写位置指针向前移动 num(字符串长度)个字节。

如果操作成功，fputs 返回一个非负值；否则返回一个负值(EOF)。

10.7　格式化读写

例 10.5、例 10.6 的程序输出行号信息时使用语句

```
fprintf(output, "%5d", line++);
```

把整数从内部数据翻译成 ASCII 字符数据输出。

把内部数据信息翻译成 ASCII 字符串写入文件，或把文件中的 ASCII 字符串翻译后读入，使用 fscanf 和 fprintf 函数，称为格式化"输入"、"输出"。

函数 fscanf 和 fprintf 与函数 scanf 和 printf 的功能相似，区别在于函数 fscanf 和 fprintf 操作对象是一般文件，而 scanf 和 printf 操作对象是标准输入输出文件。格式化读写是把数据按 fscanf 和 fprintf 函数中格式控制字符串中控制字符的要求进行转换，然后再进行读写。格式转换在第 3 章已经介绍过，这里不再赘述。

文件格式化输入函数原型

```
int fscanf(FILE * fp, char * format,…);
```

其功能是从 fp 所指文件，按 format 规定的格式进行转换，读取一定数量的数据项，具体数据项在 format 后指定。如果操作成功，fscanf 返回实际读取数据项的个数；否则，

返回一个负值。

文件格式化输出函数原型

```
int fprintf(FILE * fp, char * format,…);
```

其功能是将若干数据项按 format 格式进行转换，输出到 fp 所指的文件，具体数据项在 format 后指定。如果操作成功，fprintf 返回实际写入数据项个数；否则，返回一个负值。

【例 10.7】 在磁盘中建立一个正弦函数表文件“sin. tab”，其格式如下：

THE LIST OF SIN(X)

a	SIN(a)	a	SIN(a)	a	SIN(a)	a	SIN(a)	a	SIN(a)
0	0.0000	1	0.0175	2	0.0349	3	0.0523	4	0.0698
5	0.0872	6	0.1045	7	0.1219	8	0.1392	9	0.1564

⋮

到 359°为止

解：算法如图 10.9 所示，程序如下：

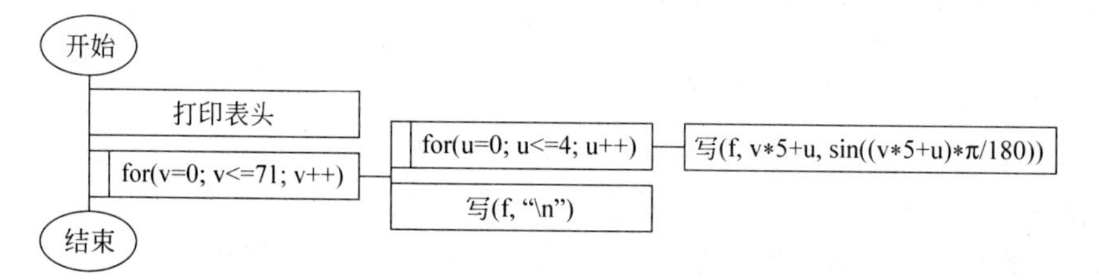

图 10.9 正弦函数表

```
#include<stdlib.h>
#include math.h>
#include<stdio.h>
#define  PAI  3.14159
int main(void){
    int u,v;
    FILE * f;
    if ((f=fopen("sin.tab","w"))==NULL){                    //打开文件
        printf("Cannot open file \"sin.tab\"\n");
        exit(0);
    }
    fprintf(f, "%20c THE LIST OF SIN(X)\n", ' ');           //表头
    fprintf(f, "%5s %7s%5s %7s%5s %7s%5s %7s%5s %7s\n",
           "a","SIN(a)","a","SIN(a)","a","SIN(a)"  ,"a","SIN(a)",
           "a","SIN(a)");
    for (v=0; v<=71; v++){                                  //表体
        for (u=0; u<=4; u++)
           fprintf(f,"%5d %7.4f",v * 5+u,sin((v * 5+u) * PAI/180));
        fprintf(f,"\n");
```

```
    }
    fclose(f);
    return 0;
}
```

在该例题中，语句

```
fprintf(f,"%5d %7.4f",v*5+u,sin((v*5+u)*PAI/180));
```

不断向文件写入数据信息，文件是ASCII字符文件。数据从内部二进制形式翻译成ASCII字符形式输出到文件上。

【例10.8】 设磁盘上有两个text文件，name.txt为人员名单；address.txt是对应name.txt文件上每个人的家庭地址。编一个程序，在磁盘上生成一个姓名、地址、电话号码表文件nameaddr.txt，其中每个人的电话号码从终端上随机录入。

解：该程序总体上一个人一个人的处理，对每个人来讲：先从name.txt上读入一个姓名；然后从address.txt上读入相应家庭地址；然后在终端屏幕上显示正处理的人员姓名，要求操作员键入其电话号码，并读入该电话号码；最后把姓名、地址、电话号码作为一行送入文件nameaddr.txt中。PAD如图10.10所示。

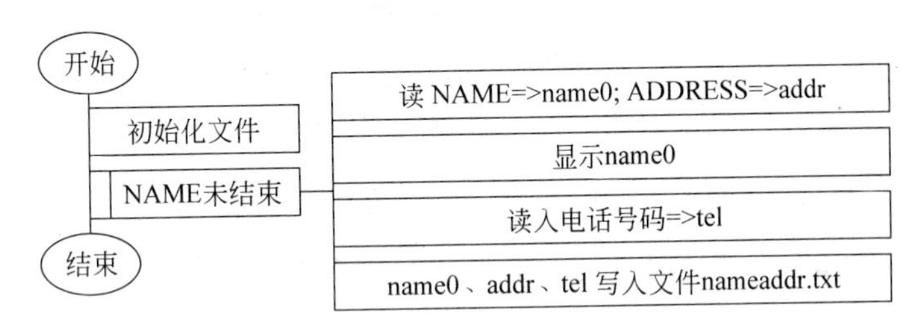

图10.10 姓名、地址、电话号码表

```
#include <stdio.h>
#include <stdlib.h>
int main(void){
    FILE * name;                                    /* 名字源文件指针 */
    FILE * address;                                 /* 地址源文件指针 */
    FILE * nameaddr;                                /* 目标文件指针 */
    char name0[8],addr[30],tel[10];
    if ((name=fopen("name.txt","r"))==NULL){        /* 打开名字源文件失败 */
        printf("Cannot open source file 'name.txt'\n");
        exit(0);
    }
    if ((address=fopen("address.txt","r"))==NULL){  /* 打开地址源文件失败 */
        printf("Cannot open source file 'address.txt'\n");
        exit(0);
    }
    if ((nameaddr=fopen("nameaddr.txt","w"))==NULL){ /* 创建目标文件失败 */
        printf("Cannot create destination file 'nameaddr.txt'\n");
```

```
        exit(0);
    }
    while(!feof(name)&&!feof(address)){                    /*控制全部处理*/
        /*控制读*/
        fscanf(name,"%s",name0);                           /*读入姓名=>name0*/
        fscanf(address,"%s",addr);                         /*读入地址=>addr*/
        printf("name %s please input tel:",name0);         /*输出提示信息*/
        scanf("%s",tel);                                   /*终端输入电话号码=>tel*/
        /*姓名、地址、电话号码写入文件 NAMEADDR.DAT 一行*/
        fprintf(nameaddr,"%12s%32s%10s\n",name0,addr,tel);
    }
    fclose(name);
    fclose(address);
    fclose(nameaddr);
    return 0;
}
```

10.8 数据块读写

本章第一个例题，例 10.1 中从文件读数据，使用语句

```
fread(&card, sizeof(struct bookcard),1, cardpointer);
```

把一个结构体整体读入。这些结构体显然是计算机内部表示的二进制形式的，中间不经过任何翻译过程。

【例 10.9】 编一个函数，合并两个已按递增排序的整数文件成一个按递增排序文件。

解：程序逻辑很简单，从两个文件分别读入一个整数，不断比较 v1、v2 大小，把小的写入目标文件，然后在从相应文件读入下一个整数，直到某文件结束；再把另一个文件中剩余内容全部读出并写入目标文件。PAD 如图 10.11 所示，程序如下：

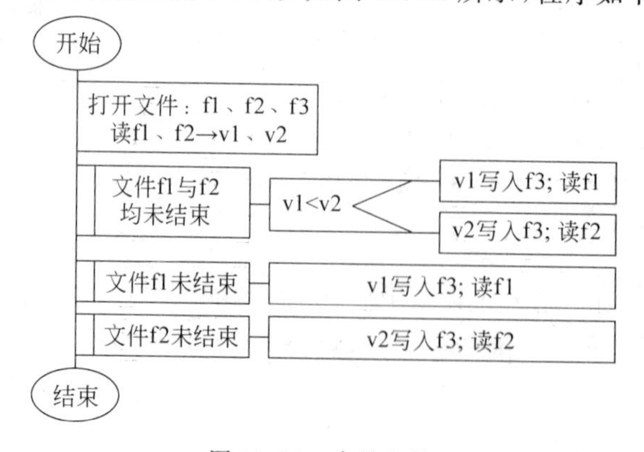

图 10.11 合并文件

```
#include <stdlib.h>
#include <stdio.h>
/*执行方式:可执行文件名  已排序源文件名  已排序源文件名  目标文件名*/
int main(int argc, char* argv[ ]){
    FILE* f1;                                   /*已排序整数源文件1指针*/
    FILE* f2;                                   /*已排序整数源文件2指针*/
    FILE* f3;                                   /*合并后的目标文件指针*/
    int v1,v2;
    if(argc!=4){                                /*参数个数不对*/
        printf("the number of arguments not correct\n");
        printf("\nUsage: 可执行文件名 source-file source-file dest-file\n");
        exit(0);                                /*退出*/
    }
    if ((f1=fopen(argv[1],"r"))==NULL){         /*打开源文件1失败*/
        printf("Cannot open source file\n");
        exit(0);
    }
    if ((f2=fopen(argv[2],"r"))==NULL){         /*打开源文件2失败*/
        printf("Cannot open source file\n");
        exit(0);
    }
    if ((f3=fopen(argv[3],"w"))==NULL){         /*创建目标文件失败*/
        printf("Cannot create destination file\n");
        exit(0);
    }
    fread(&v1, sizeof(int), 1, f1);
    fread(&v2, sizeof(int), 1, f2);
    while(!feof(f1) && !feof(f2)) {
        if (v1 <v2) {                           /*取较小元素存入f3文件*/
            fwrite(&v1, sizeof(int), 1, f3);
            fread(&v1, sizeof(int), 1, f1);
        }else {
            fwrite(&v2, sizeof(int), 1, f3);
            fread(&v2, sizeof(int), 1, f2);
        }
    }
    while(!feof(f1)) {                          /*处理f1文件尾部*/
        fwrite(&v1, sizeof(int), 1, f3);
        fread(&v1, sizeof(int), 1, f1);
    }
    while(!feof(f2)) {                          /*处理f2文件尾部*/
        fwrite(&v2, sizeof(int), 1, f3);
```

```
        fread(&v2, sizeof(int), 1, f2);
    }
    fclose(f1);                                    /*关闭文件*/
    fclose(f2);
    fclose(f3);
    return 0;
}
```

在该程序中,保存在文件中的整数数据以及写入目标文件中的整数数据都是计算机内部形式的二进制数据,在读写过程中使用 fread、fwrite 函数,不经过翻译过程,这种读写方式称为数据块读写。

数据块读写使用函数 fread 和 fwrite。

从文件读取数据块函数原型

```
int  fread(void* buf, int  size, int  count, FILE* fp);
```

其功能是从 fp 所指的文件中最多读取 count 个字段,每个字段为 size 个字节,把它们送到 buf 所指的缓冲数组中,同时,将读写位置指针向前移动 size * count 个字节。一般来讲,数组 buf 每个元素的长度为 size,每个字段正好对应数组 buf 的一个元素;即读入 count 个字段送入数组 buf 的 count 个元素中。操作成功,fread 返回实际读取字段个数;否则,错误或文件结束,返回负值(EOF)。

如在例 10.1 中,语句

```
fread(&card, sizeof(struct record),1, recordpointer);
```

使用读数据块方式从 recordpointer 指向的文件 record.dat 中读入一块 sizeof(struct record)长的数据,送入结构体变量 card 中。

向文件写入数据块函数原型

```
int  fwrite(void* buf, int  size, int  count, FILE* fp);
```

其功能是从 buf 所指的数组中,把 count 个字段写到 fp 所指的文件中,每个字段为 size 个字节,同时,将读写位置指针向前移动 size * count 个字节。一般来讲,数组 buf 每个元素的长度为 size,每个字段正好对应数组 buf 一个元素;即把数组 buf 的 count 个元素写到文件中。fwrite 返回实际写入字段个数,除非遇到错误,否则 fwrite 返回值等于 count。

如在例 10.9 中,语句

```
fwrite(&v2, sizeof(int), 1, f3);
```

使用读数据块方式向 f3 指向的文件(由 argv[3]指出)中写入一块 sizeof(int)长的数据。

10.9 文件定位

【例 10.10】 设某二进制整数文件按递增排序。编函数，用两分法在该文件上对给定关键字整数进行检索。

解：在数组上进行两分法检索，前边第 6 章已经介绍过，两分法算法读者已经很熟悉，本题目的关键是如何在文件上实现两分法检索算法。显然在文件上实现两分法检索的关键是如何随机读取文件上的任意一个数据项，即如何移动读写位置指针，使用本节将介绍的涉及文件随机操作的若干函数可以很轻松的解决该问题。编出程序如下：

```
/* 本函数有两个形式参数：f 是文件指针；key 为检索关键字 */
/* 调用本函数前，应该按随机模式打开给定的整数文件 */
/* 调用本函数时，用已经打开文件的文件指针作实际参数，对应本函数的文件指针类型形式参数
f */
int  half_search_of_file (FILE* f, int key){
    int lower,upper,j;                        //检索下界、上界、中点
    int v;                                    //用于从文件中读入一个整数
    lower=0;                                  //检索下界初值
    fseek(f, 0, SEEK_END);                    //与下一行两行联合作用，计算文件中整数个数
    upper=ftell(f)/sizeof(int);               //文件中整数个数即检索上界初值
    while (upper-lower>=0) {
        j=(lower+upper)/2;                         //两分
        fseek(f, j*sizeof(int), SEEK_SET);         //移动读写指针到两分点 j 处
        fread(&v, sizeof(int), 1, f);              //读取两分点数据
        if  (key==v)
            return j;                              //已经找到，位置为 j
        else if (key >v)
            lower=j+1;                         //key 在 a[j+1]与 a[upper]之间，lower=j+1
        else  upper=j-1;                       //key 在 a[lower]与 a[j-1]之间，upper=j-1
    }/*while*/
    return  -1;                                //未检索到，返回标志 -1
}                                              //half_search_of_file
```

上述例题中，为了两分法，需要随机在文件的某位置读数据，显然文件的属性为随机文件。本节将介绍涉及文件随机操作的若干函数。读者已经知道，C 文件是一个流式文件，在该字节流上有一个隐含的暗标记（文件读写位置指针），该标记总是指向文件中正要操作的字节。

- 当以读模式（“r”）打开文件时，文件读写位置指针指向文件开始；
- 当以写模式（“w”）打开文件时，文件读写位置指针指向文件开始；
- 当以追加写模式（“a”）打开文件时，文件读写位置指针指向文件尾；

- 当以各种随机模式（“r＋”、“w＋”、“a＋”）打开文件时，文件读写位置指针指向文件开始。

在对文件进行任何读写操作时，位置指针都自动向下移动相应个数的字节。如果要打破这种规律，就必须使用定位函数对位置指针重新定位。函数 rewind 和 fseek 用于位置指针定位；函数 ftell 和 feof 用于测试文件位置指针当前所处位置。

文件读写位置标记置零函数原型

```
void  rewind(FILE * fp);
```

其功能是使 fp 所指文件的位置指针重新指向文件开始。如在例 10.1 中，每次检索开始，都执行语句

```
rewind(recordpointer);
```

把 recordpointer 指向的文件 record.dat 回绕，使 recordpointer 重新指向开始位置。

设置文件读写位置标记函数原型

```
int  fseek(FILE * fp, long  offset, int  origin);
```

其中：

- origin 指的是起始位置，表 10.2 给出了 C 定义的表示起始位置的 3 个宏。
- offset 是指相对于初始位置移动的字节数。当偏移量是正数时，从初始位置向前移动 offset 个字节；当偏移量是负数时，从初始位置向后退 offset 个字节。

表 10.2　表示起始位置的宏

起始位置(origin)	宏定义	数字代表
文件开始	SEEK_SET	0
文件当前位置	SEEK_CUR	1
文件结尾	SEEK_END	2

其功能使 fp 所指文件的读写位置标志位于 origin＋offset 的位置。如果操作成功，fseek 返回零；否则，返回一个非零值。

确定文件读写位置标记函数原型

```
long int  ftell(FILE * fp);
```

其功能是给出 fp 所指文件的读写位置标记当前所处位置。如果操作成功 ftell 返回文件读写位置标记；否则返回一个负值(EOF)。

判断是否是文件尾函数原型

```
int  feof(FILE * fp);
```

其功能是给出 fp 所指文件的读写位置标记，是否已经到文件尾，即文件是否结束。操作成功，feof 返回一个非零值；否则，返回零。

本章小结

本章主要介绍了文件的概念及其操作。重点掌握文件读写操作。

习题 10

10.1 编写一个统计文本文件中字符个数的程序。

10.2 编写一个统计文本文件中行数的程序。

10.3 统计某给定的 ASCII 文件中各字母的出现频率。

10.4 编程序，分别求出给定整数文件上等于及大于某给定整数值的元素个数。

10.5 一个文件保存整数，修改该文件，使偶数加 2；奇数乘 2。

10.6 编程序，把给定整数文件上所有大于某值的数拷贝到另一个给定文件上去。

10.7 分解整数文件 f 到 g1、g2。g1 保存所有素数，g2 保存其他数。g1、g2 每行五个数。

10.8 写一个程序判断任意给定的两个 ASCII 文件是否相等。

10.9 编程序，把 ASCII 文件 f 的所有奇数行复制到文件 g 中去。

10.10 编程序，把 ASCII 文件 f 的所有单词 bad 改为 good。

10.11 编程序，把给定的不带行号的 ASCII 文件加上行号。

10.12 编程序，把给定的带行号的 ASCII 文件的行号删除。

10.13 文件 f1、f2、f3 是按字典顺序排列的名字表文件(每个名字最长 10 个字符)。编程序，求第一个在三个文件上都出现的名字(对每个文件至多扫描一次)。

10.14 格式化给定 ASCII 文件。每行最多 50 字符，每页 40 行，在每页顶端加页号。

10.15 设有按递增排序的实数文件 f，其中数据个数未知，对 f 的操作只允许从头读到尾。编程序，把文件 f 中数据按递减排序存入文件 g 中(分别考虑两种情况：内存可以放下 f 中数据；内存放不下 f 中数据)。

10.16 编程序，把 ASCII 文件 f 的所有行变成中间对齐。设每行不超过 41 个字符。

10.17 ASCII 文件 g1、g2 每行最长不超过 30 字符，并列打印该两个文件(g2 从第 40 列开始打印)。

10.18 编程序，处理一个只由字母、逗号、句号、空格、换行组成的 ASCII 文件。从键盘输入文件名，统计并输出结果：文件中包含单词总数、不同单词个数、按字典顺序排列的各个单词及其出现次数。输入一个单词，判断该单词是否在文件中出现。

10.19 编程序，把给定全部保存实数的二进制文件上的实数翻译成字符形式，存入给定的 ASCII 文件上。要求每行 5 个数，每个数占 20 位，保留 5 位小数。

10.20 给定单词转换对照表 A、B，编程序对 ASCII 文件 T 进行转换，结果存入 ASCII 文件 S 中。转换规则是，把 T 中所有在表 A 中出现的单词用表 B 中相对应的单词替换（A_j 用 B_j 替换）。

10.21 用命令名“uvwxyz mnopqrs abcdeffg”执行下述程序后，输出结果是什么？

```
#include <string.h>
#include <stdio.h>
void sort(char * w[],int);
int main(int argc,char * argv[]){
    char**p;
    sort(argv+1,argc-1);
    for(p=argv+1;--argc;p++)
        printf("%s", * p);
    return 0;
}
void sort(char * w[],int n){
    int i,j;
    char  word[20];
    for(i=0;i<n;i++)
        for(j=i+1;j<n;j++)
            if(strcmp(w[i],w[j])>0){
                strcpy(word,w[i]);
                strcpy(w[i],w[j]);
                strcpy(w[j],word);
            }
}
```

第 11 章　程 序 开 发

编程序并不难，只要有解决问题的算法，掌握某种程序设计语言，任何人都可以编出程序，但是不同人编出的程序却大不相同。针对同一个问题，有人编的程序风格好、易读、易维护、易重用、可靠性高、运行得既快又节省存储空间；有人编的程序风格差、晦涩难懂、难于维护、冗长、正确性和可靠性极低、运行起来既慢又占用空间。因此编程序易，编好程序难，编出满足用户需求、各方面均优秀的程序更难。

要想编出一个风格优美、正确可靠、各方面均优秀的好程序，必须按照现代软件工程的规范进行。程序模块的划分、算法的选择与设计、编码的风格、测试等都应该在软件工程规范的约束下，按照标准的软件开发过程进行。同时也必须遵循好的程序设计原则和使用好的程序设计方法。

本章简单介绍程序开发技术、结构化程序设计原则和方法。为读者能够编出优秀的程序打下良好基础。

11.1　求三角形外心——自顶向下、逐步求精

【例 11.1】 编程序，输入平面上三个不在同一条直线上的点，求经过该三点的圆的圆心。

解：为了简单，假设三角形的三条边和垂直平分线的直线方程都可以使用斜截式表示。按几何知识，过该三点的圆的圆心应该是该三点组成的三角形外心，即三条边的垂直平分线的交点。设该三点为 A、B、C，三点的坐标分别为：ax、ay、bx、by、cx、cy。该问题的解法可以描述为图 11.1 的 PAD。

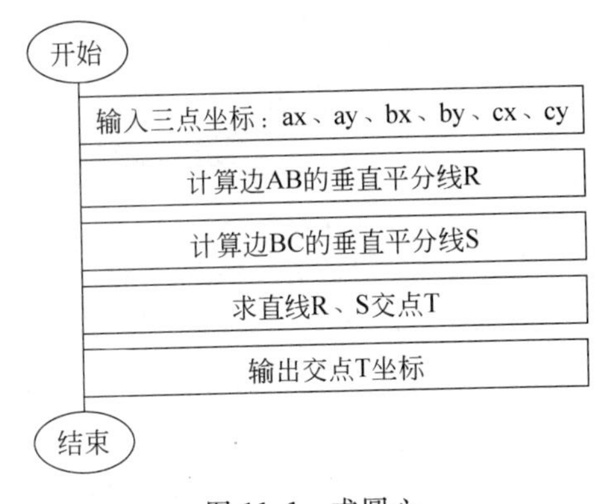

图 11.1　求圆心

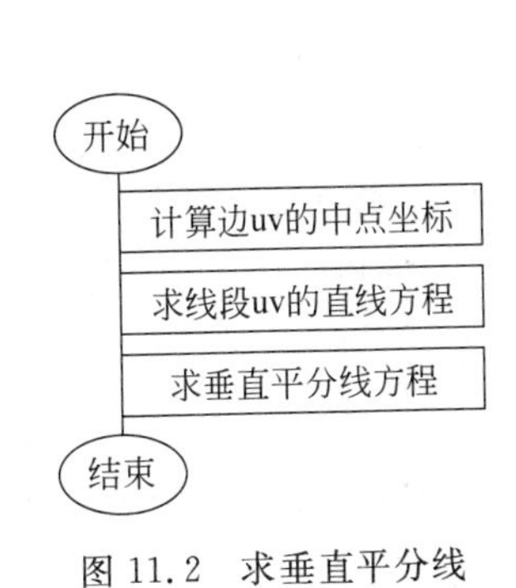

图 11.2　求垂直平分线

在图 11.1 的 PAD 中，输入和输出很简单，下边考虑求垂直平分线和求交点。可以先设计一个函数求线段的垂直平分线，然后分别以 AB、BC 的坐标为实参调用该函数。求线段的垂直平分线应该找到该线段的中点和该线段的直线方程，然后过中点的与线段方程垂直的直线即是。按这个分析得如图 11.2 的 PAD。这里假设，其中所有直线都可以用斜截式方程表示，即没有直线是平行于 y 轴。

继续分析图 11.2，计算 A(ux,uy)，B(vx,vy)中点，只是两个公式：

$$x=(ux+vx)/2$$

$$y=(uy+vy)/2$$

求 AB 直线方程也只是两个公式：

$$斜率\ a=(uy-vy)/(ux-vx)$$

$$截距\ b=uy-a*ux$$

垂直平分线方程为：

$$斜率\ aa=-1/a$$

$$截距\ bb=y-a*x$$

问题已经解决。

分析图 11.1 中 R、S 交点。设线段 BC 的垂直平分线方程的斜率 aaa，截距为 bbb，则两条垂直平分线方程的交点为：

```
x=(bb-bbb)/(aaa-aa)
y=aa*x+bb
```

这就是所求。综合上述分析，编出程序如下：

```
/* PROGRAM test */
#include <stdio.h>
#include<math.h>
/*求由两点所确定直线方程系数 y=a*x+b*/
void line(float x1,float y1,float x2,float y2,float *a,float *b){
    *a=(y1-y2)/(x1-x2);
    *b=y1-(*a)*x1;
}
/*求由两点所确定直线的中垂线的方程*/
void vline(float x1,float y1,float x2,float y2,float *a, float *b){
    float ta,tb;
    float x,y;
    x=(x1+x2)/2;
    y=(y1+y2)/2;                               //两点所确定直线的中点
    line(x1,y1,x2,y2,&ta,&tb);                 //两点所确定直线的方程
    *a=-1/ta;
    *b=y-(*a)*x;                               //中垂线方程
}
/*求两条直线交点,计算交点坐标*/
void  OnePoint(float a1,float b1,float a2,float b2,float *x,float *y){
```

```
        * x= (b2-b1) / (a1-a2);
        * y=a1 * ( * x)+b1;                          //交点坐标
    }
    /* 主程序 */
    int main(void){
        float ax,ay,bx,by,cx,cy;                     //三点坐标
        float a_a,a_b,b_a,b_b;                       //三角形两条边中垂线的直线方程
        float centerx,centery;                       //中垂线交点坐标
        printf("please input coordinat of point a、b、c:");      //输入三角形三点坐标
        scanf("%f%f%f%f%f%f ",&ax,&ay,&bx,&by,&cx,&cy);
        vline(ax,ay,bx,by,&a_a,&a_b);
        vline(bx,by,cx,cy,&b_a,&b_b);                          //求两条中垂线的斜率和截距
        OnePoint(a_a, a_b, b_a, b_b, &centerx, &centery);      //两条中垂线交点
        printf("the center of the circumcircle is:(%g,%g)\n ", centerx, centery);
        return 0;
    }
```

例 11.1 和本书所有稍微复杂点的例题，全部都是使用“自顶向下、逐步求精”的方法开发的。“自顶向下、逐步求精”的程序设计技术是目前较为时髦的(当然也是较为合理的)找出一个问题的解题算法的一种思维方法。该技术的基本思想在第 1 和第 5 章已经初步介绍过。“自顶向下、逐步求精”过程中的每一步，即分解某一具体问题时，主要用到如下四种求精技术：

- 顺序连接的求精；
- 分支、选择的求精；
- 循环的求精；
- 递归的求精。

当问题的子解具有前后关系时，采用第一种顺序连接的求精技术，将问题分解成互不相交的几个子问题的顺序执行。

当问题是根据不同情况进行不同处理时，采用第二种分支、选择的求精技术，构造分支。这时要注意分支的条件一定要正确。

当问题的子解具有特性：如果存在向解的方向前进一步的方法，且不断重复该步骤，即能解决问题，最终达到完全解。则应该采用循环的求精技术(构造循环)。这时一定要弄清循环的初始条件、结束条件和有限进展的一步都是什么。

当问题的某步解法与前边高层次的某步解法具有相同性质，只是某些参数不同时，可采用递归求精技术。这时应注意递归的参数变化规律以及递归出口。

由此可知，所谓自顶向下，逐步求精的分析技术实质上是如图 11.3 所示过程的反复。

这种自顶向下、逐步求精的思维方式不是计算机程序员独有的。事实上在日常生活、工作中也经常使用该技术，只不过不自觉或没意识到罢了。例如写一本书、或文章，总要作一个提纲，全书分成几章；然后对每一章又列出本章分几节；对每一节又分出几小节等等；最后再具体着手写每个小节。又如，设计生产某产品的一个工厂(比如汽车厂)：首先应考虑全厂应该分成几个车间(例如，生产发动机的发动机车间、生产底盘的底盘车间、生

产车轮的车轮车间、总装车间……）；然后再考虑每个车间应分成几个工段（例如，发动机车间应分成生产机壳的机壳工段、生产活塞的活塞工段、负责工件热处理的热处理工段……）；然后再考虑每个工段应该配备多少种设备，每种设备应配备多少台，等等。这就是自顶向下、逐步求精。

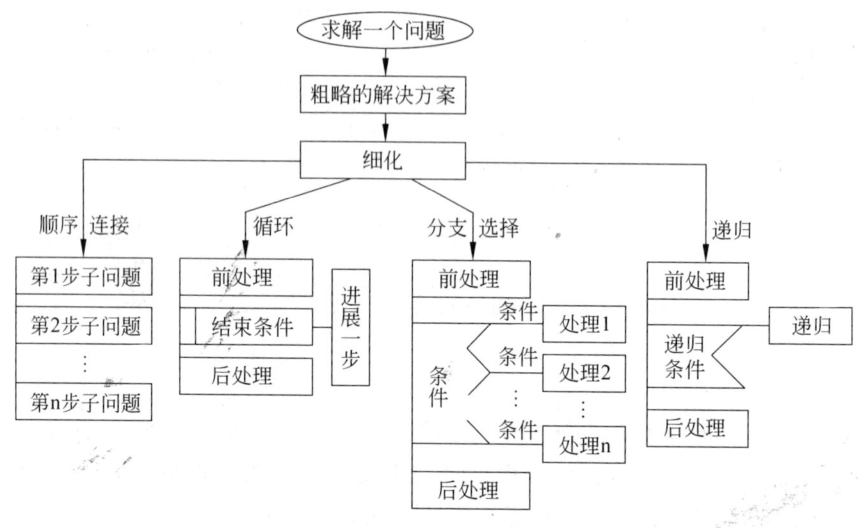

图 11.3 求精过程

采用自顶向下、逐步求精方法构造程序有如下优点：

- 程序的层次分明、结构清晰。
- 便于集体开发程序。对于大型程序来讲，可以每组负责一个模块（一个子部分），在一个组内又可以每个人负责一个子模块（更小的子部分）等等。而各个模块之间以及各个子模块之间相对独立，互相之间没有制约，各个模块的负责人员可以独立地进行各自的程序设计。
- 便于调试。若程序有错误，可以很容易地将错误限定于程序的某一子部分并找出错误，同时每一部分的错误是独立的，也不至于影响其他部分。下边用自顶向下、逐步求精方法解一个例题。

【例 11.2】 三个齿轮啮合问题。

设有三个齿轮互相衔接，求当三个齿轮的某两对齿互相衔接后到下一次这两对齿再互相衔接，每个齿轮最少各转多少圈。

解：这是求最小公倍数的问题。每个齿轮需转圈数是三个齿轮齿数的最小公倍数除以自己的齿数。设三个齿轮的齿数分别为：na、nb、nc；啮合最小圈数分别为：ma、mb、mc；三齿轮齿数的最小公倍数为 k3。计算步骤表示为图 11.4。

读入三齿轮齿数和输出结果，分别只是一次调用读或写函数，已经不必求精。

求精计算三齿数的最小公倍数 k3。可以把该问题分解成：先求两个齿数 na 与 nb 的最小公倍数 k2，然后再求 k2 与第三个齿数 nc 的最小公倍数 k3，k3 即为 na、nb、nc 三个齿轮齿数的最小公倍数。设已经有求两个数最小公倍数的函数 int lowestcm(int x,int y)，则该求精过程可表示成图 11.5。

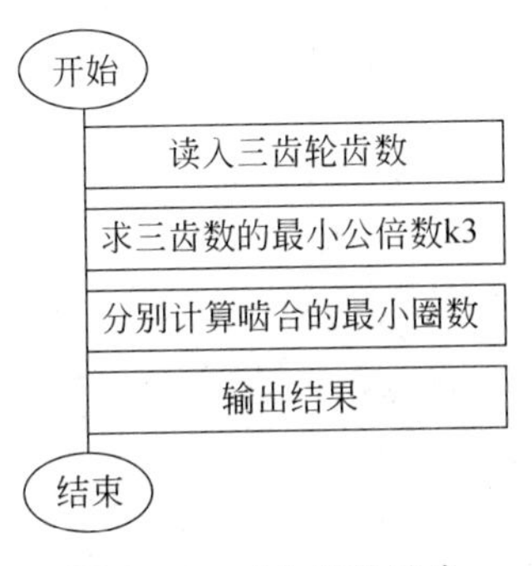

图 11.4 三个齿轮啮合

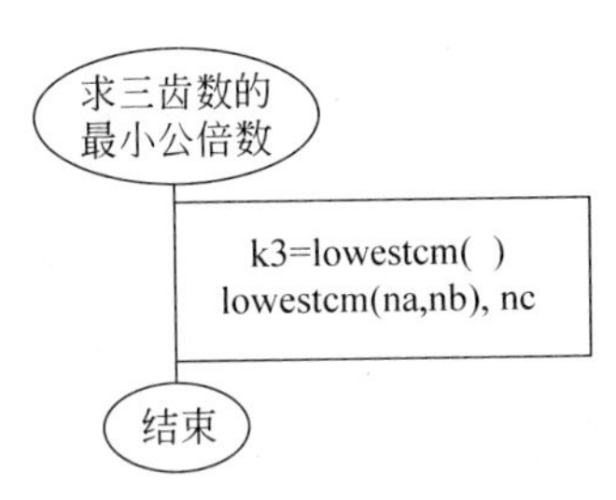

图 11.5 三个数的最小公倍数

继续求精求两个数的最小公倍数的函数 lowestcm。x、y 的最小公倍数是 x、y 的积除以 x、y 的最大公约数。设已经有求两个数最大公约数的函数 int gcd(int x,int y),则该求精过程可表示成图 11.6。

采用辗转相除法求两个数的最大公约数,函数 int gcd(int x,int y)有如下定义

$$\gcd(x,y)=\begin{cases}x & y=0\\ \gcd(y,x\%y) & y\neq 0\end{cases}$$

函数 gcd 是一个递归函数,先采用分支求精过程、再采用递归求精过程,可以求精成图 11.7。

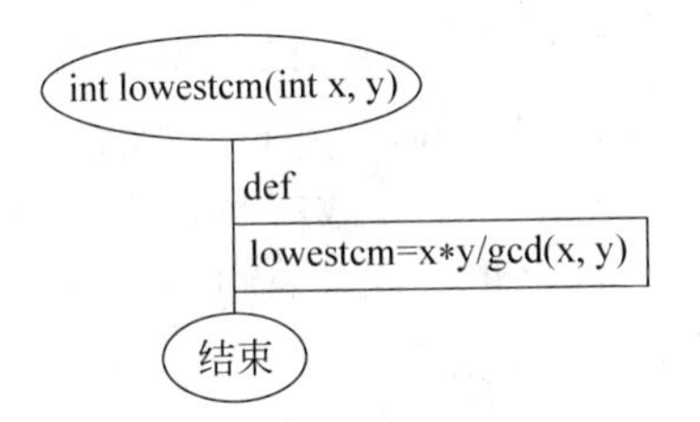

图 11.6 两个数的最小公倍数

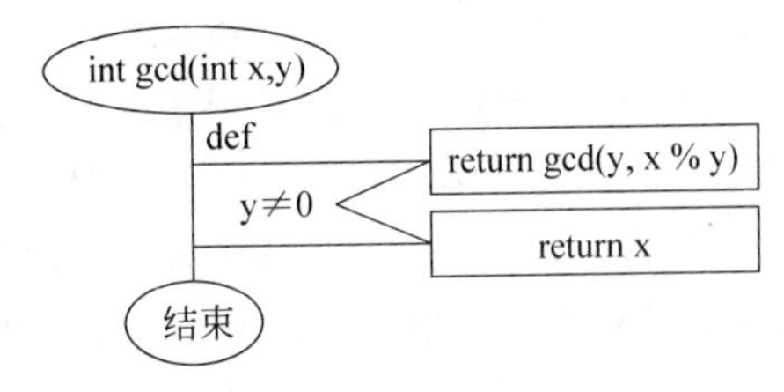

11.7 最大公约数

最后,分别计算啮合的最小圈数可以被求精成图 11.8。

按 PAD,编出程序:

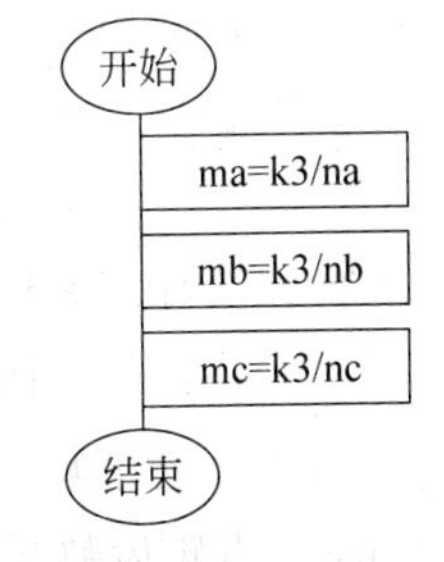

图 11.8 最小圈数

```
/* PROGRAM mesh */
#include<stdio.h>
/* 计算 x,y 的最大公约数 */
int  gcd(int x, int y) {
    if (y==0)
        return x;
    else
        return gcd(y, x %y);
} /* gcd */
/* 计算最小公倍数 */
int  lowestcm(int x, int y) {
    return x * y/gcd(x,y);
```

```
} /* lowestcm */
int main(void) {
    int  na,nb,nc,k3;
    printf("please input n1 n2 n3:");
    scanf("%d%d%d",&na,&nb,&nc);
    k3=lowestcm(lowestcm(na,nb),nc);
    printf ("For the first gear must rotate about%6d/%6d=%4d rings.\n",k3,na,k3/
        na);
    printf ("FOR the second gear must rotate about %6d/%6d=%4d rings.\n",k3,nb,k3/
        nb);
    printf ("FOR the third gearmust rotate about %6d/%6d=%4d rings.\n",k3,nc,k3/
        nc);
    return 0;
}
```

11.2 结构化程序设计原则

从20世纪60年代开始,计算机软件系统日益发展,作为软件主要组成部分的程序系统越来越庞大,复杂度越来越高,造价也越来越昂贵,同时出错率也不断增加,系统的可靠性越来越难以保证,维护也越来越困难。比如,当年著名的IBM360操作系统出错率是3‰。经过几年运行后,征集了广大用户的意见,集中进行一次修改,修改完成后,最后测试出错率仍是3‰。例子很多,此种情况的不断发展,最后终于导致一场所谓的软件危机。在该背景下,1968年Dijkstra提出了结构化程序设计思想。这种思想的基点是:"清晰,易懂地书写程序逻辑,使程序结构表现得简单、明快。"从这点出发,人们经过艰苦实践,总结出了一套结构化程序设计原则。这套原则要求程序员写出的程序应该是结构良好的,即:

(1) 易于保证和验证程序的正确性。

(2) 易于阅读、维护和调试。

这种良好结构的程序具体体现在:对任意程序段来讲

(1) 仅有一个入口,一个出口。

(2) 没有死循环。

(3) 没有死码区。

为了达到上述目的,强调程序员在写程序时应该:

(1) 利用自顶向下、逐步求精的技术设计程序。

(2) 具有良好的程序设计风格。

(3) 尽量利用标准的顺序、分支、重复控制结构。保证程序仅有一个入口、一个出口。

(4) 限制使用goto语句。可能一个坏程序的缺点都是由goto语句引起的。

结构化程序设计的发展,使程序设计从技艺走向工程,为软件工程学发展奠定了有力基础。使软件生产由个体作坊式的艺术创作方式发展成为千千万万人参加的工程方式,达到了“系列化、产品化、工程化、标准化”。“软件工程”也从这一时期开始逐步发展起来了。

能够反映结构化程序设计要求，便于书写结构化程序的程序设计语言，称结构化程序设计语言。可以认为C是结构化程序设计语言。

目前程序设计领域的热点是“面向对象程序设计方法”和“基于构件的程序设计方法”等。但是，它们的主要特长在于程序的组织、信息封装、软件重用等。而最终对于足够小的程序模块编码，它们没有给人们带来益处。结构化程序设计方法针对每个程序模块的设计起着不可缺少的十分关键的作用。可以说结构化程序设计是一切程序设计技术的基础，是任何软件工作者必须掌握的技术。本书的目标是讲授程序设计基础，主要介绍结构化程序设计技术。

11.3 程序风格

程序风格没有严格定义。一般提到程序风格是指程序的书写格式等与易读性、清晰性、互相交流有关，而与程序执行无关或关系不大的一些问题。

编写程序不仅仅是为了完成某些预定的任务而与计算机进行交流，通知计算机按某一个规定好的步骤或算法做某些具体工作，而且也是为了与人进行交流，进一步还为了给自己或别人阅读。同时在程序的编制和调试以及程序交付使用后的维护过程中，程序员自己也需要不断地查阅自己编出的程序，以便做出必要的修改和补充。更何况程序的维护不一定由编程者自己进行，很可能由别人来做。所以，在编写程序时就要考虑到：该程序既是为了要在计算机上运行，也是为了今后的交流和阅读，同时还是为了留下有用的参考文档。为此，程序必须是宜于阅读的，也就是必须是结构良好或风格优美的。程序设计风格不好不利于产生正确、高效、易读、易维护的程序。风格不好的程序会使整个程序的维护费用与时间明显增加，甚至导致整个编程过程失败。所以，程序设计风格是程序员必需的修养。良好的程序设计风格是程序员在长期的编程实践中逐步发展，积累和提炼出来的。它是产生正确、高效、易读、易维护程序的一种重要手段。

该如何书写计算机程序，以及程序风格没有一个确定的统一标准。很多组织，尤其是西方一些大计算机公司都建立了他们自己的一些标准，并要求他们的程序员遵守和使用。同时也有不少个人发表他们自己的标准，希望别人仿效。如果程序员能养成良好的程序设计风格，大家按统一的标准进行程序设计和书写，则有助于彼此交流，有助于别人理解他们所编写的程序。本节对程序设计风格也提出一个建议，希望能给读者一个有益的提示和帮助。程序的风格主要涉及程序的行文格式、注释和空白的合适用法、尽量使用合适的助记名来命名标识符、明白地表示出程序结构和数据结构等。

11.3.1 行文格式

程序的行文格式不好直接影响程序的可读性、清晰性和外观。第2章曾经给出一个这方面的例子，计算25和38之和。程序写成图2.4和图2.5的格式显然都没有写成

图 2.3 的格式好，而且图 2.4 和图 2.5 的格式还相当坏，因为它们十分不好读。

图 2.3 的程序十分好读，因为它层次分明，格式清晰，意义明确。这只是一个很小的例子，程序越大越显示出良好行文格式的重要性。很难想象如何去读一个几千行或上万行像图 2.4 和图 2.5 那样格式混乱、杂乱无章的程序。要产生具有良好行文格式的程序，主要是合理利用空格、换行。使程序的各个函数之间、各结构体说明之间以及每个函数内的各个功能模块之间分成明显的段落；并按照程序的嵌套层次使程序呈现出锯齿形的缩头格式。如图 11.9 所示，给出了几种语句良好的行文格式示意图。

```
int main (void) {
        S1
        S2
        …
 }   /* main */
```

```
if ( b ){
        S1
}else{
        S2
}
```

```
while ( b ) {
        S
} /* while */
```

```
for(e1; e2; e3){
        S
} /* for */
```

```
struct sid{
        T id,…,id;
        T id,…,id;
        …
        T id,…,id;
 } /* struct */
```

```
switch ( expr ) {
   case a1: S1
   case a2: S2
   …
   case an: sn
 } /* switch */
```

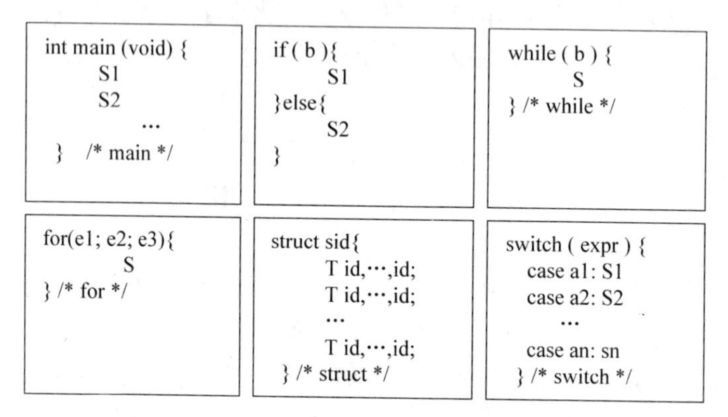

图 11.9　良好的行文格式示意图

下面给出“适当使用空行、空格”一般方法的建议：

(1) 在编译预处理命令、typedef 类型定义、变量声明之前加一个空行，并把这些部分分别集中写在一起。

(2) 在函数定义之前加两个或更多的空行。

(3) 每个常量定义占一行。

(4) 每个类型声明均另起一新行。

(5) 每个变量声明均另起一新行。注意一个变量声明中的每个变量说明符之间的排列。

(6) 在结构和共用体声明中，各成员声明向右缩进几列。

(7) 复合语句的左花括号“{”放在函数定义说明符、if、else、switch、while、for、do、struct、union 的起始行末尾；而右花括号“}”与相应语句或声明引导词的第一个字符对齐，并以注释标明，例“/ * if * /”；各成分语句或声明向右缩进几列并对齐。

(8) 函数定义中，函数定义说明符另起一行，函数体部分各个语句和声明向右缩进几列。

(9) if 语句把 if、else 对齐，并且内含的子语句向右缩进几列。

(10) switch 语句内部各个 case 标号分别占一行，“:”互相对齐，并比 switch 缩进几列；“:”后的语句开始符对齐。

(11) while 语句把 while、条件 b 写在一行上，而把循环体 S 另起一行并相对于 while 缩进几列。

(12) for 语句把循环描述部分的 for 表达式写在一行上，而把循环体 S 另起一行，并相对于 for 缩进几列。

(13) do 语句把 do 和 while 对齐，循环体中的各个成分语句向右缩进几列并对齐。

另外，在运算符的两边、赋值运算符"="的两边，以及在注释的"/ * "之后，和" * /"之前可以各加一个空格。

以上只是建议，当然还有其他方法。读者也可以创造自己的一套方法，世界上各大软件公司都有自己的一套标准。总之要以提高程序的清晰性、可读性为目的。

11.3.2　标识符

标识符是程序员给自己引进的常量、类型、变量、函数等起的名字。程序设计语言对如何命名标识符没有限制，标识符也没有固定的含义。但是从使用角度看，标识符表记的每个对象都有具体的含义。为了提高可读性和有助于记忆，应该使标识符在拼写上尽量和它所标记对象的物理、数学等含义相一致，并且要避免与系统预定义的标准标识符重名。例如，表示圆周率 π 用 pai 就比用一个一般的 a 要好；表示面积用 area 就比用 s 要好；表示长度用 length 就比用 l 要好。

11.3.3　注释

注释是间隔符的一种，在程序中的作用相当于一个空格。注释的存在不影响程序的意义，但是它有助于人们阅读和理解程序，使原来模糊的、意义不清的部分变得清晰明了。因此，在程序中适当加入注释是一个好的程序设计习惯。但是也不要在不需要加注释、意义十分明显的地方加注释。究竟应该在程序的什么地方加注释，以及注释应该如何来写，并没有一个统一的标准，这里也只是提一些建议。通常：

(1) 所有程序都应该从注释开始。

(2) 所有函数也都应该从注释开始。

(3) 也可以对一个程序段、一个语句、一个声明等加注释，以注明某程序段的功能、一个语句的作用、一个常量或变量的意义等。

(4) 当修改有注释的程序时，若程序内容被修改，则相应的注释也必须作修改。错误的注释往往比没有注释效果更坏。

11.3.4　对程序说明的建议

一般的，程序中使用的全部常量都要引进一个常量标识符，在程序中不应该出现除了 0、1 等极其简单的常量以外的其他字面常量。并且常量应该是全程的。在程序一开始用宏定义把本程序中用的全部常量定义，并加注释标明每个常量的意义、使用位置等。而在每个函数中一般不应该再包含常量定义。

大多数情况下，类型名也应该是全程的。但是，对类型的要求要比对常量宽，也可以把类型说明成局部的。

应该按照作用和用途来选择变量的说明位置，并且应该尽量把变量说明成局部的。

函数一般应该只访问它的形式参数和局部量。如果必须访问全局量，应该加必要的注释。

本章小结

本章讲述极其重要的结构化程序设计思想。重点掌握自顶向下逐步求精的程序设计技术。

习题 11

11.1 不用 goto 语句实现如图 11.10 框图。

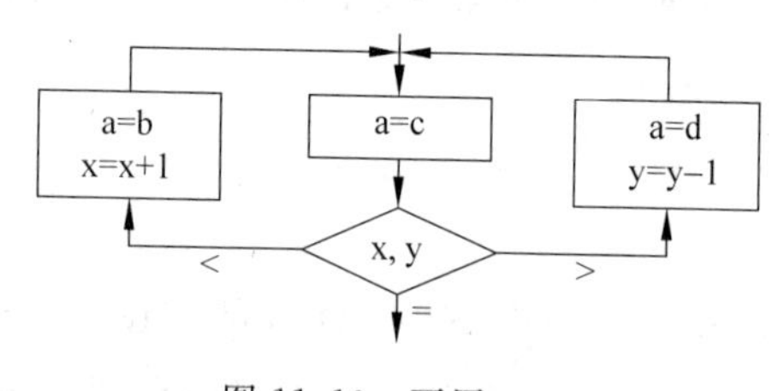

图 11.10 不用 goto

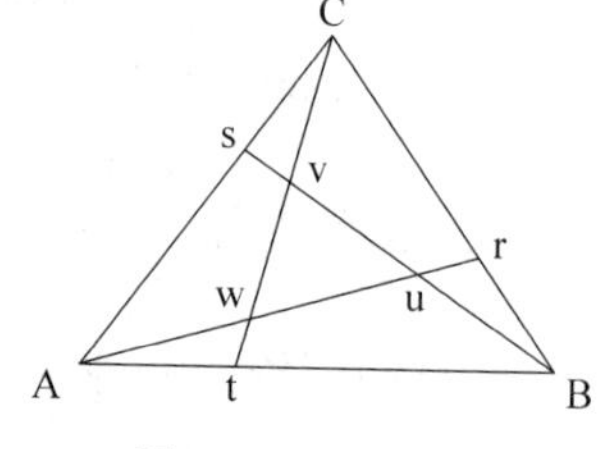

图 11.11 三角形

11.2 如图 11.11 所示，正三角形 ABC 的三条边 BC、CA、AB 上分别有点 r、s、t 使

$$At = \frac{1}{3}AB、\quad Br = \frac{1}{3}BC、\quad Cs = \frac{1}{3}CA$$

线段 Ar、Bs、Ct 两两相交于点 u、v、w。验证三角形 uvw 也是正三角形，且 uvw 的面积等于 ABC 面积的 1/7。

11.3 已知字母表（'1'，'2'，'3'），生成该字母表上所有含有 n 个字符的序列。要求生成的序列中没有任意两个子序列是相同的。

11.4 定义：在由 0、1 组成的 n 位序列中，任意两个 m 位子序列均不相等者称为绝对独立序列。编函数，对给定的 n 求所有绝对独立序列。

11.5 输入整数 n，构造由整数 1、2、…、n 组成的数字圆环，使环上任意两个相邻数之和都为素数。例如当 n=8 时，该环可以是：1、2、3、8、5、6、7、4。

11.6 编程序，求所有满足如下条件的四位数：

- 它是完全平方数；
- 千位数字与十位数字之和等于百位数字与个位数字之积。

例如 3136 满足条件：

$$3136 == 56^2$$

$$3+3==1*6$$

11.7 若一个整数 a 满足条件 a^2 的尾数等于 a 则称 a 为自守数，例如

$$25^2=625、\quad 76^2=5776、\quad 9376^2=87909376$$

都是自守数。编程序，求 10000 以内所有自守数。

11.8 对于两个整数 a、b，如果存在 x 使 a+x、b+x 都是完全平方数，则 x 是相对于 a、b 的奇特数。编程序，输入 100 以内任意一对整数，判断在 10000 以内它们是否有奇特数，若有则输出。

11.9 求具有下列特征的一个六位数：

- 该六位数的各位数字互不相同；
- 该数分别乘以 2、3、4、5、6 后得到新的六位数都是由原来的六个数字组成。

11.10 把 1、2、3、4、5、6 填入图 11.12 的各个圆圈内，使三角形各边数字和相等成为正三角形。

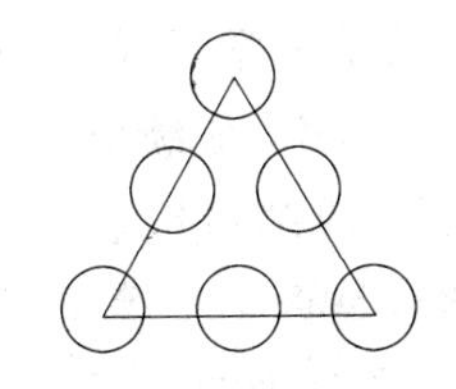

图 11.12 数字三角形

第 12 章　动态数据组织

12.1　成绩单管理——动态数据结构

【例 12.1】 从键盘录入若干学生的成绩单，当输入学号小于或等于零则结束输入过程；录入过程中始终保持已录入的成绩单按学号递增顺序排列；输入结束时，将排好序的学生成绩单存储在指定的文本文件中。学生成绩单结构如例 8.1 所述。

解：算法比较简单：首先建立学生成绩单链表，然后再逐项写入到指定文件。在建立成绩单链表的过程中，不断检测学号是否小于等于零，如果不是，寻找适当的位置将此张成绩单插入；否则输入结束，返回建立链表的头指针。得图 12.1 的 PAD。

考虑如何保存成绩单？一张成绩单可以用一个结构体变量保存，用以前学过的知识，所有的成绩单就应该存储在一个如图 12.2 所示的结构体数组中。

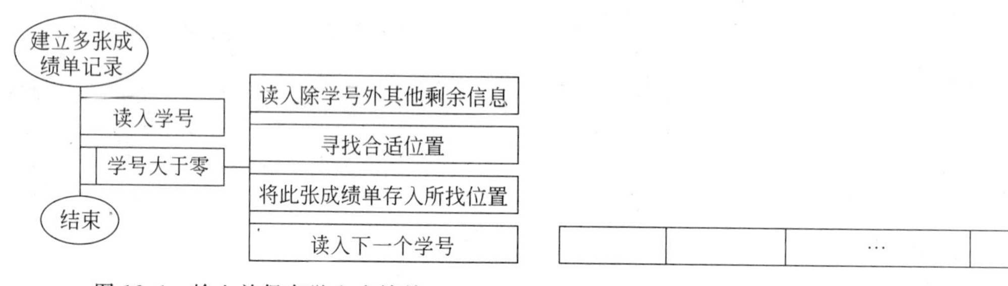

图 12.1　输入并保存学生成绩单　　　　图 12.2　成绩单数组

这样存储，随之而来的问题是：

首先，数组要多大？为保存全部成绩单，且人数还不固定，就应该给有一个足够大的数组。因为数组尺寸是在声明时就定下来的，不论声明多大，都有可能出现超过数组尺寸的情况；而且如果声明过大，而实际使用的很少，就会造成内存空间的极大浪费。

其次操作不便。若增加一个学生，就应在数组中增加一个元素，一方面会产生数组不够大的可能；另一方面也会使操作变得非常麻烦。例如，增加一张成绩单在数组中间，应该把加入位置以后的其他元素依次向后移动一个位置，再放入增加的成绩单；如果在中间删除一张卡片，会在数组中间留下一个“洞”，应该把“洞”以后的元素依次向前移动；增加和删除操作时，涉及大量数据移动，这在实际应用时没有太多意义，在对响应速度和效率有一定要求的情况下，是一种严重的浪费。

如果能够把这些成绩单存储成动态的,需要多大(有多少张成绩单)就用多大。中间加一张成绩单时不需要向后串别的成绩单,删除一张成绩单时不会留下"洞"。如图 12.3 所示的链式结构正好可以满足这些要求。

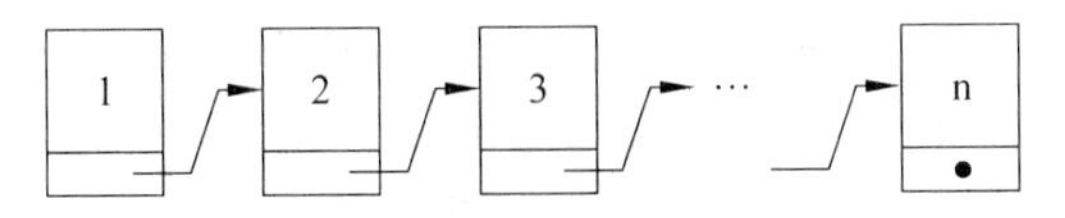

图 12.3 链式结构(实心黑点表示空指针)

在这种结构中,链上的一项就是一张成绩单,有多少项就有多少张成绩单。当增加一项时,只需要向计算机系统申请一块空间,连到链的适当位置上。例如,要增加一项 50 插入到 2、3 之间,则只需要如图 12.4 修改指针。

这种链式结构对于删除一项也十分方便,只需要将其从链上摘下来即可。例在图 12.4 基础上删除 2 节,如图 12.5 所示。

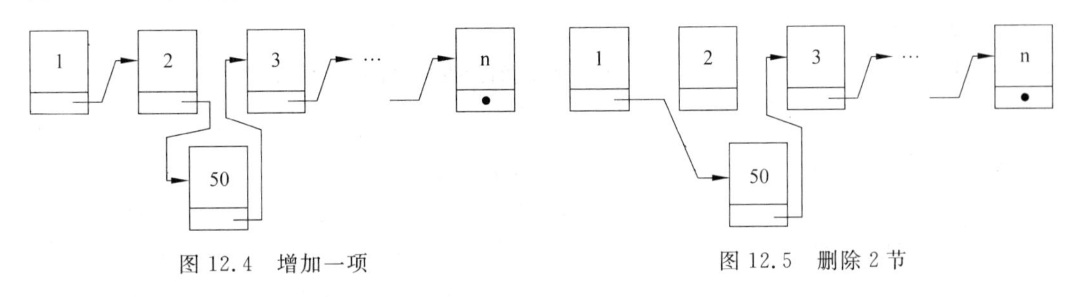

图 12.4 增加一项　　图 12.5 删除 2 节

链上已经没有 2 节了,删掉的节所占用的存储空间还可以还回计算机系统,以作它用。这就是"动态存储结构"中的链表结构。

12.2 动态变量

动态数据结构上的一项是一个**动态变量**(dynamic variable),指针是标识动态变量的有力手段。动态变量与静态变量的区别在于:

静态变量是程序中由程序员"显式"说明的变量。它有一个名字,在编译时,编译程序已经给它分配存储空间。这块存储空间用变量的名字来标识。动态变量在程序中没有"显式"说明,它没有名字,在编译时编译程序不知道有该变量,不给(也不可能给)它分配空间。**动态变量是在程序运行时,随程序存储数据的需要,由申请空间函数**(例如 malloc,当然也是由程序员安排的)**随机动态申请来的空间**。它没有名字,一般动态变量都由指针标识。当使用完毕后,由释放空间函数(例如 free)释放,还回计算机存储管理系统,以备它用。

本章中的静态变量、动态变量属于程序设计概念,不属于语言概念。即静态变量不是 C 语言中由静态存储类别 static 声明的变量;动态变量也不是 C 语言中由自动存储类别 auto 声明的变量。

1. 内存

程序运行时,存储结构如图 12.6 所示。在系统区之上,首先是目标代码区,用于存放程序的二进制代码;然后是静态存储区,用于存放那些可用绝对地址标识,主要是具有静态存储类别的数据和变量,由编译器编译时分配,程序结束后由操作系统释放;接着是目标代码运行时用到的库程序代码区;最后剩余空间是栈区和堆区,栈区和堆区从剩余空间的两端,动态的向中间增长。栈区用来存储程序中声明的函数的局部变量等具有自动存储类别的数据和变量,程序运行时由编译器自动分配,程序结束时由编译器自动释放;堆区用来存储经过动态申请空间函数申请的变量,一般由程序员分配释放,若程序员不释放,程序结束时可能由操作系统回收。

用户区	栈区 ↓ ↑ 堆区
	库程序代码区
	静态存储区
	用户程序目标代码区
系统区	系统程序和数据

图 12.6 内存存储结构

2. sizeof 运算符

单目运算符 sizeof 的操作数是类型。运算结果是求得相应类型的长度,即存储相应类型数据所需要的字节数。例

```
sizeof(int)              /* VC6.0 中结果是 4 */
sizeof(double)           /* VC6.0 中结果是 8 */
sizeof(struct date)      /* struct date 是第 8 章定义的日期类型,VC6.0 中结果是 12 */
```

申请内存空间

```
T*ptr;
ptr=(T*)malloc(sizeof(T));
```

其中:

- T 是要申请空间所要保存数据对象的类型;* 标明是声明一个指针。
- malloc 是动态申请内存空间的函数名。
- sizeof(T)标明申请空间的大小,其中的 T 要与 ptr 的基类型一致。

malloc 函数的功能是:申请足够大内存区域用来存储长度为 sizeof(T)的数据对象,返回该区域的首指针,并保证该区域符合任何数据类型对存储区域开始地址和对齐的要求。返回指针是 void* 类型的,调用者必须使用显示强制类型转换,把该指针转换成所需要类型的指针。例如:

```
float*p;
p=(float*)malloc(sizeof(float));
```

由于要保证该区域符合任何数据类型对存储区域开始地址和对齐的要求,所以实际申请的存储区域可能大于要求的尺寸。

动态申请的内存如果不再使用,应当适时释放;而且一块存储区域一经释放,便不能再使用。

释放内存空间

```
free(ptr);
```

释放由 malloc 申请的内存区域。free 的参数 ptr 是一个指针，指向以前由 malloc 申请的一个内存区域。例如

```
free(p)          /* 释放 p 所指向的，前边由 malloc 申请的内存空间 */
```

⚠ **使用 free 特别注意**，操作不当会产生不可预料的结果。如下情况下使用 free 都会造成灾难性后果。

- ptr 无值；
- ptr 的值为 NULL；
- ptr 所指向的空间不是经过 malloc 申请来的；
- 对一次申请的存储区进行多次释放(实际可能是 ptr 无值或值为 NULL)。

3. 实用问题

若指针变量指向的用 malloc 申请来的动态变量，是孤立的不能与其他变量相联系，显然作用不大。引进动态变量的目的是构造动态数据结构。如在例 12.1 成绩单管理问题中，链表的每个节中包含基本数据部分，这是必须的，还应包含一个指针，标识及指出下一节的位置。这就要求一个数据项上除基本的数据信息外，还应包含与其他数据项相联系的信息，也就是包含指针，呈图 12.7 形式。该结构必须用结构体类型描述，链表上一节的类型定义形式如图 12.7 所示。

基本数据部分
指针部分

图 12.7　一个数据项

定义链表节点类型

```
struct t{
    基本数据定义
    struct t * next;                //指向下一个节点的指针
  }
```

其中：

- struct 是关键字，标明是结构体类型声明；
- t 是一个标识符，是结构体标签；
- next 是一个标识符，是当前节点指向下一个节点的指针。

12.3　强制类型转换

使用 malloc 函数申请内存空间，返回指针是 void * 类型，调用者必须使用显示强制类型转换，把该指针转换成所需要类型的指针。例

```
float * p;
```

```
p=(float*)malloc(sizeof(float));
```

 **强制类型转换**

```
(T)
```

其中 T 是类型名,其操作意义是将右侧运算分量强制转换为括号内 T 规定的类型。

不止 malloc 函数明显需要进行强制类型转换,C 程序中经常需要进行强制类型转换。比如运算 5/2,根据需要应该进行浮点运算,得到结果 2.5,而按运算规则,这个运算是整数类型运算,得到结果是整数类型的 2。该问题可以用强制类型转换来解决,把算式写成(float)5/2 或者 5/(float)2。

强制类型转换级别比较高,用括号把它的运算分量括上是一种好的习惯,否则容易出错。比如

```
(char)('A'+'0') 结果为 char 类型'q';
(char)'A'+'0',结果为 int 类型的 113。
```

12.4 链 表

利用指针和动态变量,可以构造各种动态数据结构,链表是其中最常用的一种。如图 12.8 所示,链表有各种各样的结构。链表操作包括:

① 创建链表;
② 遍历链表;
③ 在链表上检索;
④ 向链表插入一项;
⑤ 从链表删除一项;
⑥ 交换链表中两项位置。

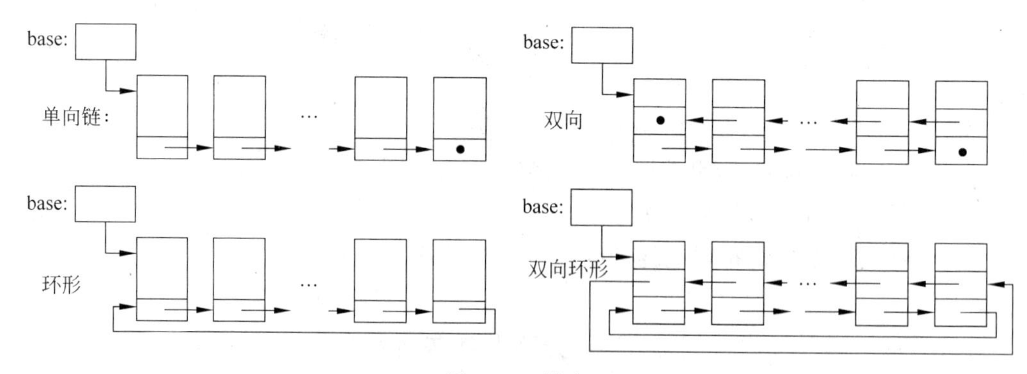

图 12.8 链表

这里不能介绍全部的链表,只介绍单向链表。设有声明:

```
typedef  …items;
typedef  struct  cell {
```

```
    items  data;
    struct  cell * next;
} celltype;
typedef  celltype * ptype;
ptype  top;
```

单向链表结构如图 12.9 所示。

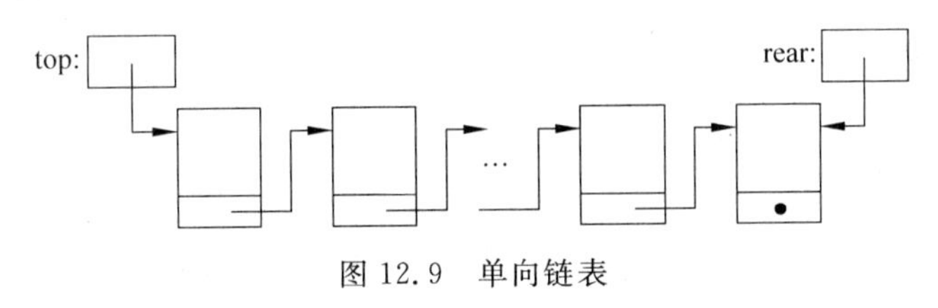

图 12.9　单向链表

1. 创建单向链表

创建单向链表，是指用一项一项的数据逐步建立、形成一个链表。可以分成向链头加入数据和向链尾加入数据两种方式。

设 top 为链头指针，新项加入链头只要反复调用如下函数。

```
void push (items x) {
    ptype  p;
    p= (ptype)malloc(sizeof(celltype));
    p->data=x;
    p->next=top;
    top=p;
}
```

设 rear 为链尾指针，新项加入链尾只要反复调用如下函数。

```
void inrear (item x) {
    ptype  p;
    p= (ptype)malloc(sizeof(celltype));
    p->data =x;
    p->next =NULL;
    if (rear==NULL)
        rear =p;
    else {
        rear->next =p;
        rear =p;
    }
}
```

2. 遍历单向链表

遍历是指从头到尾将链表上数据全部加工一遍，可用图 12.10(a)的算法。在遍历

```
p  =  top ;
while (p != NULL ) {
    加工 p->
    p  =  p-> next;
}
```

(a) 遍历算法(1)

```
p0 = NULL;
p  =  top ;
while (p != NULL ) {
    加工 p->
    p0  =  p ;
    p  =  p-> next;
}
```

(b) 遍历算法(2)

图 12.10　遍历算法示意

链表过程中，经常在加工一项数据后，当链指针前进时，另外再使用一个指针保留其前一项的位置，以备其他加工时使用，所以经常用图 12.10(b)的算法来遍历单向链表。

3. 在单向链表上检索

检索是指在单向链表上查找关键字等于某给定值的节点，若找到则带回相应节点的指针；否则带回 NULL。设关键字域名为 key；欲检索的关键字值为 key0，如下算法实现检索：

```
p0=NULL;
p =top;
while (p !=NULL && p->key !=key0) {
    p0=p;
    p=p->next;
}
```

4. 向单向链表插入一项

设有如图 12.11(a)的链表，现在要把如图 12.11(b)的数据项 r 插入到 p0、p 所指两项之间，得图 12.11(c)的结果。操作是：

```
r->next =p;
p0->next =r;            /* 已经完成图 12.11(c)所示的操作 */
p0 =r                   /* 使 p0 仍为 p 的前一项 */
```

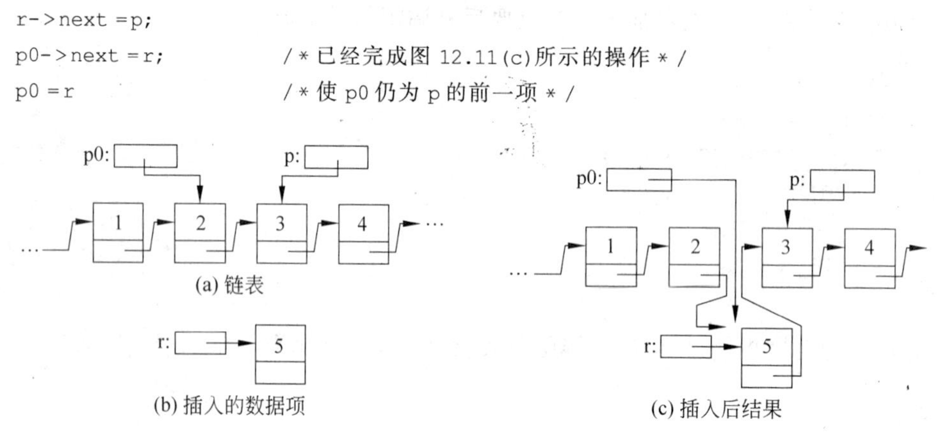

图 12.11　插入操作示意图

5. 从单向链表上删除一项

设有如图 12.12(a)的链表，现在要删除 p 所指项，得图 12.12(b)。

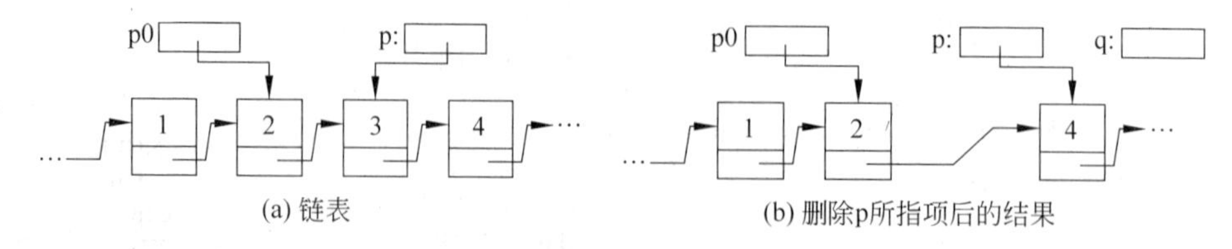

图 12.12　删除操作示意图

删除算法是：

```
q=p;
p =p->next;
```

```
p0->next =p;
free(q)
```

6. 交换单向链表上两项

设有如图 12.13 所示链表。

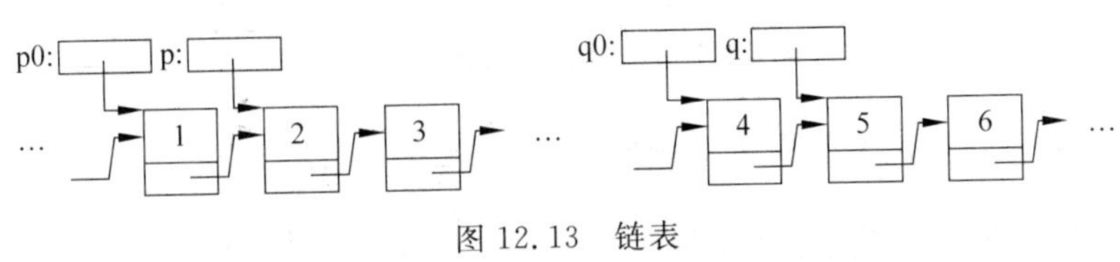

图 12.13　链表

现在要把 p 所指的项与 q 所指的项交换。最简单的方法是把 p 所指项与 q 所指项中的基本数据部分交换。但是如果数据量大，这样做会浪费时间。可以通过修改指针来交换单向链表上两项，该算法通过如下 7 步完成：

```
/* 交换 p->next、q->next */
g=p->next;                          /*1*/
p->next=q->next;                    /*2*/
q->next=g;                          /*3*/
/* 交换 p0->next、q0->next */
p0->next=q;                         /*4*/
q0->next=p;                         /*5*/
/* 交换 p、q */
p=p0->next;                         /*6*/
q=q0->next;                         /*7*/
```

经过 1、2、3、4、5 步后，得图 12.14(a)已经链表中两节完成交换；再经过 6、7 步整理指针，得图 12.14(b)。

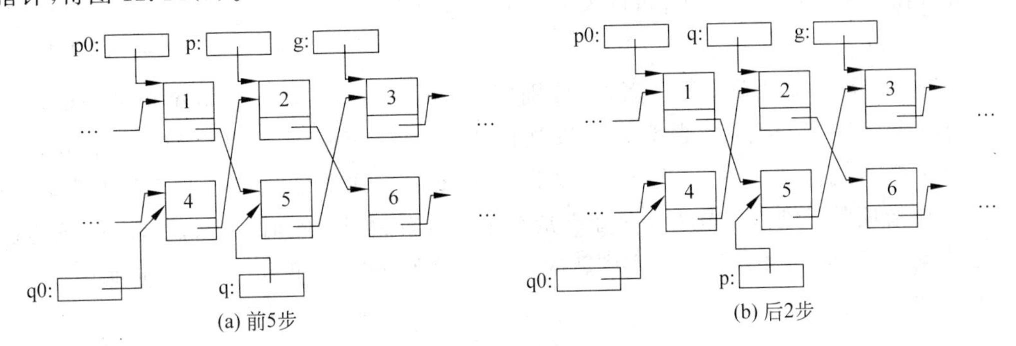

图 12.14　交换操作示意图

12.5　程序设计实例

【例 12.2】 使用链表实现例 12.1 的程序。

解：用图 12.15 所示的链表表示成绩单序列。

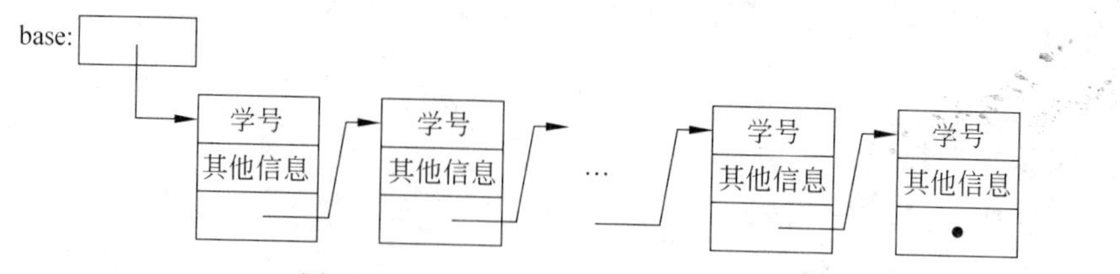

图 12.15　以 base 为链首的链表

则学生成绩单的数据类型就可以说明成如下形式：

```
enum gender_type {male, female};                    //性别枚举类型
    struct record{                                  //成绩单结构体类型
    int stuno;
    char name[32];
    enum gender_type gender;
    int Chinese;
    int math;
    int English;
    struct record * next;                           //指向下一项的指针
};
```

根据题意，首先建立链表，并得到链表的首地址；然后从链表头顺次访问链表每一项，打印其中内容；得到图 12.16 的 PAD。

在建立链表的过程中，首先读入一个学号，判断学号是否小于或等于零，如果是则表示输入过程结束，将链表头指针作为函数值返回；否则表示继续输入，向内存申请一片空间存储新成绩单，之后将新成绩单放置在链表中适当的位置，再读入下一个学号，继续成绩单录入过程。

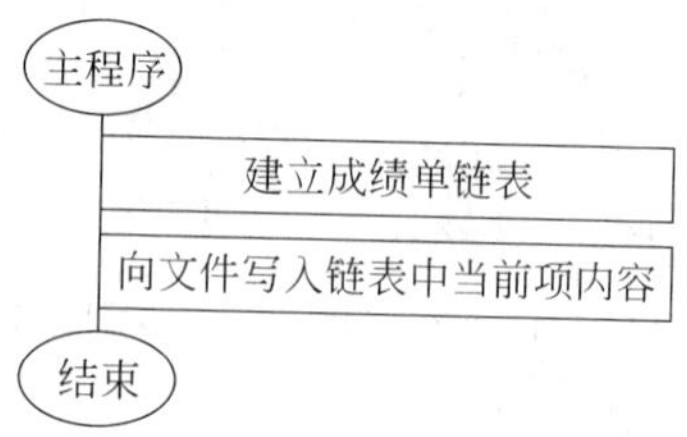

图 12.16　建立并打印学生成绩单链表

在查找放置新成绩单适当位置时，分别用 before 和 current 标识成绩单链表的前一项和当前项，初始时指向链表头。如果当前项学号小于新成绩单学号，则 before 和 current 向链表尾移动一位；这样循环结束时 before 所指项学号一定是小于新成绩单，而 current 所指项学号则一定是大于等于新成绩单。放置新成绩单时，如果所找到位置是链表头，则新成绩单是新的链表头；否则新成绩单放置在 before 和 current 之间即可。最终得到图 12.17 的 PAD。

```
#include <stdio.h>
#include <stdlib.h>
struct record * creat(void);                        //创建成绩单链表
void write(FILE * fp,struct record * );             //输出结果函数原型
int main(void){
    struct record * head=creat();                   //建立链表
    struct record * p=head;
```

```
    char str[256];
    FILE * fp;
    printf("please input the name of the file:");
    scanf("%s",str);
    while((fp=fopen(str,"w"))==NULL){                    //保证能够打开一个文件
        printf("cannot open the file %s",str);
        printf("please input another name of the file:");
        scanf("%s",str);
    }
    if(p!=NULL){
        write(fp,p);                                     //将所有成绩单写入指定文件
    }
    fclose(fp);
    return 0;
}
```

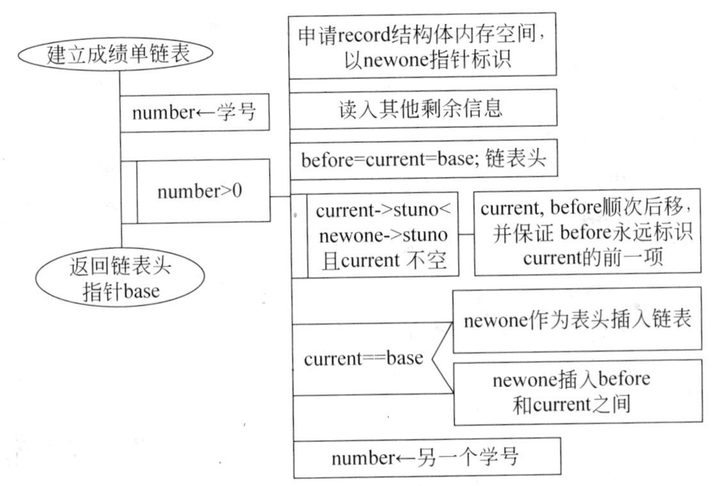

图 12.17　建立成绩单链表

```
//按学号递增顺序创建一个成绩单的链表
struct record * creat(void){
    struct record * newone;
    struct record * base=NULL;
    struct record * before, * current;
    int k,number;
    printf("Please input a student number:");
    scanf("%d",&number);
    while(number>0){
        //成绩单信息,生成一个新记录
        newone=(struct record * )malloc(sizeof(struct record));
        newone->stuno=number;
        printf("\nplease input student name:");
```

```
        scanf("%s", newone->name);
        printf("\nplease choose gender 1.male 2.female:");
        scanf("%d",&k);
        while(k!=1&&k!=2){
            printf("please choose gender 1.male 2.female:");
            scanf("%d",&k);
        }
        switch (k){
            case 1: newone->gender=male;break;
            case 2: newone->gender=female;break;
        }
        printf("\nplease input the mark of Chinese:");
        scanf("%d", &(newone->Chinese));
        printf("\nplease input the mark of math:");
        scanf("%d", &(newone->math));
        printf("\nplease input the mark of English:");
        scanf("%d", &(newone->English));
        newone->next=NULL;
        //查找适合的位置
        before=base;
        current=base;
        while(current!=NULL&&current->stuno<newone->stuno){
            before=current;
            current=current->next;
        }
        //插入记录
        if(current==base){                              //插入到链表首
            newone->next=current;
            base=newone;
        }else{
            newone->next=current;
            before->next=newone;
        }
        //读入一个学号
        printf("\nplease input the next student number:");
        scanf("%d", &number);
    }
    return base;
}
void write(FILE * fp,struct record * card){             //输出结果函数原型
    while(card!=NULL){
        fprintf(fp,"Name:%s\n", card->name);
```

```
        fprintf(fp,"No:%d\n", card->stuno);
        fprintf(fp,"Gender:");
        switch (card->gender){
            case female:fprintf(fp,"female\n");break;
            case male:fprintf(fp,"male\n");break;
        }
        fprintf(fp,"Chinese:%d\n",card->Chinese);
        fprintf(fp,"math:%d\n",card->math);
        fprintf(fp,"English:%d\n",card->English);
        fprintf(fp,"\n");
        card=card->next;
    }
}
```

【例 12.3】 一个排序算法。数组排序已经很熟悉，而且有各种各样的算法。下边用逐步增加递增子序列的方法实现链表排序。

该算法的思想是：

① 开始假设空序列是递增的。

② 若 i 个元素的子序列 $A_1 \sim A_i$ 已经递增，则加一个元素 A_{i+1}，把 A_{i+1} 插入到 $A_1 \sim A_i$ 序列中一个适当位置使 i+1 个元素的子序列 $A_1 \sim A_{i+1}$ 也递增。

③ 直到 i=n 为止。

设有说明：

```
typedef...datatype;
struct item {
    datatype  data;
    int  key;
    struct item * next;
};
typedef  struct item * pt;
```

以 base 为链首的链表如图 12.18 所示；基于该链表排序的算法如图 12.19 所示；程序运行中，各个参数、变量、链表状态如图 12.20 所示。函数 sort 调用形式是“base=sort(base)”，sort 返回结果链表首指针。

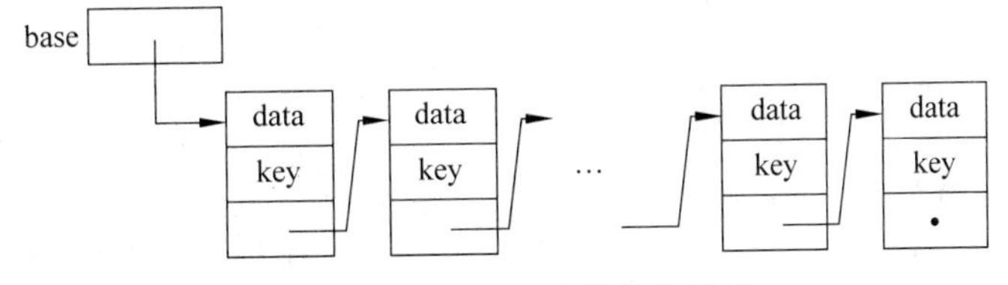

图 12.18　以 base 为链首的链表

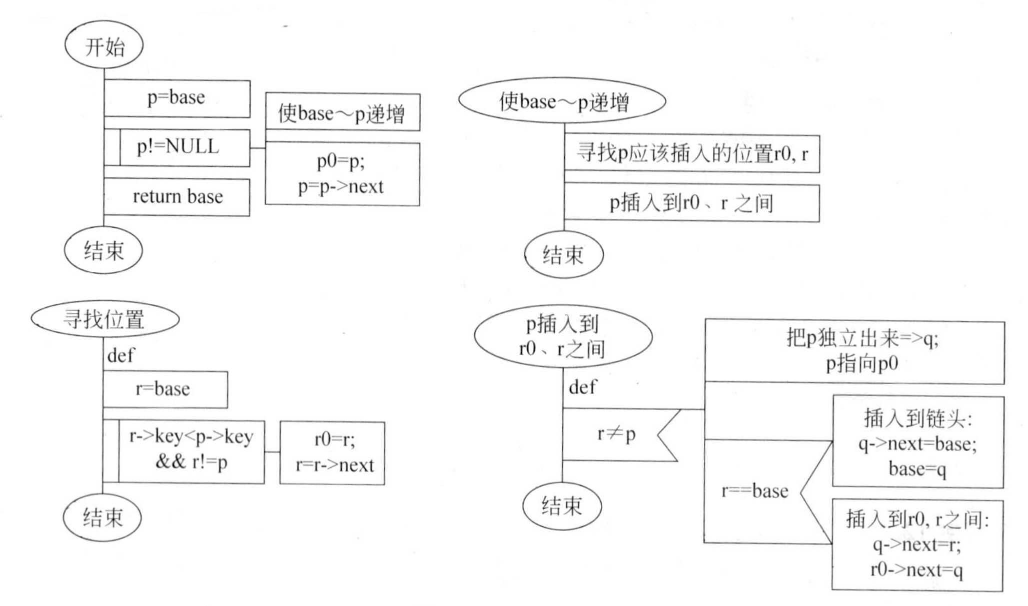

图 12.19　链表排序

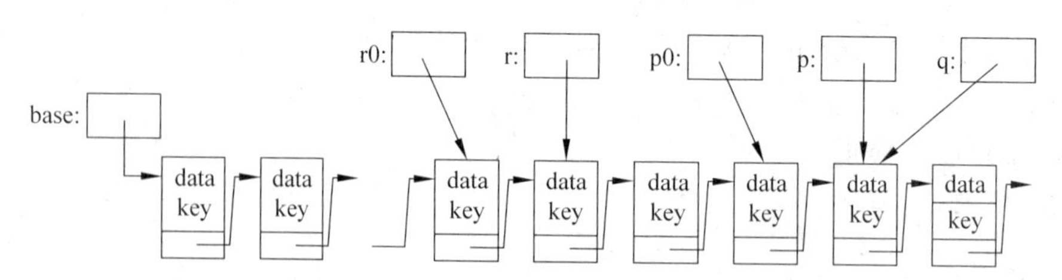

图 12.20　以 base 为链首的链表排序，程序运行中，各个参数、变量、链表状态

```
/* 链表排序,base 为链首 */
pt  sort(pt  base) {
    pt  p, p0, r, r0, q;
    p0=NULL;
    p=base;
    while (p!=NULL){            /* 逐项处理,把 p 加入到子序列中,并保持"base--p"递增 */
        /* 寻找位置 */
        r=base;
        while((r->key <p->key) && (r!=p)) {
            r0 =r;
            r=r->next;
        }
        /* p 插入到 r0、r 之间 */
        if (r!=p) {                          /* 若 r==p,在链尾,则不用插入 */
            /* 把 p 独立出来,令 q 指向它 */
            q=p;
            p0->next=p->next;
            p=p0;
```

```
        /* 插入 */
        if (r==base) {                          /* 插在链首 */
            q->next=base;
            base=q;
        } else {                                /* 插在链中 r0、r 之间 */
            q->next =r;
            r0 ->next =q;
        }
    }
    /* 前进一项 */
    p0=p;
    p =p->next;
  }
  return base;
}/* sort */
```

【例 12.4】 多项式加法。

多项式可以用如图 12.21(a)形式的链表来存储;例如多项式

$$p(x) = 6.5X^5 + 3.4X^2 + X + 0.5$$

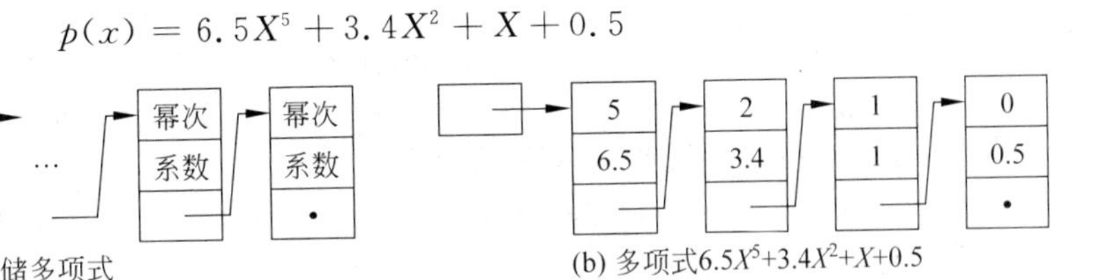

图 12.21　多项式链表表示

可以表示成图 12.21(b)的形式。编一个函数,实现多项式加法: p(X)+q(X)=>s(X)。

设有类型说明:

```
struct  item{
    float  coef;
    int  exp;
    struct  item * next;
};
typedef struct item * polynome;
```

解:在本程序的算法中,在链表上利用了一个哨兵项。所谓哨兵是在链表的链首多加一节,该节不存储有效的链表项值,而保存一个边界值或空值,本程序的哨兵项是空值。由于利用了哨兵变量,所以能统一处理。多项式加法的算法如图 12.22,程序如下:

```
/* 向多项式中添加一项 */
void add(int exp0,float coef0,polynome s){
    polynome t;
    t= (polynome)malloc(sizeof(struct item));
    t->exp=exp0;
```

```
        t->coef=coef0;
        t->next=NULL;
        s->next=t;
}
```

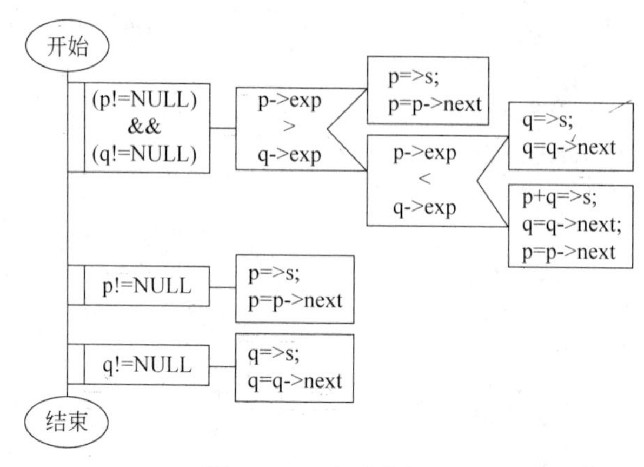

图 12.22　多项式加法

```
/*多项式加法*/
polynome addpolynome(polynome p,polynome q){
    polynome s,r;            //s为结果多项式链首;r始终指向结果多项式s的最低次幂项
    /*申请一个哨兵变量,以便算法统一*/
    s=(polynome)malloc(sizeof(struct item));
    r=s;
    //相加
    while(p!=NULL&&q!=NULL){
        if(p->exp>q->exp){
            add(p->exp,p->coef,s);
            p=p->next;
        }else{
            if(p->exp<q->exp){
                add(q->exp,q->coef,s);
                q=q->next;
            }else{
                add(p->exp,p->coef+q->coef,s);
                p=p->next;
                q=q->next;
            }                                     //第二层 if
        }                                         //第一层 if
        s=s->next;
    }                                             //while
    //处理多项式p尾
    while(p!=NULL){
        add(p->exp,p->coef,s);
```

```
        s=s->next;
        p=p->next;
    }
    //处理多项式 q 尾
    while(q!=NULL){
        add(q->exp,q->coef,s);
        s=s->next;
        q=q->next;
    }
    /*释放哨兵变量*/
    s=r;
    s=s->next;
    free(r);
    return s;
}
```

【例 12.5】 打印 n 阶法雷序列。对任意给定的自然数 n,把所有如下形式的不可约分数

$$\frac{j}{i} \quad (0 < i <= n ; 0 <= j <= i)$$

按递增顺序排列起来,称该序列为 n 阶法雷序列 F_n。例如 F_8 为:

$$\frac{0}{1},\frac{1}{8},\frac{1}{7},\frac{1}{6},\frac{1}{5},\frac{1}{4},\frac{2}{7},\frac{1}{3},\frac{3}{8},\frac{2}{5},\frac{3}{7},\frac{1}{2},\frac{4}{7},\frac{3}{5},\frac{5}{8},\frac{2}{3},\frac{5}{7},\frac{3}{4},\frac{4}{5},\frac{5}{6},\frac{6}{7},\frac{7}{8},\frac{1}{1}$$

编函数,对任意给定的正整数 n,求 n 阶法雷序列,并带回 n 阶法雷序列链指针。

解:法雷序列可以表示成如图 12.23 的形式,显然法雷序列的各项均在区间[0/1, 1/1]之内。为操作简单,先把一阶法雷序列:0/1、1/1 先放入链表中;然后开始考虑生成序列其他项。生成算法可以是分别以 i=1,2,3,…,n 作分母,顺序对任意 i 以 j=1,2,…,i−1 作分子,作成分数 j/i;若 j/i 是不可约分数,则该 j/i 必然是法雷序列的一项;把该j/i 放入法雷序列中,得图 12.24 的 PAD。

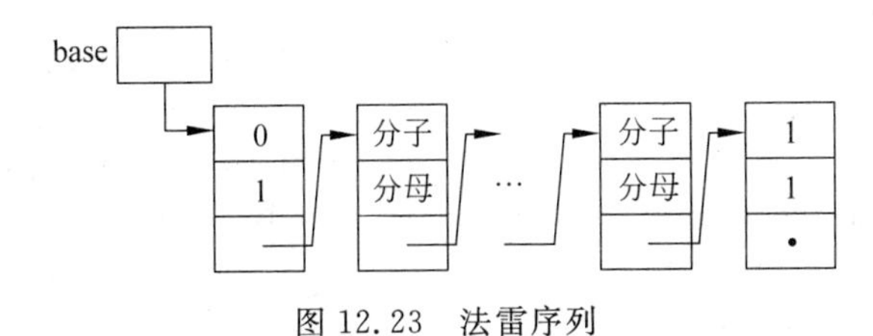

图 12.23 法雷序列

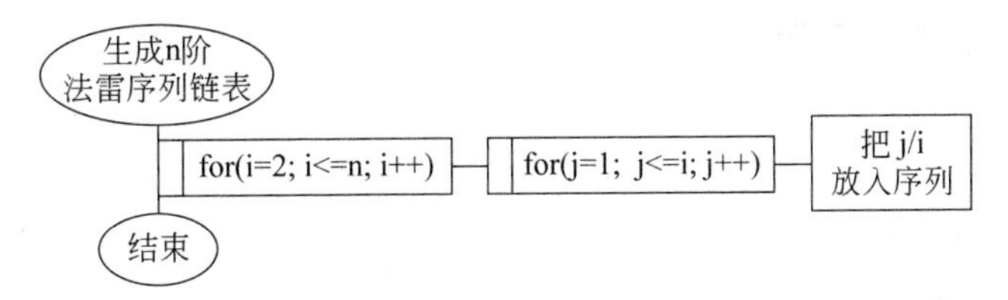

图 12.24 生成法雷序列的算法综述

接着，逐步把 j/i 插入到链表的合适位置上，并使链表仍保持按递增排序。最后，结束时把链表头指针带回主程序。具体算法如图 12.25。

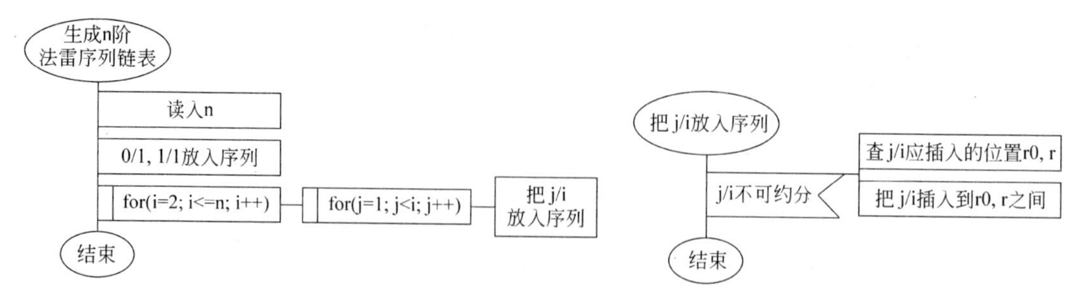

图 12.25　生成法雷序列的具体算法

```
#include <stdio.h>
#include <malloc.h>
struct farleitype{
    int numerator;                          //分子、分母
    int denominator;
    struct farleitype * next;               //连接部分
};
typedef struct farleitype * farleipointer;
/* 求最大公约数 */
int gcd(int x,int y){
    if(y==0)
        return x;
    else
        return gcd(y,x%y);
}
/* 构造法雷序列,并返回序列头指针 */
farleipointer farlei(int n){
    int i,j;
    farleipointer fn,p,r,r0;
    if(n<=0)                                //如果 n<=0,则没有法雷序列
        return NULL;
    else{                                   //如果 n>=1,则序列中肯定有有 0/1 和 1/1
        fn=(farleipointer)malloc(sizeof(struct farleitype));        //构造 0/1
        fn->numerator=0;
        fn->denominator=1;
        p=(farleipointer)malloc(sizeof(struct farleitype));         //构造 1/1
        p->numerator=1;
        p->denominator=1;
        fn->next=p;
        p->next=NULL;
        /* 生成序列 */
        for(i=2;i<=n;i++)
            for(j=1;j<i;j++)
```

```
            if(gcd(i,j)==1){
                r=fn;
                //寻找 j/i 的位置,在 r0 与 r 之间
                while(r->numerator*i<r->denominator*j){
                    r0=r;
                    r=r->next;
                }
                /*j/i 插入到 r0,r 之间*/
                p=(farleipointer)malloc(sizeof(struct farleitype));
                                                                  //构造 j/i
                p->numerator=j;
                p->denominator=i;
                p->next=r;
                r0->next=p;
            }
    }
    return fn;
}
/*主函数*/
int main(void){
    int n,col=10,i;
    farleipointer fn1,fn2,fn3;
    printf("please input n:");
    scanf("%d",&n);
    fn1=farlei(n);                                   //生成 n 级法雷序列
    fn2=fn1;
    fn3=fn1;
    while(fn1!=NULL&&fn2!=NULL&&fn3!=NULL){          //输出法雷序列
        for(i=0;i<col&&fn1!=NULL;i++){
            printf("%4d",fn1->numerator);
            fn1=fn1->next;
        }
        printf("\n");
        for(i=0;i<col&&fn2!=NULL;i++){
            printf("%4c",'-');
            fn2=fn2->next;
        }
        printf("\n");
        for(i=0;i<col&&fn3!=NULL;i++){
            printf("%4d",fn3->denominator);
            fn3=fn3->next;
        }
        printf("\n\n");
    }
```

```
    return 0;
}
```

本章小结

本章讲述十分重要的动态数据结构。包括动态数据结构概念、简单的动态数据结构——链表。重点掌握动态数据结构的操作。

习题 12

12.1 分别用循环和递归方法写函数,把给定的节点类型为 tr 的单向链表倒过来。

12.2 编一个函数,把任意给定的单向环形链改成反方向的单向环形链。

12.3 编函数,把给定的节点类型为 tr 的一个单向链表接在另一个单向链表之后。

12.4 删除单向链表中所有值为素数的节点。

12.5 有两个链表 a、b,节点包含信息有学号、姓名、4 科成绩。编函数,带入两个链表,并从 a 链上删除所有学号、姓名与 b 链重复的节点。

12.6 把单向链表 c 分别拆成两个链表 d、e。d 中存放偶数值的节点;e 中存放其他节点。

12.7 设 a、b 是已按递增排序的单向链表。把既在 a 中出现又在 b 中出现的数从 a、b 上摘下来,按递增顺序生成链表 c。

12.8 生成 tr 类型单向链表 b,b 由 tr 类型链表 a 中那些数值不等的所有数组成。

12.9 编函数,判断链表 a 是否是链表 b 的子链。

12.10 设字符串由链表形式给出。编函数,判断给定字符串是否是回文串。

12.11 编函数,用冒泡法实现单向链表排序。

12.12 分别编写函数,实现双向链表的创建、遍历、插入、删除、交换。

12.13 已知整数链表已经按递增排序,编函数求最先在给定的三个链表上均存在的整数。

12.14 已知一个以单向链表为存储结构的线性表 A,表内元素为字符型。编一个函数 P 实现把表中的数字、字母、其他符号分离,形成三个链表 N(数字)、C(字符)、O(其他)。要求分离后的链表中字符顺序与原链表 A 中的顺序一致。

12.15 一个整数可以表示成图 12.26 形式,设计这种表示法的数据类型,并编函数,判断任意给定的两个整数的大小。

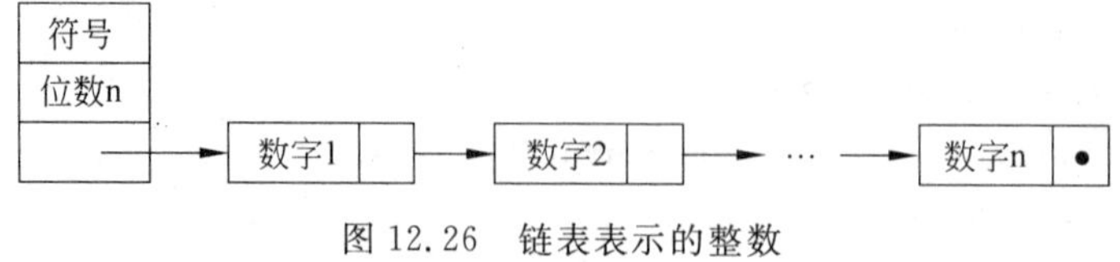

图 12.26 链表表示的整数

12.16 分别编出,实现图 12.26 表示形式的两个整数的四则运算函数。

12.17 二进制数 $b=b_1b_2\cdots b_n$ 可以表示为图 12.27。分别编函数实现如上表示法的任意二进制数的加法、乘法、除法(用递归和迭代分别实现)。

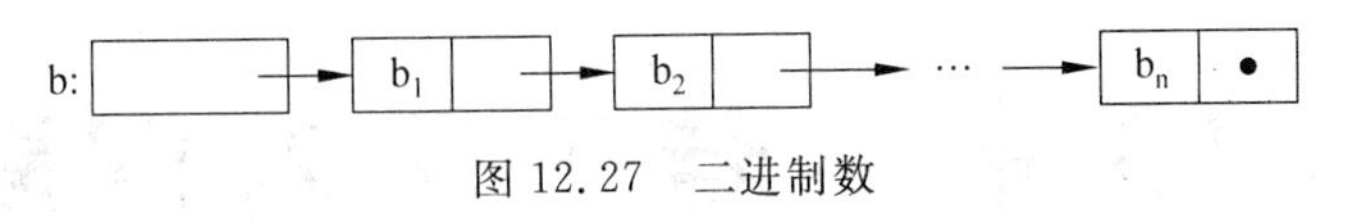

图 12.27 二进制数

12.18 编程序选猴王。有 n 个猴子站成一圈,从某指定的第 m 个猴子开始报数,当报到数 r 时,该猴子被淘汰;然后再从 1 开始重新报数,当报到数 r 时,该猴子被淘汰;然后再从 1 开始重新报数,……求哪个猴子当选为猴王。

12.19 我不下地狱谁下地狱问题:15 个和尚和 15 个商人在沙漠遇难,必须让一半人死掉,剩余的水和粮食才能勉强维持其余人活命,走出沙漠。当时定一个规则,30 人围成一圈,从第一个人开始报数,每数到 9 时,该人自杀;然后继续报数,直到剩余 15 个人为止。和尚们想“我不下地狱谁下地狱”,于是都决定自己献身。编程序,为和尚们找到位置,保证自己献身,保全 15 名商人活命。

第 13 章　若干深入问题

13.1　函　　数

本节讲述有关函数的一些深入内容，包括：函数指针、函数作参数、间接递归、函数副作用等。

13.1.1　不定方向的数组排序——函数指针

【例 13.1】　编函数，对给定整数数组排序，递增或递减按给定参数决定。

```
#include <string.h>
#include <stdio.h>
#define N 10
bool  ascending (int,int);                          /* 函数原型 */
bool  descending (int,int);
void  swap (int * ,int * );
void sort(int a[ ],int n,char * flag){
    bool ( * ad)(int,int);                          /* 函数指针 */
    int i,j;
    if(strcmp(flag,"ascending")==0)        /* 根据排序方向给函数指针赋值具体函数 */
        ad=ascending;
    else
        ad= &descending;
            /* 函数名前加"&"和不加"&"意义相同,这里也可以写成 "ad=descending" */
    for(i=0;i<n;i++)                        /* 冒泡排序 */
        for(j=0;j<n-1;j++)
            if(( * ad)(a[j],a[j+1]))        /* 比较,此处使用函数指针 */
                swap(&a[j],&a[j+1]);        /* 交换 */
}
bool ascending(int a,int b){
    return a>=b;
}
bool descending(int a,int b){
    return a<b;
```

```
}
void swap(int * a,int * b){
    int temp;
    temp= * a;
    * a= * b;
    * b=temp;
}
int main(void){
    int i,a[N];
    int choose=0;
    printf("please input the elements of the a[%d]:",N);
    for(i=0;i<N;i++)
        scanf("%d",&a[i]);
    printf("please choose 1.ascending 2.descending:");
    scanf("%d",&choose);
    if(choose==1)
        sort(a,N,"ascending");
    else
        sort(a,N,"descending");
    for(i=0;i<N;i++)
        printf("%d\t",a[i]);
    return 0;
}
```

在本例题中：

- 函数 sort 有三个参数，a 是被排序的数组，n 是数组长度，flag 是递增或递减标记；
- 函数 swap 交换两个变量的值；
- 函数 ascending 判断是否 a>b；
- 函数 descending 判断是否 a<b。

当调用 sort 时，sort 根据 flag 的值是否"ascending"，决定按递增或递减排序，把函数名 ascending 或 descending 赋值给函数指针变量 ad。通过调用 ad 所指向的函数，判断是否需要交换数组两个相邻成分。当需要交换时，调用函数 swap。经过多次扫描，最终达到排序目的。

函数 sort 使用了指向函数的指针调用函数 ascending 或 descending。

在数组与指针一节中曾指出数组名表示数组首地址，若将数组名赋值给一个类型兼容的指针变量，那么这个指针变量也指向这个数组。同样函数名也具有上述相同的特性，即函数名表示函数控制块的首地址，函数控制块中包括函数入口地址等信息。如果用一个指针变量来标识函数控制块的首地址，则称这个指针变量为“指向函数的指针变量”，简称“指向函数的指针”或“函数指针”。

声明函数指针

```
T T(* PF)(T id,...., T id)
```

其中：

- TT是函数返回类型；
- PF是一个标识符，是函数指针名；
- T是形参类型名，id是形参名。

例如

```
int  (* f) (float d, char c);
```

声明指向“返回int类型值的函数”的函数指针变量f，f所指向的函数有两个形式参数，第一个参数是float类型，第二个参数是char类型。

引进函数指针概念不是凭空臆造，它的作用在于使用函数指针调用函数，实现其他程序设计语言中函数参数的功能。

 **函数指针赋值**

```
PF=F;
```

或

```
PF=&F;
```

其中：

- PF是一个函数指针变量。
- F是一个函数名。

通过函数指针变量调用函数，要求函数指针的特性与函数名的特性一致，这种一致性体现在：

- 它们的返回类型相同。
- 它们的参数个数相同。
- 对应位置上，每个形式参数的类型相同。

函数指针使用注意事项：

函数指针赋值时，右端只能是函数名，不能带参数表。如“ad=ascending”是正确的，而“ad=ascending(int,int)”是错误的。

不能对函数指针进行任何运算。如“ad+n”、“ad++”、“ad--”等是错误的。

函数指针声明和用其调用函数时，需要将“*”和函数名用括号括起来，成“(*函数名)(...)”形式。因为“()”的优先级高于“*”。在例13.1中，调用函数指针ad所指函数的形式是“(*ad)(a[c],a[c+1])”，不能写成“*ad(a[c],a[c+1])”。

13.1.2 计算定积分——函数作参数

一个函数可以调用其他函数，这是大家熟知的事实。有时遇到这种情况，在一个函数P内，要调用另一个函数，但到底调用哪一个函数要到执行函数P时才能确定。

【例13.2】 编程序，用梯形公式计算并打印定积分。

$$\int_0^1 x^3 \mathrm{d}x \qquad \int_{-1}^1 \sin^2 x \mathrm{d}x \qquad \int_0^2 \sqrt{x^3+\sqrt{\mathrm{e}^x}}\,\mathrm{d}x$$

解：最好能有一个计算定积分的函数 integrate。能够计算任意函数 f 的定积分：

$$\int_a^b f(x)\mathrm{d}x$$

然后分别以函数 x^3、$\sin^2 x$、…为参数调用函数 integrate。

若 integrate 能计算任意函数 f，在任意区间[a,b]上的定积分，而具体计算那个函数的积分由调用 integrate 时确定。显然 f 作为 integrate 的一个参数比较合适，调用 integrate 的函数调用可以写成：

```
integrate(g,a,b)
```

其中 g 为被积分函数。这就要求函数 integrate 带有函数参数，integrate 的函数定义说明符可以写成：

```
float integrate(float (* f)(float),float a, float b)
```

函数作参数时，在形式参数表中应列出作参数函数的函数原型。目的是为了说明该形式参数函数的特性。

下边继续开发函数 integrate。设

$$Y_0 = f(a),\quad Y_1 = f(a+h),\quad Y_2 = f(a+2h),\cdots,\quad Y_n = f(b);$$

其中 $h=(b-a)/n$。

计算函数 f 在区间[a,b]上定积分的梯形公式是：

$$S = \int_a^b f(x)\mathrm{d}x \approx h((Y_0+Y_n)/2+Y_1+Y_2+Y_3+\cdots+Y_{n-1})$$

编出求积分的函数如下：

```
float integrate(float (* f)(float),          /* f 为被积分函数 */
                        float a,float b,     /* a, b 分别为积分区间下、上界 */
                        int n) {             /* n 为积分区间分割个数 */
    float h,s;
    int  i;
    h=(b-a)/n;
    s=((* f)(a) +(* f)(b))/2.0;
    for (i=1; i<=n-1; i++)
        s=s+(* f)(a+i * h);                  //调用函数" * f",是被积分函数,由使用者决定
    return  s * h;
}
```

另外分别编出

$$x^3 \quad \sin^2 x \quad \sqrt{x^3+\sqrt{e^x}}$$

的函数说明：

```
#include<math.h>
#include <stdio.h>
float cube(float x){
    return x * x * x;
```

```
}
float sin2(float x){
    return sin(x) * sin(x);
}
float r(float x){
    return sqrt(x * x * x+ sqrt(exp(x)));
}
```

主程序如下：

```
int main (void){
    printf("cube: %f\n", integrate(cube, 0.0, 1.0, 100));
    printf("sin2: %f\n", integrate(sin2, -1.0, 1.0, 100));
    printf("r: %f\n", integrate(r, 0.0, 2.0, 100));
    return 0;
}
```

其中，实际参数0、1和－1.0、1.0以及0.0、2.0分别表示积分区间[0,1]，[－1.0,1.0]，[0.0,2.0]；100为把积分区间等分成100份，即步长为0.01；cube、sin2、r分别为被积函数的函数标识符。被积函数cube,sin2,r都是一元函数，其参数是float型的，结果类型也是float的。即被积函数cube,sin2,r的函数定义说明符与integrate形式参数表中的函数参数说明

```
float (* f)(float)
```

是一致的。

函数作参数就是“指向函数的指针”作参数，其本质是形实参结合时，传递的是一个指针值，也就是一个地址值。需要注意的是这个地址值比较特殊，这个地址用来标示一个函数。

声明时，在某个函数声明的形参列表中；形参函数需要以函数指针作为函数名，并且还要说明具体参数个数、类型、顺序，即函数原型。例如：

```
float integrate(float(* f)(float), ...)
```

其第一个参数就是一个函数参数，函数参数的名字用函数指针说明，函数参数对应的实参函数必须是只有一个float类型参数，且返回类型是float类型的函数。

被调用时，实参函数直接使用函数名或函数指针标明具体实际调用的函数。例如，

```
integrate(sin2, -1.0, 1.0, 100)
```

中sin2是函数名作为实参，

```
s=((* f)(a) + (* f)(b))/2.0
```

中(＊f)(a)和(＊f)(b)是函数指针作为实参，在函数integrate内部进行计算。

⚠ **使用函数参数应该注意，函数调用中的实参函数与形参函数(函数指针形式)的**

参数个数与类型必须一致,具体体现在:

- 实参函数和形参函数的返回类型一致;
- 实参函数和形参函数的参数个数相同;且一一对应,每个参数类型一致。

【例 13.3】 用指向函数的指针作函数参数,实现例 13.1 同样的问题:编一个排序函数,该函数对给定整数数组既可以按递增排序也可以按递减排序。

解:程序片段如下:

```
#include <stdio.h>
void  swap(int*, int*);
void  bubsort(int s[], int size, bool(*p)(int,int)) {
    int  u, v;
    for (u=0; u<size; u++)
        for(v=0; v<size-1; v++)
            if ((*p)(s[v],s[v+1]))
                swap(&s[v],&s[v+1]);
}
void swap(int* r1, int* r2)                //与例 13.1 同,略
bool ascending(int a, int b) { return a>b;}
bool descending(int a, int b) { return a<b;}
/* 主函数 */
int main(void){
    int i,a[N];
    printf("please input the elements of the a[%d]:",N);
    for(i=0;i<N;i++)  scanf("%d",&a[i]);
    int choose=0;
    printf("please choose 1.ascending 2.descending:");
    scanf("%d",&choose);
    if(choose==1)
        bubsort(a, N, ascending);
    else
        bubsort(a, N, descending);
    for(i=0;i<N;i++)  printf("%d\t",a[i]);
    return 0;
}
```

函数 bubsort 有三个形参,s 是欲排序的整数数组,size 是 s 数组的长度,p 是一个 bool 型函数,调用 bubsort 时以 ascending 函数或 descending 函数作实参对应它,具体指明是按递增排序还是按递减排序。swap 函数完成交换两个整数变量中保存的值。

【例 13.4】 编程序,以 0.1 为间隔,计算区间[0,1]内所有正弦函数和所有余弦函数之和。

```
#include <stdio.h>
#include <math.h>
double  sum(double(*func)(double),               /* 参数 func 是函数指针 */
```

```
            double d1, double d2) {
    double dt=0.0,d;
    for(d=d1; d<d2; d+=0.1)
        dt+=(*func)(d);                          /*用函数指针调用函数*/
    return dt;
}
int main(void){
    double s;
    s=sum(sin,0.1,1.0);                          /*求 sin 函数之和*/
    printf("The sum of sin for 0.1 to 1.0 is %g \n",s);
    s=sum(cos,0.5,3.0);                          /*求 cos 函数之和*/
    printf("The sum of cos for 0.5 to 3.0 is %g \n",s);
    return 0;
}
```

程序运行结果为:

```
The sum of sin for 0.1 to 1.0 is 5.01388
The sum of cos for 0.5 to 3.0 is -2.44645
```

函数 sum 的第一个参数为函数指针,该指针指向的是带有一个 double 型参数并返回 double 类型数据的函数。而在头文件 math.h 中定义的函数 sin 与 cos 正是这样的函数,分别以它们作实际参数对应 sum 函数的函数指针参数 func。达到函数 sum 分别求 sin 和 cos 之和。

13.1.3 计算算术表达式的值——间接递归

前边第 9 章讲的递归程序,都是在函数本身的函数体内调用自己。而递归的动态含义是在调用函数进入函数后,没有退出之前,又再一次调用本函数。可能存在图 13.1 所示情况,这显然也是进入 P 后,没退出 P 之前又再一次调用 P ,这种情况称"**间接递归**"。相应前边讲的"在 P 中直接调用 P"称"**直接递归**"。

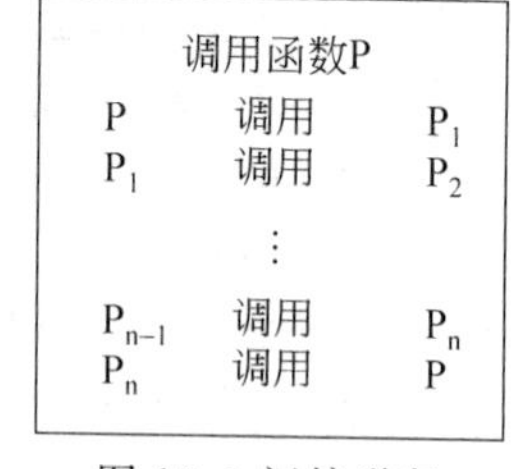

图 13.1 间接递归

【例 13.5】 编程序,从终端读入由十以内正整数组成的表达式,计算表达式的值。表达式遵守先乘除后加减的运算规则,并且允许有括号。它的构成规则是:

表达式是"加法项";或者"由一个加法项加上一个表达式"构成;或者"由一个加法项减去一个表达式"构成。

加法项是"乘法因子";或者"由一个乘法因子乘以一个加法项"构成;或者"由一个乘法因子除以一个加法项"构成。

乘法因子是一个"数字";或者是"由一对括号括起来的表达式"构成。

若用 E、T、F 分别表示表达式、加法项、乘法因子,则可以形式化的表示表达式的构成如下:

E : T+E 或者 T−E 或者 T

T：F * T　或者　F/T　或者　F

F：数字　或者　(E)

解：把每个语法单位的处理编成一个函数，全局量 w 放当前读入字符，得如图 13.2 的算法。

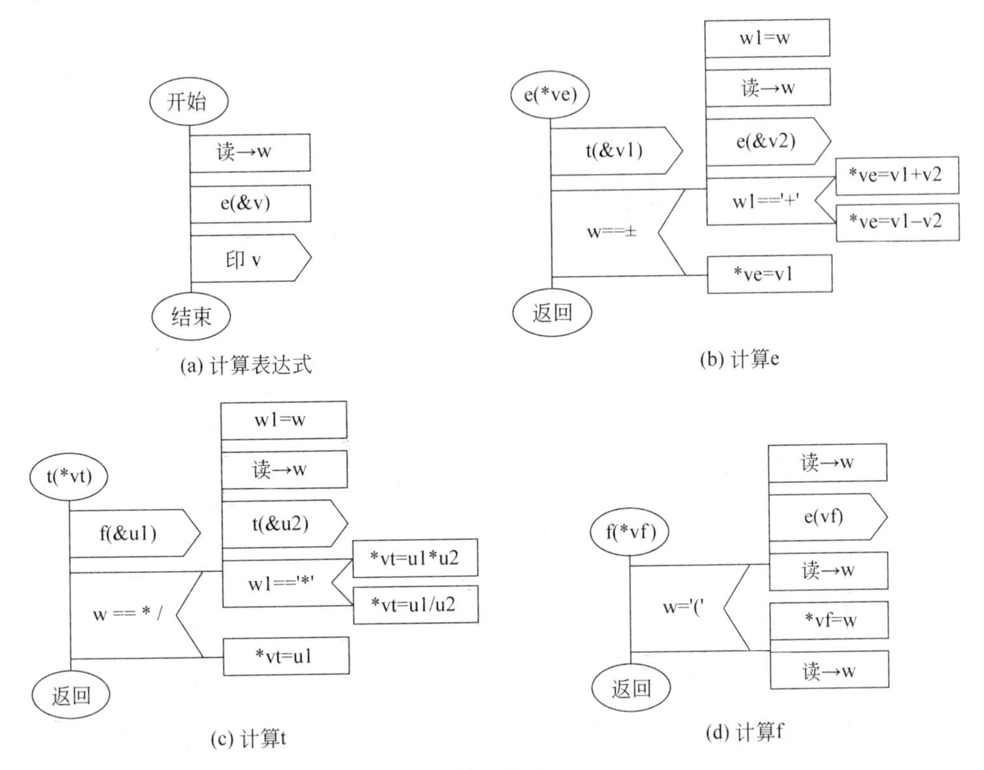

图　13.2

程序如下：

```
/* PROGRAM calculateexprission*                                    //L1
#include <stdio.h>                                                 //L2
char  w;            //w必须是全局量,main函数、t、f、e都要使用          //L3
void  t(float * vt);                                               //L4
void  f(float * vf);                                               //L5
void  e(float * ve) {                                              //L6
    float v2, v1;                                                  //L7
    char  w1;                                                      //L8
    t(&v1);                                                        //L9
    if ((w=='+') || (w=='-')) {                                    //L10
        w1=w;                                                      //L11
        scanf("%c",&w);                                            //L12
        e(&v2);                                                    //L13
        if (w1=='+')                                               //L14
```

```
                * ve=v1+v2;                                 //L15
            else                                            //L16
                * ve=v1-v2;                                 //L17
        } else                                              //L18
            * ve=v1;                                        //L19
}                                                           //L20
void  t(float * vt) {                                       //L21
    float u1,u2;                                            //L22
    char  w1;                                               //L23
    f(&u1);                                                 //L24
    if ((w=='*')||(w=='/')) {                               //L25
        w1=w;                                               //L26
        scanf("%c",&w);                                     //L27
        t(&u2);                                             //L28
        if (w1=='*')                                        //L29
            * vt=u1 * u2;                                   //L30
        else                                                //L31
            * vt=u1/u2;                                     //L32
    }else                                                   //L33
        * vt=u1;                                            //L34
}                                                           //L35
void f(float * vf) {                                        //L36
    if (w=='(') {                                           //L37
        scanf("%c",&w);                                     //L38
        e(vf);                                              //L39
        scanf("%c",&w);                                     //L40
    }else{                                                  //L41
        * vf=(int)w - (int)'0';                             //L42
        scanf("%c",&w);                                     //L43
    }                                                       //L44
}                                                           //L45
int  main(void) {                                           //L46
    float  v;                                               //L47
    scanf("%c",&w);                                         //L48
    e(&v);                                                  //L49
    printf("\n=%f \n", v);                                  //L50
    return 0;                                               //L51
}                                                           //L52
```

该程序的第4、5两行分别是函数t、f的函数原型；第21～35行是函数t的具体说明部分；第36～45行是函数f的具体说明部分。

13.1.4 函数副作用

所谓**函数副作用**(side effect)是指，当调用函数时，被调用函数除了返回函数值之外，还对主调用函数产生附加的影响。例如，调用函数时在被调用函数内部。

- 修改全局量的值；
- 修改主调用函数中声明的变量的值（一般通过指针参数实现）。

函数副作用会给程序设计带来不必要的麻烦，给程序带来十分难以查找的错误，并且降低程序的可读性。第3章介绍表达式值的计算时曾经举过一个例子，由于双目运算的两个运算分量的计算次序不同，而带来运算结果不同，就是由函数副作用引起的。对函数副作用的看法与对 goto 语句的看法一样，在程序设计语言界一直有分歧，有人主张保留，有人主张取消。我们认为，可以保留函数副作用，但是应该限制程序员尽量不要使用函数副作用。由于函数副作用的影响：

- 会使双目运算的结果依赖于两个运算分量的计算次序；
- 还可能使某些在数学上明显成立的事实，在程序中就不一定成立。

例如，在数学上乘法符合交换律，a * f(x)与 f(x) * a 显然相等。但是在程序中，若函数 f 改变全局量 a 的值，则上述交换律就不成立。设有函数：

```
float f(float u) {
    a=a * 2;
    return 2 * u;
}
```

假定，计算时开始 a=3，x=5；双目运算符的运算对象从左向右计算。计算：a * f(x)

第一步，求运算分量 a 的值，为 3；

第二步，求运算分量 f(x)的值，调用函数 f，u 取 x 值为 5，进入 f 执行“a=a * 2”，a 得 6，再执行“return 2 * u”得函数值为 10，返回；

第三步，计算表达式值为 3 * 10 得 30。

而在同样条件下计算：f(x) * a。

第一步，求运算分量 f(x)的值，调用函数 f，u 取 x 值为 5，进入 f 执行“a=a * 2”，a 得 6，再执行“return 2 * u”得函数值为 10，返回；

第二步，求运算分量 a 的值，为 6；

第三步，计算表达式值为 10 * 6 得 60。

计算结果显然不一样，使乘法交换律不成立。这就是因为副作用的影响造成的，因为在函数 f 内改变了全局量 a 的值。

若函数有指针参数，在函数分程序内修改指针参数所指变量的值，也产生函数副作用，也可以引起同样的问题。例如有函数声明：

```
float f(int * a, float u) {
    * a= * a * 2;
    return 2 * u
}
```

该函数存在副作用，调用该函数将使用“f(&z,e)”的形式，其中 z 是一个变量，e 是一个表达式。该函数在计算表达式“z * f(&z,e)”时，表达式的值依赖于运算分量的计算次序；即使计算次序固定，也同样会产生与上述相同的问题，使“z * f(&z,e)”不等于“f(&z,e) * z”。

⚠ **带副作用的函数不是一种良好的程序设计风格，所以请读者编程序时尽量不要使用。**

13.2 运　　算

C 语言的运算符非常丰富，第 2 章表 2.3 列出了所有 C 运算符，包括运算符的记号、运算、类别、优先级、结合关系等。常用的运算符及其意义我们已经在前面相关章节介绍过，本节介绍那些 C 独有的特色。

13.2.1 赋值运算

前述章节我们仅介绍一个最基本的赋值运算符“=”，事实上 C 的赋值运算符十分丰富，“=”可以和一些双目运算符结合，形成新的附加运算意义的赋值运算符，称为复合赋值运算符。复合赋值运算符包括：

+=　-=　*=　/=　%=　<<=　>>=　&=　^=　|=

使用这些赋值运算符都是双目运算符，这要求出现在复制号左侧的一定要是个左值，而右侧一定是一个结果类型和左值兼容的表达式。例如

$$x += x * 5$$

相当于

$$x = x + (x * 5)$$

依此类推：

$$x \mid= 1$$

相当于

$$x = x \mid 1$$

等等。

左值

广义的讲，在 C 中赋值运算符“=”左端的运算分量是一个“左值”，也就是一个可以求得左值的表达式，所谓“左值”实质就是内存某个存储区的地址，如在第 7 章 7.3.2 节“用指针标识多维数组”里有“*(aptr+u * n+v)”的计算结果是一个地址，也就是一个左值。所以 *(aptr+u * n+v)=99 是合法的，它相当于把 99 的值送入 aptr[u][v]（即 a[u][v]）中。

左值的概念在 C 中十分重要，许多地方在解释语义时都用到左值。通俗的讲，**左值就是允许在赋值运算符左端出现的表达式**。最基本的左值就是变量，另外还有下标

变量、结构体成分等等。表13.1列出了可以作为左值的非数组表达式。

表13.1　可以作为左值的非数组表达式

表达式	附加条件	表达式	附加条件
标识符	应为变量名	e.名称	无
e[k]	无	*e	无
(e)	e应为左值	字符串型变量	无
e－>名称	e应为左值		

13.2.2　顺序表达式

用逗号运算符“,”分隔开的若干个表达式称为逗号表达式,又称为顺序表达式。 逗号表达式按行文顺序从左向右计算各个子表达式的值。表达式的结果类型是最右端表达式的类型,表达式的结果值是最右端表达式的值。例如

```
j=(x=0.5, y=10,15+x,y=(int)x+y*2)
```

将顺序地

先计算“x＝0.5”给x赋值0.5,得float类型的0.5;

再计算“y＝10”给y赋值10,得int类型的10;

再计算“15＋x”,得float类型的15.5;

再计算“y＝(int)x＋y*2”给y赋值20,得int类型的20;

最终括号内表达式的结果值是20,结果类型是整数类型,j被赋值20。

13.2.3　条件表达式

条件表达式

```
op1?op2:op3
```

其中:

- “?”和“:”是运算符,表明是条件表达式。
- op1、op2和op3是三个表达式。
- 其意义是若op1的值为true,则计算op2,表达式的值为op2的值;否则op1的值为false,计算op3,表达式的值为op3的值。

由于条件表达式是右结合的,优先级别高于赋值运算符,低于二元操作符。所以如下语句

```
x=a?b:c;
```

相当于

```
if(a!=0)
    x=b;
else
    x=c;
```

由于右结合的特性，表达式

```
u=a>b?x:c>d?y:z
```

相当于

```
u=a>b?x:(c>d?y:z)
```

用条件语句表示如下：

```
if (a>b)
    u=x;
else
    if (c>d)
        u=y;
    else
        u=z;
```

13.2.4 位运算

C可以直接针对二进制位进行操作，这使得用它描述系统程序十分方便。位运算的所有操作数必须为整数类型，表13.2列出C的位运算符，下边分别介绍它们定义的运算。

表13.2 C位运算符(按优先级从高到低)

记 号	运算符	类 别	结合关系	优先级
~	按位取反	一元	从右到左	15
<< >>	左移、右移	二元	从左到右	11
&	按位与			8
^	按位异或			7
|	按位或			6

1. 按位取反

按位取反运算的格式是：

~操作数

该运算“~”对操作数结果值的二进制表示的每一位取反码。

【例13.6】 如果X是一个int类型的整数，十六进制表示为

0XF0F0

它的二进制表示为

111100001111000

～X 结果的二进制表示为

0000111100001111

十六进制的表示为

0X0F0F

2. 位移运算

位移运算的格式是：

```
op1  <<  op2
```

C 有两个位移运算符“＜＜”和“＞＞”。其中“＜＜”为左移；“＞＞”为右移；“op1”是要进行位移的整数；“op2”指定移动的位数。

位移运算的操作是：按运算符的要求把“op1”移动“op2”指定的位数。在进行移位运算过程中，移到边界之外的多余位放弃扔掉；另一侧产生的缺位以“0”补足。

【例 13.7】 设变量 x 值为 0X1B4F ，计算表达式“x ＜＜ 5 ＞＞2”的值。

解：首先 x 先左移 5 位，所得结果为 0X69E0，如图 13.3 所示。然后再对所得结果向右移 2 位，结果为 0X1A78，如图 13.4 所示。

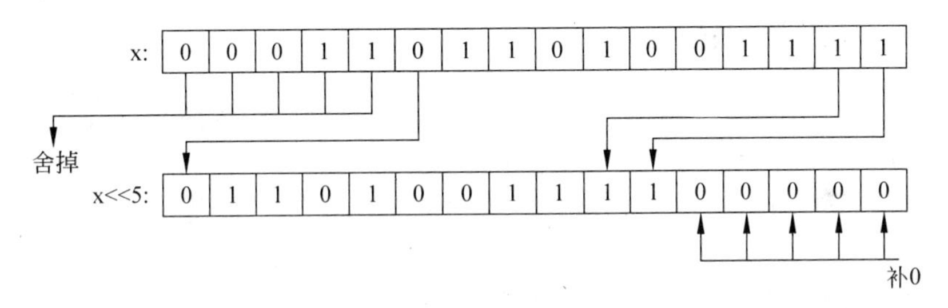

图 13.3　x＜＜5

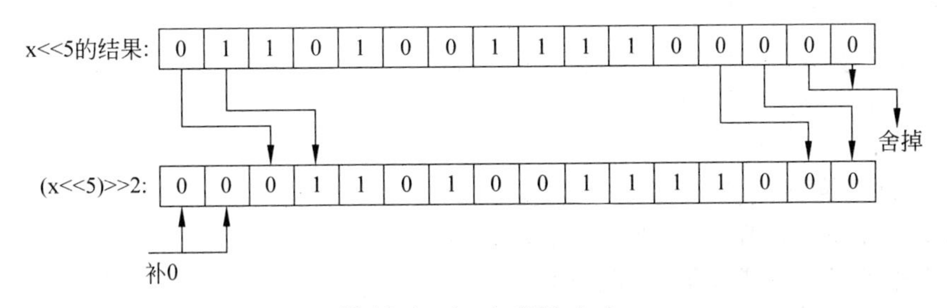

图 13.4　(x＜＜5)＞＞2

3. 按位逻辑运算

按位逻辑运算是双目运算，首先将两个操作数都转换成二进制数；然后根据运算符的要求以二进制位为单位，按位对其进行“位与”、“位异或”、“位或”运算。表 13.3 给出全部三个位逻辑运算符以及它定义的操作。

表 13.3 位逻辑运算符以及它定义的操作

x	y	x & y(按位与)	x ^ y(按位异或)	x | y(按位或)
0	0	0	0	0
0	1	0	1	1
1	0	0	1	1
1	1	1	0	1

【例 13.8】 设整数 x 值为 0X1B4F，y 值为 0X1A78，它们按位逻辑运算结果如图 13.5所示。

x:	0	0	0	1	1	0	1	1	0	1	0	0	1	1	1	1	0X1B4F
x:	0	0	0	1	1	0	1	0	0	1	1	1	1	0	0	0	0X1A78
x&y	0	0	0	1	1	0	1	0	0	1	0	0	1	0	0	0	0X1A48
x^y	0	0	0	0	0	0	0	1	0	0	1	1	0	1	1	1	0X0137
x|y	0	0	0	1	1	0	1	1	0	1	1	1	1	1	1	1	0X1B7F

图 13.5 x 与 y 的按位运算

13.2.5 隐式类型转换

对 C 而言，表达式对参与运算的运算分量类型以及在函数的形实参数结合时，对参数的类型都有一定的限制或进行一些必要的转换。

C 的简单类型只有两类：各种浮点类型、各种整数类型。但是每一类类型中根据数据存储长度以及表示形式不同，又分成若干类型。在 C 中各种类型数据进行混合运算时，会自动进行类型转换，称为**隐式类型转换**，其转换的总体原则如下。

(1) 单目运算(一元运算、后缀运算)：

- 所有浮点类型不转换；
- 长度大于等于 int 类型的整数类型不转换；
- 长度小于 int 类型的整数类型转换成 int 类型。

(2) 双目运算(两个操作数的运算)和三目运算(三个操作数的运算)：向类型高的运算分量转换，把短类型转换成长类型、把整数类型转换成浮点类型、把有符号类型转换成无符号类型。图 13.6 给出这种转换的规律。

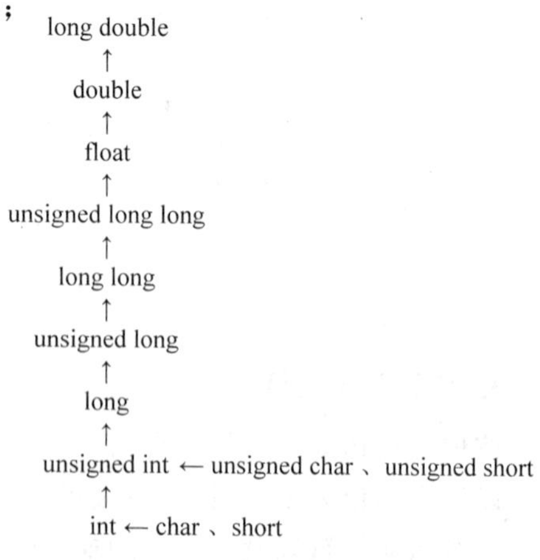

```
long double
    ↑
  double
    ↑
  float
    ↑
unsigned long long
    ↑
long long
    ↑
unsigned long
    ↑
  long
    ↑
unsigned int ← unsigned char 、 unsigned short
    ↑
   int ← char 、 short
```

图 13.6 自动类型转换规则

在图 13.6 中

- 横向的箭头表示只要遇到相应类型一定按箭头方向转换成左方的类型。比如有运算'A'+'0'，这是两个字符相加，得到整数结果 113。但这个 113 是 int 类型的，而不是 char 类型或 short 类型的，原因是在运算之前就把'A'和'0'分别转换成了 int 类型的 65 和 48，相加后的结果自然是 int 类型的了。

- 纵向箭头表示按箭头方向从下向上类型一个比一个高。参与运算的诸运算分量向所有运算分量中类型最高的运算分量的类型转换。比如有运算 3.14×2，首先 3.14 是浮点类型，没有指明是哪种浮点类型，按省缺应该为 float 类型；然后 2 虽然是 int 类型，但是由于要与 3.14 进行运算，被转换成 float 类型；最后运算结果 6.28 为 float 类型。

13.3　语　　句

本节介绍四个语句 break，continue，for，goto 语句和标号以及分支语句中 else 语句的二义性问题。

break 和 continue 语句是一种受限制的 goto 语句，用来改变循环或分支语句的控制流程。在达到相同目的的情况下，使用 break 和 continue 语句比起 goto 语句具有更好的风格和结构。但与全部用标准控制流程写出的程序相比，break 和 continue 语句的结构要差。

for 循环语句读者已经很熟悉，本节延伸它。

13.3.1　break 语句

第 3 章已经接触 break 语句，用它和 switch 语句配合，完成多分支控制。**break 语句的意义是跳出包含它的最内层 while、do、for、switch 语句，使其终止执行，立即转移到所终止语句之外的后继程序点。**

【例 13.9】　迭代中使用 break。

```
int x=0;
while (x<10){
    printf("Looping ");
    x++;
    if(x==5)
        break;
    else
        其他代码

}
    后续代码
```

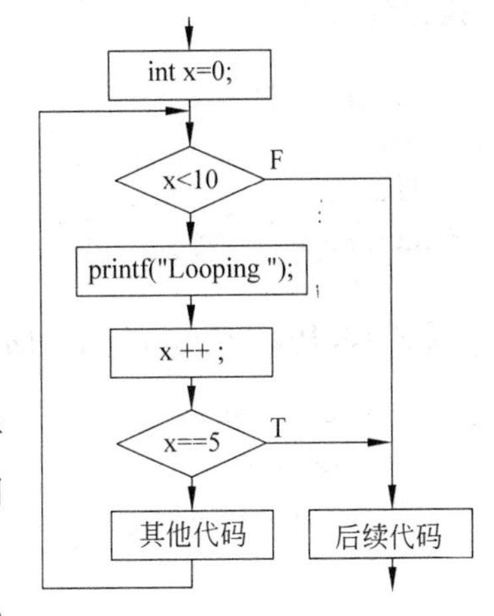

图 13.7　break

在该程序片段中，循环将在 x==5 时停止，去执行后续代码，尽管循环控制当 x<10 时都执行循环体。用流程图来表示该程序片段如图 13.7 所示。

特别请读者注意 break 在 switch 语句中的作用。第 3 章已经介绍过，如图 13.8(a)和图 13.8(b)两段代码执行的结果是不一样的，请读者认真体会。

```
switch (x) {
    case 1: printf("1");
    case 2: printf("2");
    case 3: printf("3");
    default: printf("no_meaning");
}
```

(a) switch语句中不使用break

```
switch (x) {
   case 1: printf("1");
           break;
   case 2: printf("2");
           break;
   case 3: printf("3");
           break;
  default: printf("no_meaning");
}
```

(b) switch语句中使用break

图　13.8

在图 13.8(a)中，当 x==2 时，打印结果为

```
2 3 no_meaning
```

在图 13.8(b)中，当 x==2 时，打印结果为

```
2
```

在没有循环或 switch 语句的场合使用 break 是错误的。

13.3.2　continue 语句

continue 语句终止它所在的最内层 while、do、for 语句循环体的执行，跳过循环体余下的代码，立即转移到循环体末尾，受其影响的循环语句从"重新计算循环条件"开始执行(对 for 语句为"表达式 3")。

在例 13.10 的程序片段中，不可能打印"Looping 2"，程序执行流程如图 13.9 所示，该程序片段执行结果是

```
Looping 0
Looping 1
Looping 3
Looping 4
```

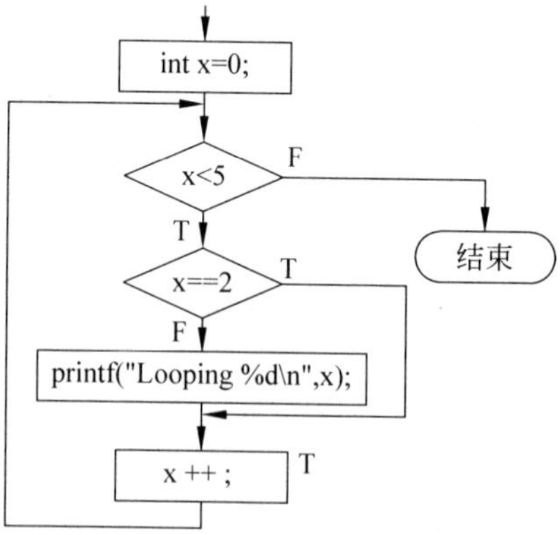

int x=0;
x<5
F
T
结束
x==2
T
F
printf("Looping %d\n",x);
x ++ ;
T

图 13.9　continue 对循环的影响

【例 13.10】　continue 语句示例。

```
for(x=0; x <5; x+ + ){
    if(x==2)
        continue;
    else
        printf("Looping %d\n",x);
}
```

⚠ **在没有循环的场合使用 continue 是错误的。**

13.3.3　for 的延伸

for 语句形式是：

```
for (e1;e2;e3)
    S
```

通常第一个表达式 e1 初始化循环控制，第二个表达式 e2 测试循环是否终止，第三个表达式 e3 更新循环控制。**如果使用逗号表达式，就可以书写带有多个控制条件的 for 语句**。例 13.11 比较两个字符串是否相等利用了 for 语句的这个功能。

【例 13.11】 编函数，判断两个字符串 str1 和 str2 是否相等，相等则返回真，否则返回假。

```
bool  str_equal (char * str1, char * str2){
    char * t1, * t2;
    for (t1=str1, t2=str2; * t1 && * t2; t1++,t2++)
        if (* t1 != * t2)
            return false;
    return * t1== * t2;
}
```

13.3.4　goto 语句和标号

goto 语句是强制改变程序正常执行顺序的手段。但是这里事先声明，频繁使用 goto 不是好的程序设计习惯，不符合结构化程序设计原则。希望读者在编程序时除有特殊需要外，尽量不要使用 goto 语句和标号。

带标号的语句形式是：

```
标号 ：语句
```

goto 语句(goto-statement)的形式是：

```
goto  标号
```

其中：

- 标号(label)是一个标识符，goto 语句中的标号就是带标号语句中的标号；
- goto 是保留字，表示转向。

goto 语句的意义是中断正常的程序执行顺序，转到本函数内标号标出的语句处，继续向下执行。goto 语句与带标号语句配合使用，达到改变程序正常执行顺序的目的。

【例 13.12】 前述第 4 章例 4.4 中迭代法求解方程根的图 13.10 流程图，可以用图 13.11的程序片段表示。

当第 3 行的条件为 true 时，执行第 4 行的 goto 语句，则转到标号 r2 标出的第 7 行去

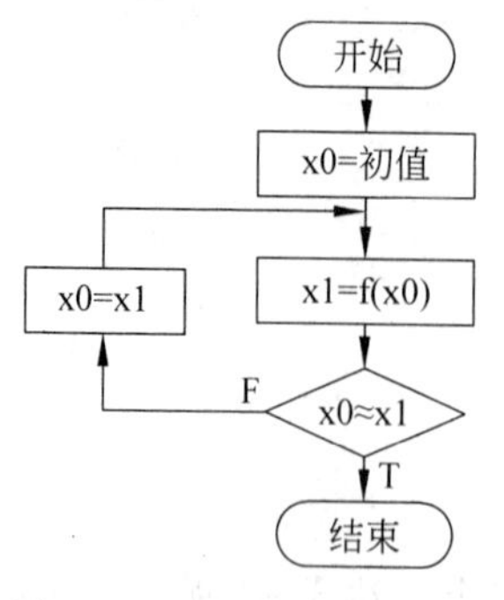

图 13.10 迭代法求解方程

```
 x0=0.9;                        //L1
r1:x1=f(x0);                    //L2
 if ( abs(x1-x0)<1e-5 )         //L3
      goto r2 ;                 //L4
 x0=x1;                         //L5
 goto r1;                       //L6
 r2: ;                          //L7
```

图 13.11 程序

执行，从而结束迭代过程。

当程序执行到第 6 行的 goto 语句时，则无条件强制控制转到标号 r1 标出的第 2 行去执行，继续进行迭代。

虽然 C 允许使用 goto 语句转向本函数内任何语句，但是下述转向是极其不好的程序设计习惯。这类 goto 使程序逻辑混乱，同时也给编译器优化程序带来麻烦。

- 从 if 语句外转入 if 语句的“then”或“else”子句之中；
- 在 if 语句的“then”或“else”子句之间转向；
- 从 switch 语句之外转入 switch 语句之内；
- 从循环语句之外转入循环语句之内；
- 从复合语句之外转入复合语句之内。

13.3.5 关于 if

使用与书写 if 语句时应注意以下几个问题：

- 条件判断的表达式必须是布尔类型的逻辑表达式，它的值或者为 true(真)、或者为 false(假)。
- 嵌套是允许的。从语法上看，判断条件后，以及“else”后都是一个语句。当然应该允许是任何语句，包括复合语句、条件语句以及以后讲的其他各类语句。第 3 章例 3.3 中的程序，第一个 if 语句 else 后的语句就仍是一个 if 语句。在例 3.6 中有多处这种嵌套。
- else 的归属问题，要特别注意。考虑语句

```
if  (a>b)  if  (b>c)  x=0;  else  x=1;
```

这个语句怎样执行？

① 若 a<=b 执行什么？

② 若 a>b 且 b<=c 执行什么？

这涉及最后的 else　x=1 的归属问题，即它属于哪个 if 语句。可以有两种解释：

(1) else 属于最前边的 if ,则上述语句相当于

```
if (a>b){
    if (b>c) x=0;
} else
    x=1;
```

上述的问题的答案是:

① 若 a<=b 执行 x=1;

② 若 a>b 且 b<=c 什么也不执行。

(2) else 属于第二个 if ,则上述语句相当于

```
if  (a>b) {
    if  (b>c) x=0;
    else  x=1;
}
```

上述的问题的答案是:

① 若 a<=b 什么也不执行;

② 若 a>b 且 b<=c 执行 x=1。

这就产生了二义性。

⚠ **else 分支的二义性**。C 标准规定"否则部分与前面最邻近的一个没有配对的 if 配对",这就是说该语句应按第二种方案解释。若想描述第一种方案的结构只好用{、}将中间的" if 语句"括起来,构成复合语句。若不括起来,按 if 语义,就是按第二种方案解释。

13.4　数 据 组 织

前述章节已经介绍了各种描述数据的手段,本节介绍较深入的数据描述手段,包括多维数组与指针间的关系、位段、共用体。

13.4.1　多维数组与指针

指针与数组有着密切关系,第 7 章已经介绍了一维数组与指针之间的关系,以及用数组成分类型指针标识多维数组。本节以二维数组为例,说明多维数组元素地址,以及怎样用行指针表示多维数组及其元素。

1. 二维数组元素的地址

第 6 章已经介绍过,二维数组

```
int  a[m][n];
```

可以看作是由 m 个一维数组

```
a[0]、a[1]、…、a[m-2]、a[m-1]
```

构成。这 m 个一维数组都有 n 个元素，即每个 a[i]都是由 n 个 int 类型的变量

```
a[i][0]、a[i][1]、…、a[i][n-1]
```

组成的 int 类型的数组。

按前述关于数组与指针的说法，如图 13.12 所示。从一维角度看，a 表示一维数组的首地址，该一维数组的数组元素仍然是数组；进一步每个 a[i]也都表示一维数组的首地址，该一维数组是 a 数组的第 i 行，它的各个元素是 int 类型。

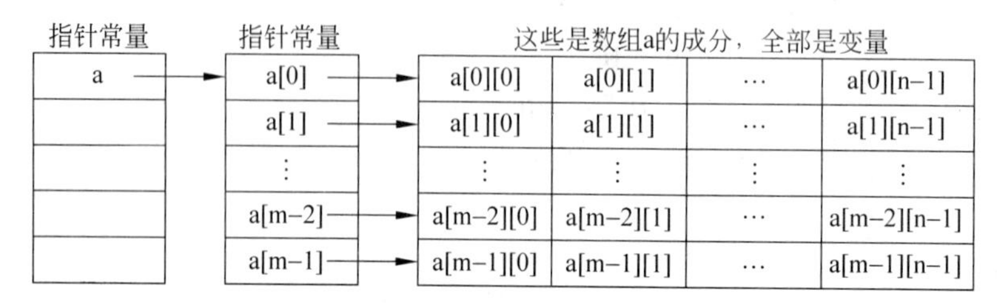

图 13.12　二维数组 a 的地址示意

实际上，不存在 a、a[0]、a[1]、…、a[m－1]的存储空间，C 系统不给它们分配内存，只分配 m＊n 个 int 类型变量的内存空间。图 13.12 只是一个示意图，给出的 a、a[0]、a[1]、…、a[m－1]只是一个示意，读者不要误会。事实上 a、a[0]、a[1]、a[2]、…、a[m－1]都是指针常量。

a[i]是 a 数组的第 i 个元素。如果 a 是一维数组，则 a[i]被分配存储空间，是一个变量并且可以有值，它实实在在的占用计算机内存；如果 a 是二维数组，则 a[i]代表一维数组，它是一个指针常量，C 系统不给它分配存储空间，它不占用内存空间，而仅仅是一个地址。

读者已经知道数组名实际是一个指针，可以用指针形式访问数组元素。针对二维数组，用指针方式访问数组元素经常有如表 13.4 所列的几种形式。

表 13.4　指针访问数组元素形式

形式	意　义
a	二维数组名，指向一维数组 a[0]，即第 0 行首地址。相当于：&(a[0])也可以说是数组 a 的首地址，指向 a[0][0]。相当于：&(a[0][0])
a+i	第 i 行首地址，即 a[i]地址。相当于：&(a[i])
＊a	第 0 行第 0 列元素首地址，即 a[0][0]地址。相当于：a[0]、＊(a+0)、&(a[0][0])
＊a+i	第 0 行第 i 列元素首地址，即 a[0][i]地址。相当于：a[0]+i、&(a[0][i])
＊(a+i)	第 i 行第 0 列元素地址，即 a[i][0]地址。相当于：a[i]、&(a[i][0])
＊(a+i)+j	第 i 行第 j 列元素地址，即 a[i][j]地址。相当于：a[i]+j、&(a[i][j])
＊(＊(a+i)+j)	第 i 行第 j 列元素值，即 a[i][j]值。相当于：＊(a[i]+j)、a[i][j]

在表 13.4 的各种表示形式中，只有 &(a[i][j])、a[i]+j、＊(a+i)+j 是实际计算机内存的物理地址，占用计算机内存。其他形式都是表示地址的指针常量，没有被分配具体内存空间。例如，并不存在 a[i]这样一个实际的变量，它只是一个指针常量。

2. 指向二维数组元素的指针变量

访问数组 a 的元素，有两种方式：一种使用数组基类型指针访问，另一种方式使用行指针访问。

第一种方式在第 7 章 7.2.3 节有详细叙述，这里就不再赘述。

第二种方式使用行指针。

 **声明指向二维数组的行指针**

```
T  (*p)[n]
```

其中：

- T 是所指向的二维数组基类型；
- p 是标识符，是行指针变量名，指向二维数组的一行(一个一维数组)；
- n 是所指向二维数组列数。

该声明的意义是 *p 是 n 个元素数组，该数组元素是 T 类型；p 是指向该数组的指针。在这种形式中，元素个数 n 可以省略，省略 n 后，该声明可以写成“T（*p)[ ]”，表示 p 是“指向 T 类型数组”的指针变量。

请读者注意说明形式“T（*p)[n]”，它仅仅说明一个指针变量，而不是一个一维数组；另外 p 是变量，而不是常量。这里给出的数组形式仅仅表示“p 指向数组，p 的值是一个一维数组的首地址”，而不表示“在这里就实际说明一个数组，存在一个数组的内存空间，p 是指向这个数组的指针常量”。

例如有

```
int  (*ptr)[m], a[m][n], x, (*ptr0)[m];
```

则“*ptr”是一个有 m 个元素的 int 类型的数组，ptr 是指向该数组的指针变量。若有

```
ptr=a[i]
```

则 ptr 指向 a 数组的第 i 行元素组成的一维数组。即 a 的第 i 行第一个元素 a[i][0]。进一步若有运算

```
ptr0=ptr+1
```

则 ptr0 指向 a 数组的第 i+1 行元素组成的一维数组。即 a 的第 i+1 行第一个元素 a[i+1][0]，而不是第 i 行的下一个元素 a[i][1]。

也可以使用指向数组行标的指针变量访问数组 a 的成分，例如使用 ptr。使用方法是首先使 ptr 指向 a 的某行 a[i]，即该行的第一个元素 a[i][0]，然后以该行为基点，计算所要访问的数组成分的相对地址，并进行访问。最常用的地址基点是 a 数组的第一行a[0]，例如

```
ptr=a[0]
```

由于 a 指向 a[0]，所以这个运算还可以写成

```
ptr= * a
```

在上述赋值运算的前提下，a 的成分 a[u][v]的地址为"＊(ptr＋u)＋v"。若想把 a[u][v]的值送入变量 x 中，可以使用赋值运算：

```
x= * (* (ptr+u)+v)
```

这个运算等价于

```
x=a[u][v]
```

还等价于

```
x= (ptr+u)[v]
```

若想把某表达式 e 的值送入数组 a 的成分 a[u][v]中，可以可以使用赋值运算：

```
(* (ptr+u)+v)=e
```

这个运算等价于

```
a[u][v]=e
```

【例 13.13】 编函数，求给定 float 型 m＊n 矩阵各个元素之积。

```
float arrmul(int m, int n, float (* a)[15]){
    int  u, v;
    float mul;
    mul=1;
    for(u=0; u<m; u++)
        for(v=0; v<n; v++){
            mul=mul * (* (* (a+u)+v));          //也可以使用 mul * a[u][v]
                                                //或使用 mul * (* (a[u]+v))
        }
    return  mul;
}
```

设有声明

```
float arr[10][15];
```

则可以用如下任何一种形式调用该函数。

```
arrmul(10,15,arr)
arrmul(10,15,&(arr[0]))
```

读者可以从中体会指向数组的指针作函数参数时，参数传递的信息及其作用。

在本例中，形参是一个指针变量，该变量指向一个 float 类型的一维数组，实参把 arr 数组的第一行 arr[0]的指针(地址)送入形参 a 之中。&(arr[0])、arr 都是 arr[0]的地址。由于地址计算需要，形参 a 说明中的数组大小 15 是必须的。

13.4.2　位段

为了适应系统程序设计的需要，通过使用**位段**(bit field)，C允许在结构体中把整数类型成员存储在比通常使用的空间更小的空间内。比如在微型计算机内一般把int类型数据存储成4个字节(32bit)，使用位段可以把它存储在比4字节更少的空间内。

 **声明位段**

```
v:n
```

其中：

- v是某个结构体类型的整数类型成员变量；
- n是一个整数字面常量，表示成员变量v所占的比特位数，即位段宽度。

例如

```
struct s {
    unsigned  a:4;
    unsigned  b:5,c:7;
} u;
```

结构体变量u有三个成员a、b、c，分别占用4比特位、5比特位、7比特位，一共两个字节。u的成员a、b、c称为位段。

位段一般依赖于具体计算机系统，比如计算机系统一个机器字的宽度、计算机系统存储数据是采用“高位存储法”还是“低位存储法”等等。

使用位段要注意：

- 位段仅允许声明为各种整数类型；
- 位段长度不允许超越特定计算机的自然字长；
- 位段占用的空间不能跨越特定计算机的地址分配边界(该边界与特定计算机的自然字长有关)，出现跨越，将移到下一个机器字；
- 位段通常用于与具体计算机相关的程序中，因此破坏程序的可移植性。

13.4.3　职工登记卡——共用体

【例13.14】　学校的职工登记卡，可能包含如下内容：姓名、出生时间、性别、参加工作时间、职别；然后对于不同职别的人员则包含不同信息如下：

干部：级别(校、处、科、其他)；

教师：最后学历(硕士、博士、其他)、

　　　职称(教授、讲师、助教)、

　　　专业(数学、物理、化学、计算机)。

描述职工登记卡的数据结构。

解：两种人员卡片的形式分别如图13.13所示。

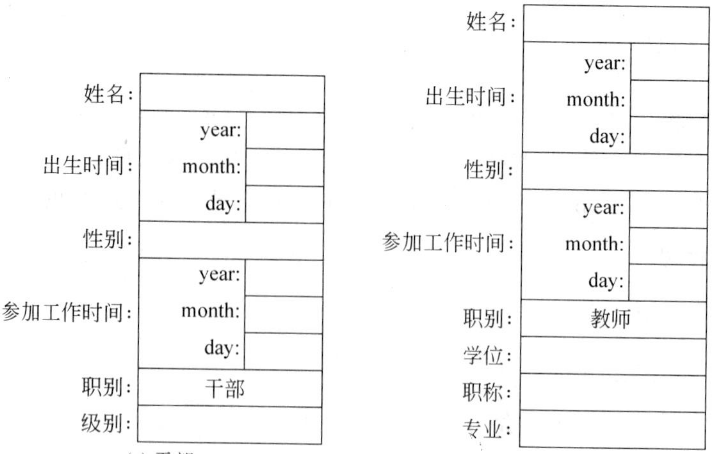

图 13.13

在实际应用中,经常遇到一个表格的结构随某种情况不同而不同。C为适应描述这种可变表格数据结构的需要,提供了**共用体**(union)类型。可以采取共用体与结构体结合的方式描述这种结构可变的表格,上述职工登记卡的数据类型可以定义成结构体类型typecardperson如下。

```
typedef struct cardperson{
    char  name[8];                              /* 姓名 */
    datetype birthdate;                         /* 出生时间 */
    sextype sex;                                /* 性别 */
    datetype workdate;                          /* 参加工作时间 */
    categorytype  category;                     /* 职别 */
    category_tab_type  category_tab;            /* 不同职别的不同信息 */
} typecardperson;
```

这个声明中category_tab域的类型category_tab_type为共用体类型,它的说明如下(这个说明应该放在前边):

```
typedef union {
    cadrefieldtype  cadrefield;
    teacherfieldtype  teacherfield;
} category_tab_type;                            /* 描述不同类人员的共用体 */
```

该共用体类型涉及的两个结构体类型域cadrefieldtype、teacherfieldtype分别描述干部和教师的不同信息,其定义如下(它们也应该放在前边说明):

```
typedef struct {
    jobtype job;
} cadrefieldtype;                               //干部记录的信息
typedef struct {
    degreetype degree;
```

```
    titleype title;
    fieldtype field;
} teacherfieldtype;                                //教师记录的信息
```

进一步假设这些声明中涉及到的诸枚举类型和结构体类型已经被提前声明，它们是：

```
typedef enum {male, female} sextype;                     //性别：男、女
typedef struct {                                         //日期：年、月、日
    int year,month,day;
} datetype;
typedef enum {cadre,teacher }categorytype;               //职别：干部、教师
typedef enum {school,department,section,general} jobtype;
                                                         //干部级别：校、处、科、一般
typedef enum {doctor,master,others} degreetype;          //学位：硕士、博士、其他
typedef enum {professor,lecturer,assistant} titletype;
                                                         //职称：教授、讲师、助教
typedef enum {mathematics,physics,chemistry,computer} fieldtype;
                                                         //专业：数、物、化、计算机
```

1. 共用体类型

例 13.14 使用了共用体类型。共用体类型定义与结构体类似。

 **定义共用体类型**

形式一	形式二

union {
    T　id,…,id;
    …
    T　id,…,id;
}
	union uid {
	    T　id,…,id;
	    …
	    T　id,…,id;
	}

其中：

- union 是保留字，引导一个共用体类型定义。
- 每个 T 是一个类型说明符，可以是任意类型的任何形式的类型说明符。它说明后边诸标识符 id 的类型。
- 每个 id 是一个成员声明符，具体声明共用体类型的一个分量，它最终涉及的标识符是该分量的名字；要求在整个共用体类型定义内，诸 id 中声明的各个分量的名字互不相同；每个 id 的类型是它前边的 T 表记的类型。
- uid 是一个标识符，称共用体标签，起标记该共用体类型作用。

共用体类型声明、变量声明都与结构体类似，访问共用体类型变量的成分也与结构体类似——使用成员选择表达式，不再赘述。

表面上看，共用体类型的类型说明符与结构体类型的类型说明符仅差一个关键字“union”和“struct”，可是事实上它们有本质差别。它们的差别在于：

• 结构体类型中所有成员一个接一个的顺序分配存储空间，互相不冲突；
• 共用体类型中所有成员占用公共的存储空间，也就是说，它们从同一个地址开始分配存储，各个成员的存储空间是重叠的。

typecardperson 类型变量的结构如图 13.14。它的分量中 birthdate、workdate 是结构体类型的；而 category_tab 是共用体类型的。为了说明结构体与共用体的区别，请注意这三个分量的存储影像。

• birthdate 和 workdate 的类型 datetype 是结构体类型。存储影像在图 13.14 相应部分，有三个字段 year、month、day，串行的一个接一个的顺序分配存储空间。
• category_tab 的类型 category_tab_type 是共用体类型，它的存储影像如图 13.15，它也有两个字段 cadrefield、teacherfield，它们并行的从内存同一个地址开始分配存储空间。

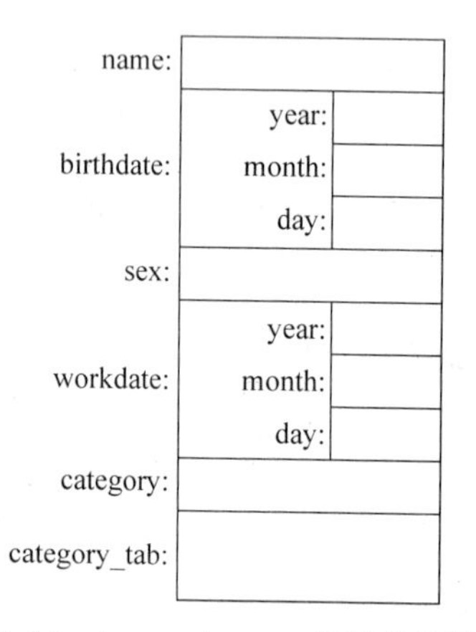

图 13.14 typecardperson 类型变量结构

	cadrefield	teacherfield
category_tab:	job	degree
		title
		field
		…

图 13.15 category_tab_type 类型变量存储影像

2. 限制

使用共用体有如下限制：

• 共用体使得在同一个内存区域可以存储不同类型的数据，但是程序运行的每一个局部时刻，只能存储其中一种类型数据。并且该数据是最后存入的数据，其他以前存入的数据被覆盖。
• 共用体变量的地址与它的各个成员的地址是同一个地址。
• 不能对共用体变量整体赋值，也不能通过引用共用体变量来得到一个共用体的值。
• 共用体类型不能作函数的参数类型和函数的结果类型；但是指向共用体类型的指针类型属于一般指针类型，当然可以作函数的参数类型和函数的结果类型。
• 给共用体类型变量赋初值，仅对应相应共用体类型的第一个字段（从静态行文上看）。

3. switch 与共用体

可以使用 switch 语句方便的处理共用体。比如，针对例 13.14 学校职工登记表可以采用如下语句结构处理：

```
/* 处理姓名 name */
/* 处理出生时间 birthdate */
/* 处理性别 sex */
/* 处理参加工作时间 workdate */
/* 处理职别 */
switch (category) {           /* 处理不同职别的不同信息 category_tab */
    case cadre:  处理干部信息语句;
                 break;
    case teacher:  处理教师信息语句
}
```

13.5　存储类别

C语言中每个变量和函数都具有两个属性：类型和存储类别。类型属性读者已经十分熟悉，存储类别指的是数据的存储的方式。存储方式分为两大类：静态和动态。具体包括五种：

- 自动(auto)；
- 静态(static)；
- 寄存器(register)；
- 外部(extern)；
- 类型定义符(typedef)。

所谓静态存储方式是指在程序运行期间分配固定的存储空间(在静态区)。而动态存储方式则是在程序运行期间根据函数调用(函数被激活)和复合语句的开始执行(复合语句被激活)的需要进行动态存储分配(在栈区)。自动和寄存器存储类别属于动态存储方式，外部和静态存储类别属于静态存储方式，类型定义符则是用来定义类型名的。这里所说的"动态存储方式"和"静态存储方式"要和第12章动态数据结构中所讲的"动态变量"和"静态变量"区别开。

按第12章的概念，本节所有存储类别的变量全部都是静态变量，它们由系统在栈区或静态区分配存储空间；而动态变量没有显示的名字，是通过执行由程序员安排的申请空间函数(例 malloc)在堆区分配存储空间并由指针变量标识。

本节的概念是指程序中显示声明的变量存储分配方式，表明它们是在栈区还是在静态区分配存储空间及其分配方式。

C通过在类型符前缀以存储类别关键字来声明变量和函数的存储类别。例如：

```
auto  float  x,y;
```

声明两个浮点类型变量 x、y，并且它们的存储类别是自动的。

13.5.1　数据在内存中的存储

数据的存储类别规定了数据的存储区域，同时也说明了数据的生存期。计算机中，用于存放程序和数据的物理单元有寄存器和内存。寄存器速度快但空间小，常常只存放经常参与运算的少数数据。内存速度慢但空间大，可存放程序和数据。内存中又分为系统区、用户程序区和数据区（包括堆区、栈区、静态存储区），如图 13.16 所示。

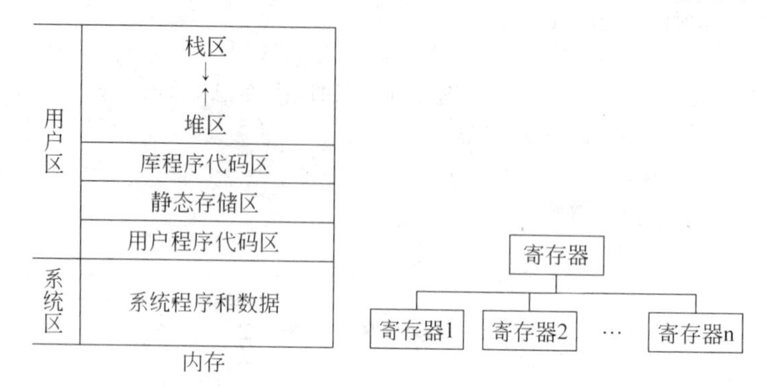

图 13.16 计算机存储区域

- 寄存器：用于存放立即参加运算的数据。它可以随时更新。
- 系统区：用于存放系统软件，如操作系统、语言编译器。只要计算机运行，这一部分空间就必须保留给系统软件使用。
- 用户程序代码区：用于存放用户程序的程序代码。
- 库程序代码区：用于存放库函数的代码。
- 数据区：用来存储用户程序数据，包括堆区、栈区和静态存储区。
  - ✓ 堆区：用于存储动态变量；经过 malloc 申请来的动态变量存储在堆区。
  - ✓ 栈区：具有先进后出特性。用于存储程序中显式声明的自动存储方式的变量。
  - ✓ 静态存储区：用于存储程序中显式声明的静态存储方式的变量。

13.5.2 自动存储类别

具有自动存储类别的变量简称**自动变量**。C 用 auto 表示自动存储类别，它是 C 中使用最广泛的一种存储类别。C 规定，在函数内凡未加存储类别说明的变量均视为自动变量，也就是说自动变量可省去说明符 auto。图 13.17(a)的程序片段等价于图 13.17(b)。

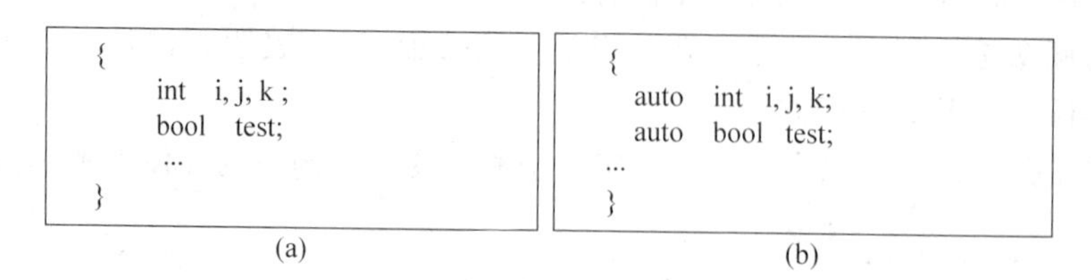

图 13.17 自动变量

自动变量的作用域仅限于定义它的相应个体（函数、复合语句）内。如果是在函数内定义的，则只在函数内有效；若是在复合语句中定义，则只在相应复合语句中有效。自动变量具有动态生存期，当定义自动变量的相应个体开始执行时，自动变量生存期开始；当定义自动变量的相应个体执行结束时，自动变量也离开它的生存期，不复存在。例 13.15 说明动态变量作用域以及生存期。

【例 13.15】 动态变量作用域以及生存期。

```
int example_auto (int x, int y){                    //L1
    auto int w, h;                                   //L2
    …                                                //L3
    {                                                //L4
        auto char c;                                 //L5
    …                                                //L6
    }                                                //L7
    …                                                //L8
}                                                    //L9
```

该程序片段中，

- 函数 example_auto 的两个参数 x 和 y 的作用域是在第 1 和 9 行之间，生存期是程序执行进入函数 example_auto 开始，直到该函数执行完毕返回；
- 自动变量 w 和 h 的作用域在第 2 和 9 行之间，生存期是程序进入复合语句第 2～9 行执行开始，直到该复合语句执行完毕退出；
- 自动变量 c 的作用域则局限于第 5 和 7 行之间。如果在第 8 行有引用变量 c 的语句，则错误。c 的生存期是程序进入复合语句第 4～7 行执行开始，直到该复合语句执行完毕退出。

13.5.3 寄存器存储类别

一般情况下，不论是动态还是静态存储的变量都存放在内存中。当程序中用到哪个变量时，由控制器发出指令从内存中获取该变量的值送到运算器中。经过运算器进行运算，如果需要存储，再从运算器将数据送到内存中存储。因此当对一个变量频繁使用时，将反复访问内存，从而花费大量的存取时间。

为此，C 语言提供了另一种存储类别变量——**寄存器变量，用 register 表示**。寄存器变量分配在 CPU 的寄存器中，使用时不访问内存，直接在寄存器中进行，提高程序运行效率。

寄存器的个数与 cpu 相关，十分有限，所以寄存器变量的个数必然也有限。现代编译系统一般自动分配 cpu 寄存器，所以程序员说明的寄存器变量不起作用。

【例 13.16】 求 1000 以内可以被 3 整除所有整数的积，并打印。

```
int main(void) {
    register int i,s=1;
    for (i=1; i<=1000; i++){
        if (i%3==0)
            s=s+i;
```

```
    }
    printf("s=%d",s);
    return 0;
}
```

本程序循环1000次，i和s都将频繁使用，因此可定义为寄存器变量。

13.5.4 变量的静态存储类别

静态存储类别使用关键字static声明，静态存储类别的变量简称**静态变量**，静态存储类别的函数称为**静态函数**。

C规定，静态变量必须使用static声明。静态变量分为静态全局变量和静态局部变量。静态全局变量和静态局部变量的生存期都是贯穿于整个程序的运行期间。它们的不同点在于：静态全局变量的作用域是包含它的声明的整个源程序文件，而静态局部变量的作用域是声明它的复合语句或函数。

1. 静态局部变量

在局部变量的声明前再加上static说明符就构成静态局部变量。例如：

```
{
    static char  x, y;
    static int str[3]={0,1,2};
    ⋮
}
```

复合语句内的局部变量x、y、str被声明成static存储类别的，是静态局部变量。静态局部变量采用静态存储方式，被分配在静态存储区。它的生存期为整个程序，但是它的作用域与自动变量相同，即只能在定义该变量的复合语句或函数中使用。离开复合语句和函数后，静态局部变量仍然存在却不能使用。

虽然静态局部变量在离开声明它的函数或复合语句后不能使用，但是如果再次调用声明它的函数或再一次进入声明它的复合语句时，又可以继续使用它，而且这时还保存了前次被使用后留下的值。因此，当多次调用一个函数并且要求在各次调用之间保留某些变量的值时，或当多次执行一个复合语句并且要求在各次执行之间保留某些变量的值时，可考虑采用静态局部变量。虽然用全局变量也可以达到上述目的，但全局变量有时会造成意外的副作用，因此仍以采用静态局部变量为宜。

【例13.17】 静态局部变量使用。

图13.18(a)定义函数not_test，其中变量test说明为自动变量并赋予初始值false。当main中多次调用not_test时，test均赋初值为false，故每次输出值均为true。而把函数not_test说明成图13.18(b)的形式，由于test为静态变量，能在每次调用后保留其值并在下一次调用时继续使用，同样的main程序，输出结果为：true false true false。

```
#include <stdio.h>
int main (void){                          //主程序
```

```
    for(int i=0;i<4;i++)not_test();            /* 函数调用 */
    return 0;
}
```

```
void not_test(){
    bool test=false;
    test=!test;
    if(test)
        printf("true\n");
    else
        printf("false \n");
}
```

(a) 定义含有普通变量的函数not-test

```
void not_test(){ /*函数定义*/
    static bool test=false;
    test=!test;
    if(test)
        printf("true\n");
    else
        printf("false \n");
}
```

(b) 定义含有静态变量的函数not-test

图 13.18 静态局部变量使用

2. 静态全局变量

如果全局变量之前冠以 static 就构成了静态全局变量，此种变量同全局变量的存储方式一样都是静态存储方式。不同点是，当源程序由多个文件组成时，非静态全局变量的作用域是整个源程序，可以被程序中的所有文件所共享；而静态全局变量只在声明它的源程序文件内有效，不是整个源程序。

【例 13.18】 静态全局变量使用。

图 13.19 的程序由两个文件构成，每个文件中都定义了 char 类型变量 chr。文件 ch13_18_01.c 中以“char chr”声明变量 chr，文件 ch13_18_02 中以“static char chr”声明变量 chr。两个源程序文件分别编译，当链接程序为变量分配存储空间时，两个变量互不干扰，各分配各的存储空间，形成一个可执行文件。程序运行输出结果为：

```
chr_in_13_18_01=a
chr_in_13_18_02=b
```

```
/* 文件ch13_18_01.c */
char chr;
void fn();
int main(){
    chr = 'a';
    printf("chr_in_13_18_01=%c\n",
            chr);
    fn();
}
```

```
/* 文件ch13_18_02.c */
static char chr;
void fn(){
    chr = 'b';
    printf("chr_in_13_18_02=%c\n",
            chr);
}
```

图 13.19 静态全局量使用

但是如果将文件 ch13_18_02.c 中的 chr 声明改为“char chr”，那么两个文件虽然都能各自通过编译但是在链接时会出现错误，同一变量被声明了两次。

13.5.5 变量的外部存储类别

 C 用 extern 表示外部存储类别，包括外部变量和外部函数。在 C 中，所有未

加存储类别说明的全局变量均视为外部变量。外部变量意味着，变量在一个源程序文件中被声明，在其他所有源程序文件中都可以使用它。C使用外部变量采用如下程序结构：

- 在一个源程序文件中声明该变量，不附加 extern 存储类别说明符，例如

```
int  x;
```

- 在其他所有使用 x 的源程序文件中以 extern 存储类别说明符声明同一个变量，例如

```
extern  int  x;
```

如此结构，各个源程序文件分别编译，每个文件中变量 x 都有定义。当连接时，链接程序把各个文件中的 x 分配在同一个存储区，占用相同存储空间。

在图 13.18 的程序中，如果将文件 ch13_18_02.c 中 chr 声明的 static 去掉，改为"char chr"，两个文件虽都能各自通过编译，但是在链接时会出现"同一变量被声明了两次"的错误。原因在于 chr 在 ch13_18_01.c 和 ch13_18_02.c 中都被声明成全局变量。如果在某个文件中把 chr 说明成外部的(例如在 ch13_18_02.c 中把 chr 的声明改成"extern char chr")就不会出现错误，这时两个文件中的 chr 是同一个变量。

13.5.6 函数的存储类别

C 函数只能被定义成 static 和 extern 两种存储类别。被定义成 static 存储类别的函数称**静态函数**，也称**内部函数**；被定义成 extern 存储类别的函数称**外部函数**。函数的省缺存储类别是外部存储类别。

1. 内部函数

若在一个源文件中定义的函数只能被本文件，即声明它的代码文件中的函数调用，而不能被同一源程序(包含多个代码文件)其他文件中的函数调用，这种函数称为内部函数。

 **声明内部函数**

```
static 类型说明符 函数名(形参表) …
```

此处静态 static 的含义已不是指存储方式，而是指对函数的调用范围只局限于本文件。因此在不同的源文件中定义同名的静态函数不会引起混淆。

2. 外部函数

在 C 中，所有未加存储类别说明的函数均视为外部函数。外部函数意味着，函数在一个源程序文件中被定义，在其他所有源程序文件中都可以使用它。

 **声明外部函数**

```
extern 类型说明符 函数名(形参表) …
```

一般 C 使用外部函数采用如下程序结构：

• 在一个源程序文件中声明该函数,附加或不附加 extern 存储类别说明符,例如

```
int  f (float  x) {
    ⋮
}
```

• 在其他所有使用 f 的源程序文件中用函数原型说明同一个函数,并且在前边附加 extern 存储类别说明符,例如

```
extern  int  f  (float  x);
```

如此结构,各个源程序文件分别编译,每个文件中函数 f 都有定义。连接时,由链接程序实现各个文件中 f 函数的协调和统一。

在一个源文件的函数中要调用其他源文件中定义的外部函数时,必须用 extern 说明被调函数为外部函数。

【例 13.19】 外部函数的使用。在如下程序中,源文件 max.c 中声明函数 max;源文件 main.c 中调用函数 max. max 的函数原型声明被指定为 extern 类别的,保证了在源文件 main.c 中调用的 max 就是在 max.c 中定义的函数 max ,并且不发生声明冲突。

```
/*源文件 main.c*/
#include <stdio.h>
extern int max (int a, int b);              //函数原型,外部的,表示 max 在其他源文件中
int main(void){                             //主函数
    int x, y, r;
    x=9;
    y=6;
    r=max(x, y);                            //调用函数 max
    printf("The max of x=%d and y=%d is %d \n", x, y, r);
    return 0;
}
/*源文件 max.c*/
extern int max (int a, int b) {             //外部函数定义,其中 extern 可以省略
    if(a>b)
        return a;
    else
        return b;
}
```

13.5.7　类型定义符

类型定义符以前已经接触过。类型定义符实质是定义类型的同义词,把标识符定义为类型名。把一个标识符定义为类型名之后,它就可以出现在允许使用类型说明符的任何地方。这样就可以用简单的名字替代复杂的类型声明。由于前面在第 6 章讲述了如何定义数组和枚举类型的别名、第 8 章讲述了如何定义结构体类型(共用体与结构体类似)和指针类型别名,这里主要讲述如何定义函数类型的别名。

定义函数类型别名

```
typedef  TT  tid (T, T,…,T);
```

其中：

- typedef 是关键字，标明是类型定义语句；
- TT 是所标识函数的返回类型；
- tid 是函数类型别名；
- (T,T,…,T) 是所标识函数的参数类型列表。

例如：

```
typedef bool TF(int, int);
```

定义 TF 是一个类型名，并定义是一个函数类型，这种函数有两个 int 类型参数，并返回 int 类型。假设有例 13.1 中两个排序函数声明：

```
bool ascending (int,int){…}            //例 13.1 中的函数
bool descending (int,int){…}           //例 13.1 中的函数
```

在声明和类型定义下可以进行如下声明和操作：

```
TF * pf=ascending;                     //pf 是一个函数指针，指向函数 ascending
pf=descending;                         //pf 指向函数 descending
```

定义函数指针类型别名

```
typedef  TT  (* ptid)(T, T,.., T);
```

其中：

- typedef、TT 和(T,T,…,T)如前所述；
- ptid 是所标识函数指针类型名。

例如：

```
typedef bool (* TFP)(int, int);
```

定义 TFP 是一个类型名，并定义这种类型为指向某种函数的指针，这种函数有两个 int 类型参数，并返回 int 类型。在此类型定义下可以进行如下声明和操作：

```
TFP pff=ascending;
pff=descending;
```

类型定义符不能同其他类型说明符一起使用，例如

```
typedef long int lint;
unsigned lint x;                 /* 错误，unsigned 和 lint 都是类型名 */
```

typedef 不能和其他存储类别关键字(auto、extern、register、static 等)一起用，虽然它并不真正影响对象的存储特性。例如

```
typedef static int INT2;            //编译将失败,会提示指定了一个以上的存储类
```

13.6　编译预处理

C语言的**预处理器**(preprocessor)是一个简单的宏处理器,源程序必须经过这个宏处理器处理之后才能让编译器正确处理。

13.6.1　宏定义

C语言源程序中允许用一个标识符来表示一个字符串,称为**宏**(**macro**)。被定义为"宏"的标识符称为"宏名"。在编译预处理时,对程序中所有出现的"宏名",都用宏定义中的字符串去代换,称为"宏代换"或"宏展开"。事实上,第3章第3.1节介绍的所谓常量定义就是"宏定义"。

宏定义由源程序中的宏定义命令完成。宏展开由编译预处理程序自动完成。

宏定义

```
#define  标识符  字符串
```

其中:

- #代表本行是编译预处理命令;
- define是宏定义命令;
- 标识符是所定义的宏名;
- 字符串是宏名所代替的内容,可以是常数、表达式等。

【例13.20】 计算半径为10米的圆的周长,其中用宏定义了圆周率PI。当编译预处理时,将用3.1415926来替代程序中出现的所有PI。相当于在所有出现PI的地方全部写3.1415926一样。程序运行时自然使用3.1415926参与运算。

```
#include <stdio.h>
#define PI 3.1415926
int main (void){
    int  r=10;
    int  l;
    l=2 * PI * r;
    printf ("The perimeter of a circle with %d meter radius is %d \n", r, l);
    return 0;
}
```

终止宏定义

```
#undef        宏名
```

例如

```
#define PI 3.1415926
int main(void) {
    ⋮
    #undef  PI                /*终止 PI 的作用定义*/
    ⋮
}
```

说明：

- 宏定义是用宏名来代替一个字符串，编译预处理程序对它不做任何检查，如果有错误，只能在已经展开宏的源程序中发现。
- 宏名是一个标识符，C 对宏名没有要求，但习惯上宏名用大写字母表示。
- 宏定义必须写在函数之外，作用域从宏定义命令开始直到源程序结束。
- 宏定义允许嵌套，在宏定义的字符串中可以使用已经定义的宏名。例：

```
#define PI 3.1415926
#define CIRCLE_L  2*PI*r  /*  PI是已定义的宏名 */
```

13.6.2 条件编译

条件编译命令，使编译器能够按照不同条件编译不同的程序部分，产生不同的目标代码文件。表 13.5 列出条件编译命令。

表 13.5 条件编译命令

命 令	含 义
#if	根据常量表达式值有条件地包含文本
#ifdef	根据是否定义宏名有条件的包含文本
#ifndef	与#ifdef 命令相反的测试，有条件包含文本
#elif	在#if、#ifdef、#ifndef、#elif 测试失败时根据另一常量表达式值有条件包含文本
#else	在#if、#ifdef、#ifndef、#elif 测试失败时包含的文本
#endif	结束条件编译

这些命令的一般组合使用的方式有两种：使用常量表达式判断、使用宏定义名判断。

使用常量表达式判断的条件编译

形式一	形式二	形式三

#if 整型常量表达式
    文本 1
#else
    其余文本
#endif
	#if 整型常量表达式
	    文本 1
	#endif
		#if 整型常量表达式 1
		    文本 1
		#elif 整型常量表达式 2
		    文本 2
		#else
		    其余文本
		#endif

使用常量表达式判断的条件编译的功能是，首先求常量表达式值，然后根据常量表达式值是否为真(常量表达式值不为0)，进行下面的条件编译。

 **使用宏名判断的条件编译**

形式一	形式二
#ifdef 标识符 　　文本 1 #else 　　文本 2 #endif	#ifndef 标识符 　　文本 #endif

这种组织方式，测试标识符是否定义为宏。“#ifdef　标识符”的意义是：如果定义了标识符为宏(即使宏体为空)，则为真，编译#if后边的文本；否则如果没有定义标识符为宏或者已经用“#undef”命令取消了标识符的宏定义，则为假，编译#else后边的文本。

【例13.21】 条件编译例。

```
#include <stdio.h>                                   //L1
#define R1                                           //L2
#define MAX(a,b) (a>=b?a:b)                          //L3
#define MIN(a,b) (a<=b?a:b)                          //L4
int main(void){                                      //L5
    int x=0,y=0,t=0;                                 //L6
    printf("Please input 3 different integers:");   //L7
    scanf("%d %d %d", &x, &y, &t);                   //L8
    #if t                                            //L9
        t=MAX(x,y);                                  //L10
        printf("MAX(%d,%d)=%d\n",x,y,t);             //L11
    #else                                            //L12
        t=MIN(x,y);                                  //L13
        printf("MIN(%d,%d)=%d\n",x,y,t);             //L14
    #endif                                           //L15
    #if 3                                            //L16
        t=MAX(x,y);                                  //L17
        printf("MAX(%d,%d)=%d\n",x,y,t);             //L18
    #else                                            //L19
        t=MIN(x,y);                                  //L20
        printf("MIN(%d,%d)=%d\n",x,y,t);             //L21
    #endif                                           //L22
    #undef R                                         //L23
    #ifdef R                                         //L24
        printf("The result is %d\n", t);             //L25
    #else                                            //L26
        printf("cannot output\n");                   //L27
    #endif                                           //L28
```

```
    return 0;                                              //L29
}                                                          //L30
```

在这个例子中使用了上面介绍的两种条件编译形式。程序的第 9～15 行，用变量（注意这里是变量）t 作为条件编译的判断条件；第 16～22 行用常量 3 作条件编译的判断条件；第 24～28 行，用宏 R 作为条件编译的判断条件。变量 t 的值是在程序运行时由 scanf 函数确定的，在编译预处理时 t 的值并不起作用，因此编译了 13 和 14 行。根据规则，由常量 3 控制编译了 17 和 18 行。由于第 23 行 #undef 语句取消了宏 R 的定义，所以编译了第 27 行。经过编译预处理后，等价的程序如下：

```
#include <stdio.h>                                         //L1
#define R 1                                                //L2
#define MAX(a,b) (a>=b?a:b)                                //L3
#define MIN(a,b) (a<=b?a:b)                                //L4
Int main(void){                                            //L5
    int x=0,y=0,t=0;                                       //L6
    printf("Please input 3 different integers:");          //L7
    scanf("%d %d %d", &x, &y, &t);                         //L8
    t=MIN(x,y);                                            //L13
    printf("MIN(%d,%d)=%d\n",x,y,t);                       //L14
    t=MAX(x,y);                                            //L17
    printf("MAX(%d,%d)=%d\n",x,y,t);                       //L18
    printf("cannot output\n");                             //L27
    return 0;                                              //L29
}                                                          //L30
```

程序运行结果形式如下：

```
Please input 3 different integers: 1 2 0
MIN(1,2)=1
MAX(1,2)=2
cannot output
```

条件编译的效果当然可以用条件语句来实现。但是用条件语句将会对整个源程序进行编译，生成的目标代码程序很长，而采用条件编译，则根据条件只编译其中的某段程序，生成的目标程序较短。如果条件选择的程序段很长，采用条件编译的方法较好。

读者已经了解了 C 语言中简单的编译预处理的命令及用法，此外还有：预定义宏、带参数宏、#line、#program、#error 等预处理指令，在这里就不一一介绍了。

13.6.3 文件包含

预处理命令 #include 是把指定源文件全部内容括入现有源程序文件中。

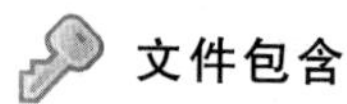

文件包含

```
#include  "文件名"
```

或

```
#include  <文件名>
```

具体区别在第10章10.2节中已有详细叙述，这里就不再赘述。但需要注意一个#include只能包含一个文件，要包含多个文件，则需要多个包含命令。

本章小结

本章讲述若干较深入问题和一些C语言独有的特性。包括函数作参数、函数副作用、goto和标号、break和continue语句、运算、for语句的延伸、位段、共用体、多维数组与指针、存储类别、编译预处理等。重点掌握函数作参数、break语句和存储类别。

习　题　13

13.1　编写函数，实现数组元素的查找。被查找元素的匹配规则由本函数的使用者按统一的接口规则定义（使用函数指针）。

13.2　编一个函数，用割线法求解方程f(x)=0的根。

13.3　写一个函数，求任意给定一元整型函数（参数也为整型）在区间[a,b]上的最大值。

13.4　写一个函数max(f,a,b)，求函数f(x)在区间[a,b]上的极大值。

13.5　写一个函数tabulate，打印任意给定的一元实型函数（参数也为实型）在区间[a,b]上步长为step的函数表。

13.6　编程序，用梯形公式求如下定积分。

$$\int_0^1 \sin x\,dx \qquad \int_{-1}^1 \cos x\,dx \qquad \int_0^2 e^x\,dx$$

13.7　用函数指针实现，输入整数n，当n为奇数时计算$1+\frac{1}{3}+\frac{1}{5}+\cdots+\frac{1}{n}$；

当n为偶数时计算$1+\frac{1}{2}+\frac{1}{4}+\cdots+\frac{1}{n}$。

13.8　试用随机数方法计算圆周率π的近似值。提示：以原点为圆心作单位圆和单位正方形。

13.9　试用随机数方法计算积分

$$\int_{-2}^2 \frac{1}{2}\sqrt{x^2-4}\,dx$$

13.10　编程序，任意输入8个整数，把这8个整数放在一个立方体的8个顶点上。找到使该立方体每个面上四个数之和互相相等的摆放方案并输出。

13.11　编程序，求九位累进可除数。九位累进可除数是指：该九位整数由1、2、3、…、9这九个数字组成，每个数字只出现一次；并且，该整数的前一位组成的整数可以被

1 整除，前二位组成的整数可以被 2 整除，前三位组成的整数可以被 3 整除，……前九位组成的整数可以被 9 整除。(381654729)

13.12 猜数游戏。计算机选择一个四位数，由游戏者来猜这个数，游戏者在终端不停输入四位数，每输入一次，计算机都指出该数猜对几位数字及有几位正确的数字的位置也正确，直到游戏者全部猜正确为止，计算机输出游戏者所猜的次数。编程序，实现该游戏。

13.13 有一堆火柴共 n 根，两人轮流拿取，每次最少拿 1 根，且不许超过 k 根，谁最后拿完谁输。编程序为其中一人提供咨询，使它经常立于不败之地。

13.14 Lisp 语言由 S 表达式组成，S 表达式定义如下。编函数，判断给定的字符串 S 是否 S 表达式。

- 任意字母 S 是 S 表达式；
- 若 u、v 分别都是 S 表达式，则(u,v)也是 S 表达式。

13.15 设有声明

```
int  a[10][20], b[10],i=2;
```

下述形式是否正确，各表示什么意义，它们之间有什么关系，各访问的是哪个变量。

a+i、a[i]、*(a+i)、&a[i]、&a[i][0]　a[3][2]、*(*(a+2)+1)、*(*(a+4))、(a[3]+2)　b[3+i]、*(b+i)、*(i+b)、*((b++)+i)

13.16 设有如下 C 程序

```
#include "stdio.h"
int  i;
float r;
char b;
int main(void){
    scanf("%d",&i); printf("%d\n",i);
    scanf("%f",&r); printf("%f\n",r);
    scanf("%c",&b); printf("%c\n",b);
    return 0;
}
```

请修改上述程序，使它在说明部分仅说明一个变量；且该变量占用的存储空间不超过 i,r,b 三变量中占用空间最大的那个变量占用的空间。要求修改后的程序与上述程序等价。

13.17 定义表示教师和学生信息的统一的数据类型 person，该类型除了记录姓名、出生时间、地址、身份证号码外，对于学生还存储已获得学分总数和所学专业；对于教师还存储职称、工资、科研方向。

13.18 设计同时保存学生和教师信息的数据结构；分别设计输入、输出一个人员信息的函数；利用这两个函数构造人员管理系统，该系统具有一般人事管理系统的录入、修改、查询、删除、统计功能。查询要求可以按姓名、学生学号查询;统计要求可以按学生所学专业、学分统计;教师可以按职称、工资统计。

13.19　某图形处理程序保存图形数据在数组中。对不同图形保存不同数据：直线,保存两个端点的坐标；三角形,保存三个顶点的坐标；矩形,保存左下角坐标以及横边长,竖边长；椭圆,保存圆心坐标以及横方向半轴长和竖方向半轴长。编写求线段长度、三角形重心坐标、矩形周长、椭圆面积的函数。

13.20　如图 13.20 所示,平面上一点的坐标位置既可能以笛卡儿直角坐标的形式给出,也可能以极坐标的形式给出(坐标原点相同)。建立描述平面上一点位置的数据类型,并给出在这种类型定义下的计算平面上 A、B 两点间距离 d 的函数。

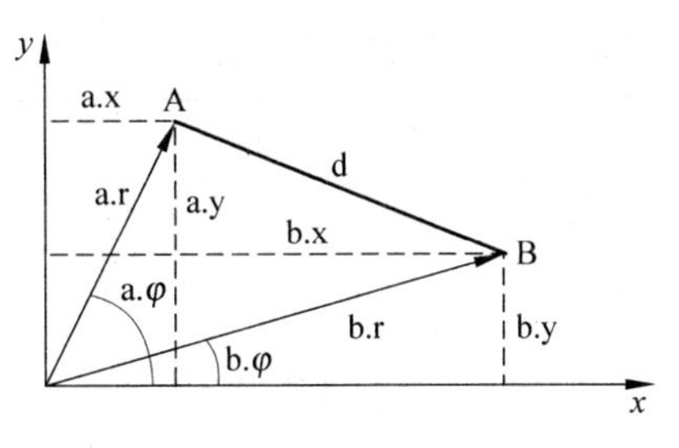

图 13.20　平面两点间距离

附录 A　ASCII 字符集

ACSII 字符集(按十进制编码)

	0	1	2	3	4	5	6	7	8	9
0	nul	soh	stx	etx	eot	enq	ack	bell	bs	ht
1	lf	vt	ff	cr	so	si	dle	dc1	dc2	dc3
2	dc4	nak	syn	etb	can	em	sub	esc	fs	gs
3	rs	us	sp	!	"	#	$	%	&	'
4	(	)	*	+	,	—	.	/	0	1
5	2	3	4	5	6	7	8	9	:	;
6	<	=	>	?	@	A	B	C	D	E
7	F	G	H	I	J	K	L	M	N	O
8	P	Q	R	S	T	U	V	W	X	Y
9	Z	[	\	]	^	_		a	b	c
10	d	e	f	g	h	i	j	k	l	m
11	n	o	p	q	r	s	t	u	v	w
12	x	y	z	{	|	}	~	del		

ACSII 字符集(按八进制编码)

	0	1	2	3	4	5	6	7
0	nul	soh	stx	etx	eot	enq	ack	bell
1	bs	ht	lf	vt	ff	cr	so	si
2	dle	dc1	dc2	dc3	dc4	nak	syn	etb
3	can	em	sub	esc	fs	gs	rs	us
4	sp	!	"	#	$	%	&	'
5	(	)	*	+	,	—	.	/
6	0	1	2	3	4	5	6	7

续表

	0	1	2	3	4	5	6	7
7	8	9	:	;	<	=	>	?
10	@	A	B	C	D	E	F	G
11	H	I	J	K	L	M	N	O
12	P	Q	R	S	T	U	V	W
13	X	Y	Z	[	\	]	^	_
14		a	b	c	d	e	f	g
15	h	i	j	k	l	m	n	o
16	p	q	r	s	t	u	v	w
17	x	y	z	{	|	}	~	del

ACSII 字符集(按十六进制编码)

	0	1	2	3	4	5	6	7	8	9	A	B	C	D	E	F
0	nul	soh	stx	etx	eot	enq	ack	bell	bs	ht	lf	vt	ff	cr	so	si
1	dle	dc1	dc2	dc3	dc4	nak	syn	etb	can	em	sub	esc	fs	gs	rs	us
2	sp	!	"	#	$	%	&	'	(	)	*	+	,	-	.	/
3	0	1	2	3	4	5	6	7	8	9	:	;	<	=	>	?
4	@	A	B	C	D	E	F	G	H	I	J	K	L	M	N	O
5	P	Q	R	S	T	U	V	W	X	Y	Z	[	\	]	^	_
6		a	b	c	d	e	f	g	h	i	j	k	l	m	n	o
7	p	q	r	s	t	u	v	w	x	y	z	{	|	}	~	del

按十进制编码,各个字符意义:

- 0～31 控制字符
- 32～127 可打印字符(91～95、123～126 九个字符 ISO 标准未定义);

控制字符含义如下:

文本控制符

08: bs (backspace)退格

09: ht (horizontal tabulation)横向列表

10: lf (line feed)换行

11: vt (vertical tabulation)纵向列表

12: ff (form feed)换页

13: cr (carriage return)回车

00: nul (null caracters)空白

24：can (cancel)作废

26：sub (substitute)置换

127：del (delete)删除

分隔符

28：fs (file separator)文件分隔符

29：gs (group separator)组分隔符

30：rs (record separator)记录分隔符

31：us (unit separator)单位分隔符

换码符

14：so (shift out)换挡

15：si (shift in)换挡

27：esc (escape)扩展

介质控制符

07：bel (ring bell)响铃

17、18、19、20：dc? (device control)设备控制

25：em (end of medium)介质结束

通讯控制符

01：soh (start of heading)标题开始

02：stx (start of text)正文开始

03：etx (end of text)正文结束

04：eot (end of transmission)传输结束

05：enq (enquiry)询问

06：ask (asknowledgment)确认

21：nak (negative asknowledgment)不确认

16：dle (data line escape)数据链扩展

22：syn (synchronous idle)同步字符

23：etb (end of transmission block)传输块结束

附录B 标准库头文件表

头文件名	类　　别
assert. h	控制函数
complex. h	复数运算函数
ctype. h	字符处理函数
frrno. h	错误报告函数
fenv. h	复点数环境
float. h	复点数环境类型特征值
inttypes. h	包含 stdint. h 并增加可移植性
iso646. h	运算符宏
limits. h	所有整数类型的实际表示范围
locale. h	与国家、文化、语言规则等区域设置相关的函数
math. h	数学函数
setjmp. h	控制函数
signal. h	控制函数
stdarg. h	访问可变参数表的可移植方式
stdbool. h	bool 类型的宏 bool、false、true
stddef. h	定义常量 NULL、ptrdiff_t、size_t、offsetof 等常量
stdint. h	一定长度的整数类型的基本定义
stdio. h	标准输入输出
stdlib. h	通用函数，包括：存储分配、随机数生成、转换、通信、分类与检索
string. h	字符串处理
tgmath. h	通用类型宏，包括了 math. h 和 complex. h
time. h	时间和日期函数
wchar. h	宽字节与多字节函数
wctype. h	字符分类与影射函数

附录C　常用函数库中所含常用函数

ctype.h：字符处理函数

函数原型	功　能	返　回　值
int isalnum(int c)	测试是否字母数字	是则返回非零，否则返回零
int isalpha(int c)	测试是否字母	是则返回非零，否则返回零
int islower(int c)	测试是否小写字母	是则返回非零，否则返回零
int isupper(int c)	测试是否大写字母	是则返回非零，否则返回零
int isdigit(int c)	测试是否数字	是则返回非零，否则返回零
int isxdigit(int c)	测试是否十六进制数字	是则返回非零，否则返回零
int isgraph(int c)	测试是否图形字符	是则返回非零，否则返回零
int ispunct(int c)	测试是否标点符号	是则返回非零，否则返回零
int iscntrl(int c)	测试是否控制字符	是则返回非零，否则返回零
int isprint(int c)	测试是否可打印字符	是则返回非零，否则返回零
int isblank(int c)	测试是否空白符	是则返回非零，否则返回零
int isspace(int c)	测试是否空白符	是则返回非零，否则返回零
int tolower(int c)	将大写字母转换为小写字母	如果c是大写字母转换为小写字母；如果c不是大写字母，则返回无变化的c
int toupper(int c)	将小写字母转换为大写字母	如果c是小写字母转换为大写字母；如果c不是小写字母，则返回无变化的c

string.h：字符串处理函数

函数原型	功　能	返　回　值
char * strcat(char * dest, const char * str)	字符串连接	把str指向的字符串连接到dest指向的字符串尾部，返回dest
int strcmp(const char * s1, const char * s2)	字符串比较	按字典序，字符串s1大于s2返回正整数，相等返回零，小于返回负数

续表

函数原型	功能	返回值
char * strcpy (char * dest, const char * str)	字符串复制	把 str 指向的字符串复制到 dest 所指向的字符数组中,返回 dest
int strlen(const char * s)	字符串长度	返回 s 指向字符串的长度,不包含字符串结束符'\0'
char * strchr(const char * s,int c)	搜索字符串中字符	如果字符串 s 中含有字符 c,则返回指向第一字符 c 的指针;否则,返回空指针

math. h: 数学函数

函数原型	功能	函数原型	功能
double sin(double x)	正弦	double exp(double x)	e 指数:e^x
double cos(double x)	余弦	double log(double x)	自然对数 ln(x)
double tan(double x)	正切	double log10(double x)	常用对数 $\log_{10}(x)$
double asin(double x)	反正弦	int rand(void)	产生伪随机数
double acos(double x)	反余弦	double pow(double x, double y)	x 的 y 次幂
double atan(double x)	反正切	int abs(int x)	整数绝对值
double sqrt(double x)	算术平方根	double fabs(double x)	浮点数绝对值

stdio. h 标准输入输出函数

函数原型	功能	返回值
FILE * fopen (const char * filename, const char * mode)	以 mode 表明的方式,打开 filename 标识的文件	成功,返回文件指针;否则,返回空指针
int fclose(FILE * fp)	关闭 fp 指向的文件	成功,返回零;否则返回 EOF
int feof(FILE * fp)	判断是否读到 fp 所指文件的尾部	成功,返回非零值;否则,返回零
int fgetc(FILE * fp)	从 fp 所指文件读一个字符	成功,返回所读字符;否则,返回 EOF
int fputc(int c, FILE * fp)	向 fp 所指文件写一个字符 c	成功,返回所写字符;否则返回 EOF
int fscanf (FILE * fp, const char * format,…)	从 fp 所指文件读入任意数量的数据项,format 指明读入项的格式	成功,返回读入数据项的数量,否则,返回 EOF
int fprintf (FILE * fp, const char * format,…)	向 fp 所指文件写入任意数量的数据项,format 指明写入项的格式	成功,返回实际写入数据项数量;否则,返回负值
char * fgets(char * s, int n, FILE * fp)	从 fp 所指文件读取 n−1 个字符,送到 s 所指数组,读入结束时在字符串尾部增加字符串结束符'\0';若在读取 n−1 个字符前遇到"换行符"或"文件结束符",则读取结束	成功,返回 s;否则返回空指针

续表

函数原型	功能	返回值
int fputs (const char * s, FILE * fp)	向 fp 所指文件写入字符串 s	成功，返回非负值；否则，返回 EOF
int fread(void * buf, int size, int count, FILE * fp)	从 fp 所指文件读取 count 个字段，每个字段有 size 个字节，送入到 buf 所指的数据区中	成功，返回实际读取字段数目；否则，返回 EOF
int fwrite(const void * buf, int size, int count, FILE * fp)	从 buf 所指数据区中把 count 个字段写入到 fp 所指文件，每个字段有 size 个字节	返回实际写入字段数量，除非出现错误，否则这个值等于 count
int fseek(FILE * fp, long int offset, int origin)	将 fp 所指文件读写标记重新定位于 origin+offset 的位置	成功，返回零；否则，返回非零值
long int ftell(FILE * fp)	给出 fp 所指文件读写标记当前位置	成功，返回非负值；否则，返回 EOF
void rewind(FILE * fp)	将 fp 所指文件读写标志重置在文件开始处	
int getchar(void)	从标准输入设备读一个字符	成功，返回读入字符；否则，返回 EOF
int putchar(int c)	向标准输出设备写一个字符 c	成功，返回字符 c；否则，返回 EOF
char * gets(char * s)	从标准输入设备读一个字符串，送到 s 所指数组中	成功，返回 s；否则，返回空指针
int puts(const char * s)	向标准输出设备写一个字符串 s	成功，返回非负值；否则，返回 EOF
int scanf (const char * format,…)	从标准输入设备格式读入若干数据项，format 标明数据项的格式	成功，返回读入数据项个数；否则返回负值
int printf (const char * format,…)	向标准输出设备写入若干个数据项，format 标明数据项的格式	成功，返回写入数据项个数；否则，返回负值
int sscanf (const char * s, const char * format,…)	从字符串 s 中格式读取若干数据项，format 标明数据项的格式	成功，返回读取数据项个数；否则返回负值
int sprintf (const char * s, const char * format,…)	向 s 所指数组中写入若干数据项，format 标明数据项的格式	成功，返回写入数据项个数；否则返回负值

stdlib. h：通用函数

函数原型	功能	返回值
void exit(int status)	终止程序运行	
void free(void * p)	释放 p 所标识的内存空间，且此块必须有 malloc 函数分配	
void * malloc(int size)	申请 size 个字节的内存空间	成功，返回指向内存开始出指针；否则，返回空指针

time. h：时间和日期函数

函数原型	功能	返回值
clock_t clock(void)	当前使用的处理器时间	成功，返回所经过的处理器时间；否则返回－1
time_t time(time_t * timer)	当前日历时间	成功，返回当前日历时间；否则返回－1

参考文献

[1] Niklaus Wirth. Algorithms + Data structures = Programs. Eng lewood cliffs, Prentice-Hall, Inc. 1976

[2] 张长海. Pascal 语言程序设计. 北京：电子工业出版社，2001

[3] 裘宗燕. 从问题到程序，程序设计与 C 语言引论. 北京：机械工业出版社，2006

[4] 石峰. 程序设计基础. 北京：清华大学出版社，2003

[5] 谭浩强. C 程序设计. 2 版. 北京：清华大学出版社，1999

[6] Samuel P Harbison III, Guy L steele Jr.. C: A Reference Manual, Fifth Edition. Prentice-Hall, Inc., 2002

[7] Ravi Sethi. Programming Languages: Concepts & constructs (Second Edition). Addison Wesley Longman, Inc. 2002

[8] ISO/IEC 9899:1999/Cor. 1:2001(E). Information technology-Programming languages-C

参考文献